职业教育“十一五”规划教材
焊接专业“双证制”教学改革用书

焊 接 实 训

主　编　许志安
副主编　杨文忠
参　编　崔占军　赵　斌
　　　　周志华　路宝学
主　审　蔡程国

机 械 工 业 出 版 社

本书以国家中、高级焊工等级标准中的实际操作内容为主要标准，介绍了各类操作方法技能训练的目标、技能训练的准备、技能训练的任务、焊缝中的缺陷及防止措施、典型的焊接工艺。全书共分为六个单元：包括气焊、气割技能训练，焊条电弧焊技能训练，埋弧焊技能训练，CO_2气体保护焊技能训练，手工钨极氩弧焊技能训练和焊接安全知识。本书着重基本操作技术的传授和动手能力的培养，突出焊工操作技能的训练，以培养读者在实践中分析和解决问题的能力，同时本书还配备了中、高级电焊工国家职业技能鉴定技能操作和理论知识试题及答案，供读者在职业技能鉴定过程中参考使用。本书内容丰富翔实、深入浅出、实用性强。

本书主要适用于五年制高职院校焊接专业学生，也可作为三年制高职高专学生、焊工培训及各类成人教育焊接专业教材。

图书在版编目（CIP）数据

焊接实训/许志安主编．—北京：机械工业出版社，2008.5（2012.1重印）

职业教育“十一五”规划教材．焊接专业“双证制”教学改革用书

ISBN 978-7-111-24196-6

Ⅰ．焊…　Ⅱ．许…　Ⅲ．焊接－职业教育－教材　Ⅳ．TG4

中国版本图书馆CIP数据核字（2008）第085027号

机械工业出版社（北京市百万庄大街22号　邮政编码100037）

策划编辑：崔占军　齐志刚　责任编辑：齐志刚

版式设计：霍永明　责任校对：李秋荣

封面设计：姚　毅　责任印制：乔　宇

北京机工印刷厂印刷（三河市南杨庄国丰装订厂装订）

2012年1月第1版第3次印刷

184mm×260mm·13印张·317千字

标准书号：ISBN 978-7-111-24196-6

定价：26.00元

凡购本书，如有缺页、倒页、脱页，由本社发行部调换

电话服务

社服务中心：（010）88361066

销售一部：（010）68326294

销售二部：（010）88379649

读者购书热线：（010）88379203

网络服务

门户网：http://www.cmpbook.com

教材网：http://www.cmpedu.com

前　　言

为了进一步贯彻“国务院关于大力推进职业教育改革与发展的决定”的文件精神，加强职业教育教材建设，满足职业院校深化教学改革对教材建设的要求，机械工业出版社于2006年11月在北京召开了“职业教育焊接专业教材建设研讨会”。在会上，来自全国十多所院校的焊接专家、一线骨干教师研讨了新的职业教育形势下焊接专业的课程体系，确定了面向中职、高职层次两个系列教材编写计划。本书是根据会议所确定的教学大纲和职业教育培养目标组织编写的。

本书以国家中、高级焊工等级标准中的实际操作内容为主要标准，介绍了各类操作方法、技能训练的目标、技能训练的准备、技能训练的任务、焊缝中的缺陷及防止措施、典型的焊接工艺等。全书共分为六个单元：包括气焊、气割技能训练；焊条电弧焊技能训练；埋弧焊技能训练；CO_2气体保护焊技能训练；手工钨极氩弧焊技能训练；焊接安全知识；中、高级电焊工国家职业技能鉴定技能操作和理论知识试题。本书的特色是着重基本操作技术的传授和动手能力的培养，突出焊工操作技能的训练，以培养读者在实践中分析和解决问题的能力。

全书共分六个单元和附录，第一和第六单元由杨文忠编写，第二单元由许志安编写；第三单元由路宝学编写，第四单元由赵斌编写，第五单元由周志华编写，附录由崔占军编写。本书由许志安主编，葫芦岛锦西化工厂焊接培训中心主任高级工程师蔡程国主审。为了便于教学，本书配备了电子教案。

编写过程中，作者参阅了国内外出版的有关培训教材和资料，得到了各有关职业院校教师和工厂一线培训专家的有益指导，在此一并表示衷心感谢！

由于作者水平有限，书中不妥之处在所难免，恳请读者批评指正。

编　者

目录

第一单元　气焊、气割技能训练

项目一　平板对接平焊

一、技能训练的目标

气焊、气割技能训练检验的项目及标准见表1-1。

表1-1　气焊、气割技能训练检验的项目及标准

检验项目		标准/mm
外观检查	正面焊缝高度 h	$0 \leqslant h \leqslant 2$
	背面焊缝高度 h'	$0 \leqslant h' \leqslant 1$
	正面焊缝高低差 h_1	$0 \leqslant h_1 \leqslant 1$
	焊缝每侧增宽	0.5~2
	咬边	$F \leqslant 0.5$　$0 \leqslant L \leqslant 10$
	错边量	无
	焊后角变形（θ）	$0° \leqslant \theta \leqslant 3°$
	气孔、夹渣、未熔合、焊瘤	无

注：表中“F”为缺陷深度；“L”为缺陷长度，累计计算。

二、技能训练的准备

1. 焊件的准备

1）板料2块，材料为Q235A，尺寸如图1-1所示。

2）矫平。

3）焊前清理待焊处，将焊件表面的油污、铁锈及氧化物等清除干净，可用锉刀及钢丝刷清理。油污可用汽油清洗，直至呈现金属光泽。

2. 焊件装配技术要求

1）装配齐平，如图1-2所示。

2）单面焊双面成形。

3）焊接完毕，不允许锤击、锉修和补焊。

4）预留反变形。

3. 焊接材料

焊丝牌号为H08A，焊丝直径为2mm。

焊前应将焊丝表面的氧化物、铁锈、油污等脏物用砂纸、钢丝刷等清除干净，以免焊缝产生气孔和夹渣等缺陷。

4. 焊接设备及工具

（1）设备及工具　氧气瓶、氧气减压器（QD—1型）、乙炔瓶、乙炔减压器、焊炬

（H01—6 型）、氧气胶管、乙炔胶管。

（2）辅助工具　护目镜、点火枪、通针、扳手、钢丝钳等。

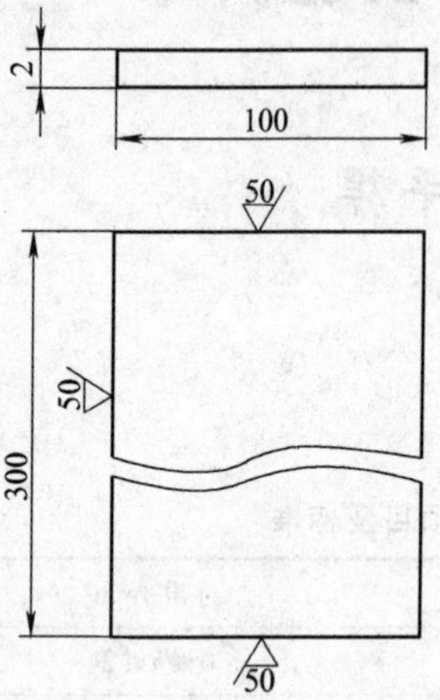

图 1-1　焊件备料图

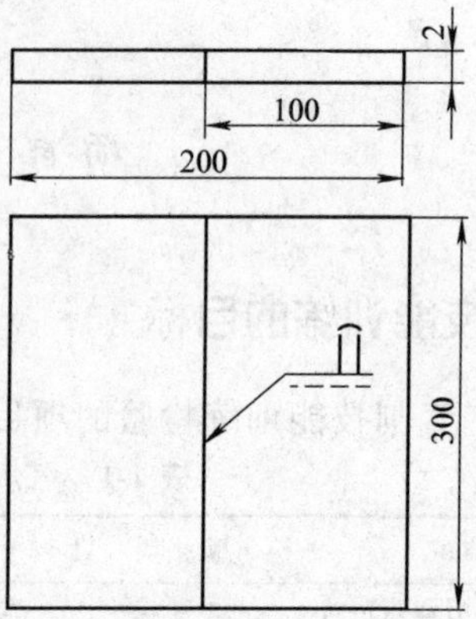

图 1-2　焊件装配图

三、技能训练的任务

1. 装配与定位焊

1）装配时不留错边，预留间隙为 0.5mm。

2）定位焊时所使用的焊丝与正式焊接时的焊丝相同。定位焊的位置在焊件正面，定位焊缝的长度和间距视焊件的厚度和焊缝长度而定。焊件越薄，定位焊缝的长度和间距应越小，反之则应加大。如焊接薄件时，定位焊缝的长度约为 4～6mm，间距 50～80mm，定位焊顺序由焊件中间开始向两端进行；焊接厚件时，定位焊缝的长度为 20～30mm，定位焊缝的间距为 200～300mm，定位焊的顺序从焊件两端开始向中间进行，如图 1-3 所示。

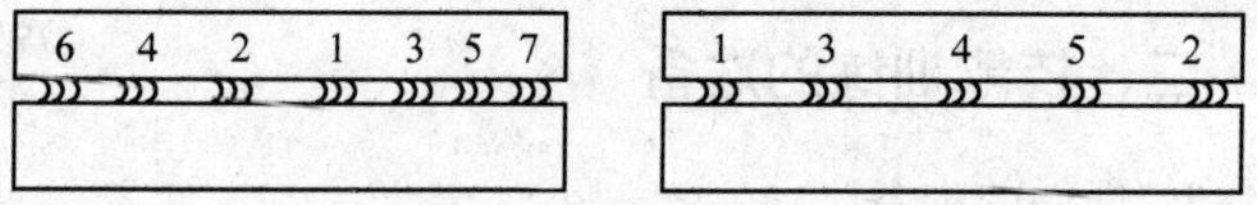

a）　　b）

图 1-3　焊件定位焊顺序

a）薄焊件的定位焊　b）厚焊件的定位焊

定位焊点不宜过长，更不宜过宽或过高。定位焊点的横截面如图 1-4 所示。定位焊后，为防止角变形，可采用预留反变形法，即将焊件沿焊缝向下折成 175°左右，如图 1-5 所示。

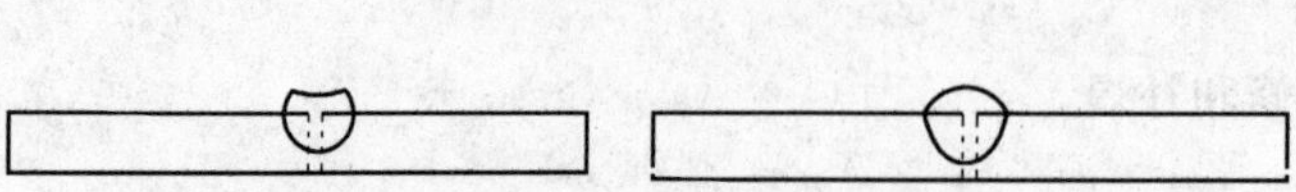

a）　　b）

图 1-4　定位焊点的要求

a）不好　b）好

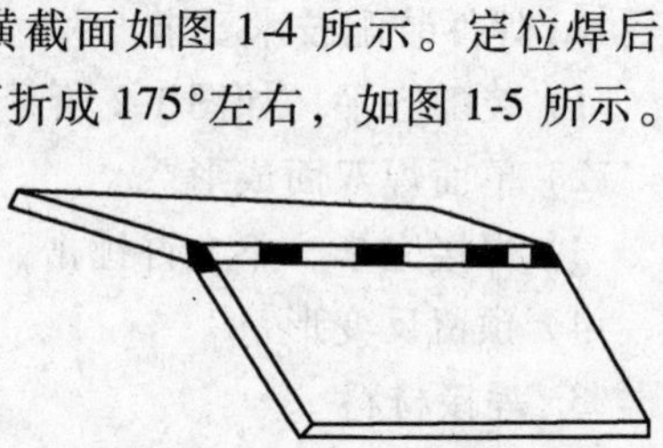

图 1-5　预留反变形法

2. 校正

为了保证焊缝良好成形和焊缝反面焊透均匀及防止出现接缝高低不平，定位焊后必须校正不平之处。校正用胶木锤，防止敲伤焊件。

3. 焊接

（1）确定焊接参数　见表1-2。

表1-2　气焊薄板焊接参数

焊件厚度/mm	焊丝直径/mm	氧气压力/MPa	乙炔压力/MPa	焊嘴号码	焊缝层数
2	2	0.2～0.3	0.01～0.1	H01—6 2号	1

（2）焊接操作　采用左焊法，选用中性火焰。起焊时可从接缝一端留30mm处施焊，如图1-6所示，其目的是使起焊处于板内，传热面积大，冷凝时不易出现裂纹或烧穿。火焰内焰尖端要对准接缝中心线，距焊件2～5mm，焊丝端部位于焰心前下方，作上下往复运动，焊丝端部不要离开外焰保护区，以免氧化。焊炬可作上下摆动，也可作平稳直线运动，如图1-7所示，目的是调节熔池温度，使得焊件熔化良好，并控制液体金属的流动，使焊缝成形美观。

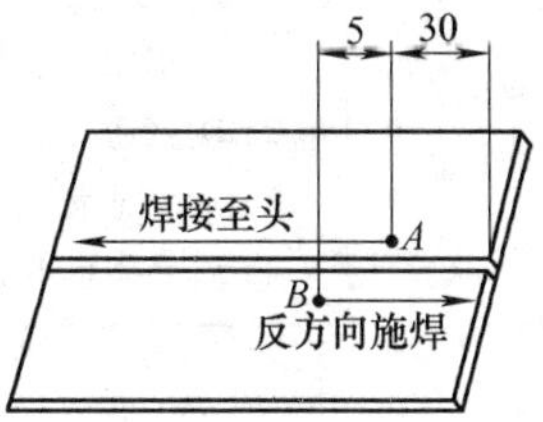

图1-6　起焊处确定示意图

在气焊过程中，如果火焰性质发生了变化，发现熔池浑浊、有气泡、火花飞溅或熔池沸腾等现象，要及时将火焰调节为中性焰，然后再进行焊接。焊炬的倾角、高度和焊接速度应根据熔池大小而调整。如发现熔池过小，焊丝熔化后仅敷在焊件表面，说明热量不足，焊炬倾角应增大，焊接速度要减慢。如发现熔池过大，且没有流动金属时，说明焊件已被烧穿，此时应迅速提起火焰或加快焊接速度，减小焊炬倾角，并多加焊丝。焊接始终应保持熔池为椭圆形且大小一致，才能获得满意的焊缝。

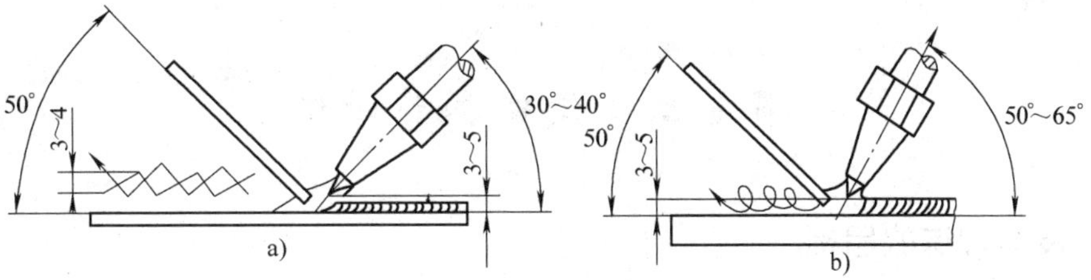

图1-7　焊炬运动方式

a）焊炬上下摆动前移　b）焊炬平直前移

薄焊件焊接时，火焰的焰心要对准在焊丝上，用焊丝阻挡部分热量，以防接头处熔化太快而烧穿。

在焊接结束时，将焊炬火焰缓慢提起，使熔池逐渐缩小。收尾时要填满弧坑，防止产生气孔、裂纹、凹坑等缺陷。对接焊缝尺寸的要求见表1-3。

表1-3　对接焊缝尺寸的一般要求　（单位：mm）

焊件厚度	焊缝余高	焊缝宽度	层　数
0.8～1.2	0.5～1	4～6	1
2～3	1～2	6～8	1
4～5	1.5～2	6～8	1～2
6～7	2～2.5	8～10	2～3

四、焊缝中容易出现的缺陷及防止措施

焊接时易出现的缺陷及防止措施见表 1-4。

表 1-4　焊接时易出现的缺陷及防止措施

缺陷名称	产生原因	防止措施
咬边	1）火焰能率过大 2）焊嘴倾角不正确 3）焊嘴焊丝摆动不当 4）温度过高，熔池过大	1）选用合理的火焰能率 2）正确运用焊嘴倾斜角 3）焊嘴焊丝摆动要适当 4）控制熔池温度
烧穿	1）接头间隙过大、错位 2）火焰能率过大 3）焊接速度过慢	1）减小装配间隙 2）减小火焰能率 3）运用合适的焊接速度
焊瘤	1）火焰能率过大 2）焊接速度过慢 3）间隙过大 4）焊嘴倾角不对	1）选用适当的火焰能率 2）提高焊接速度 3）减小装配间隙 4）掌握好焊嘴倾角

想一想

1. 为什么要进行定位焊？
2. 薄板对接平焊操作过程焊接参数有哪些？如何选择？
3. 请比较左焊法与右焊法的优缺点？

项目二　低碳钢管对接

一、技能训练的目标

低碳钢管技能训练检验的项目及标准见表 1-5。

表 1-5　低碳钢管技能训练检验的项目及标准

检验项目		标准/mm
外观检查	焊缝高度 h	$0 \leqslant h \leqslant 2$
	焊缝高低差 h_1	$0 \leqslant h_1 \leqslant 1$
	焊缝每侧增宽	0.5~2
	焊缝宽度差 c_1	$0 \leqslant c_1 \leqslant 1$
	咬边	$F \leqslant 0.5$　$0 \leqslant L \leqslant 10$
	气孔、夹渣、未熔合、焊瘤	无
	通球（管内径 85%）	通　过

注：表中“F”为缺陷深度；“L”为缺陷长度，累计计算。

二、技能训练的准备

1. 焊件的准备

1）低碳钢管2个，材料为Q235A，开单边V形坡口，留0.5mm的钝边，尺寸如图1-8所示。

2）焊前应将焊件表面的油污、铁锈及氧化物等清除干净，可用锉刀及钢丝刷清理。油污可用汽油等有机溶剂清洗，直至呈现金属光泽。

2. 焊件装配技术要求

1）装配齐平，保证同轴，如图1-9所示，间隙 $b=1.5\sim2$mm。

2）单面焊双面成形。

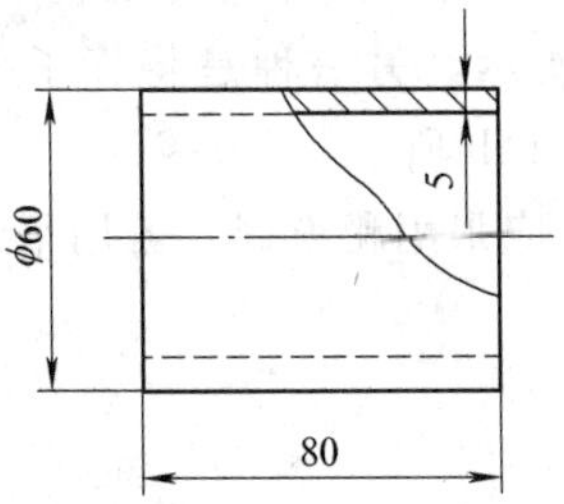

图1-8　焊件备料图

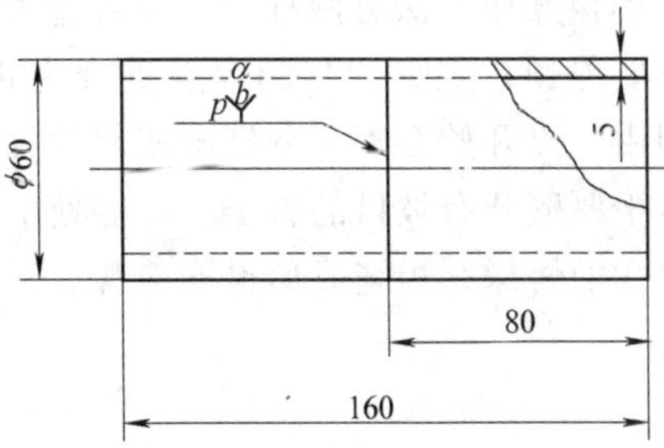

图1-9　焊件装配图

3. 焊接材料

焊丝牌号为H08A，焊丝直径为2mm。

焊前应将焊丝表面的氧化物、铁锈、油污等脏物用砂纸、钢丝刷等清除干净，以免焊缝产生气孔和夹渣等缺陷。

4. 焊接设备及工具

（1）设备及工具　氧气瓶、氧气减压器（QD—1型）、乙炔瓶、乙炔减压器、焊炬（H01—6型）、氧气胶管、乙炔胶管。

（2）辅助工具　护目镜、点火枪、通针、扳手、钢丝钳等。

三、技能训练的任务

1. 装配与定位焊

1）定位焊必须采用与正式焊接相同的焊丝和火焰。

2）焊点起头和收尾应圆滑过渡。

3）开坡口的焊件定位焊时，焊点高度不应超过焊件厚度的1/2。

4）定位焊必须焊透，不允许出现未熔合、气孔、裂纹等缺陷。

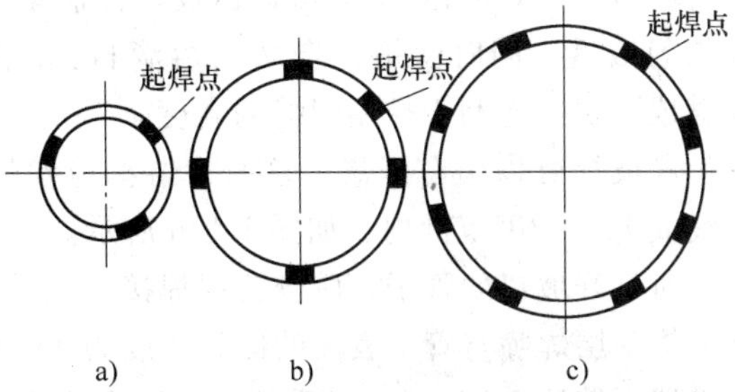

图1-10　不同管径定位焊及起焊点

a）直径小于70mm　b）直径为100～300mm

c）直径为300～500mm

定位焊点的数量应按接头的形状和管子的直径大小来确定：直径小于70mm定位2～3点，直径为100～300mm定位4～6点，直径为300～500mm定位6～8点，如图1-10所示。

焊接时的起焊点应在两定位焊点中间（图 1-10）。

2. 焊接

（1）确定焊接参数　见表 1-6。

表 1-6　气焊钢管焊接参数

焊件厚度/mm	焊丝直径/mm	氧气压力/MPa	乙炔压力/MPa	焊嘴号码	焊缝层数
5	2	0.2～0.3	0.01～0.1	H01—6 2 号	3

（2）焊接操作　采用中性火焰，操作方法应根据管子是否可转动而确定。

1）可转动管子对接焊。由于管子可以自由转动，因此焊缝可控制在水平位置施焊。

其焊接操作方法有两种：一是将管子定位焊一点，从定位焊点相对称的位置开始施焊，中间不要停顿，直焊到与起焊点重合为止，如图 1-11a 所示。另一种是将管子分为两次焊完，即由一点开始起焊，分别向相反的方向施焊，如图 1-11b 所示。

对于厚壁开有坡口的管子，不能处于水平位置焊接，应采用爬坡焊，若用平焊，则难以得到较大的熔深，焊缝成形也不美观。

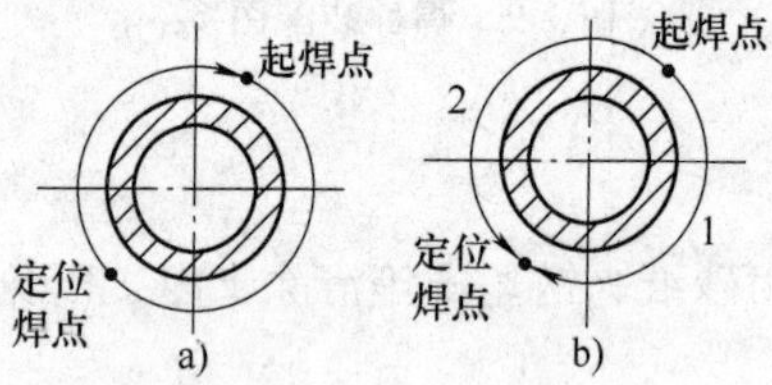

图 1-11　薄壁管可转动施焊的操作方法

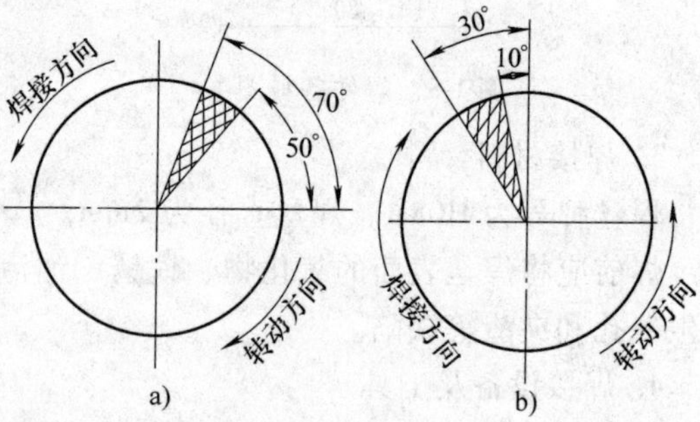

图 1-12　厚壁管可转动施焊的操作方法

用左焊法进行爬坡焊时，将熔池安置在与管子水平中心线成 50°～70°角度范围，如图 1-12a 所示。这样可以加大熔透深度，控制熔池形状，使接头均匀熔透，同时使填充金属的熔滴自然流向熔池下部，焊缝成形快，有利于控制焊缝的高度。

爬坡焊可以用右焊法。这时，熔池应控制在与垂直中心线成 10°～30°范围内，如图 1-12b 所示。

对于开坡口的管子，应分三层焊接。

第一层焊嘴与管子表面的倾斜角度为 45°左右，火焰焰心末端距熔池 3～5mm。当看到坡口钝边熔化后并形成熔池时，立即把焊丝送入熔池前沿，使之熔化填充熔池。焊炬作圆周式摆动，焊丝随焊炬一起向前移动，焊件根部要保证焊透。

第二层焊接时，焊炬要作适当的横向摆动。

第三层焊接时，焊接方法同第二层一样，但火焰能率

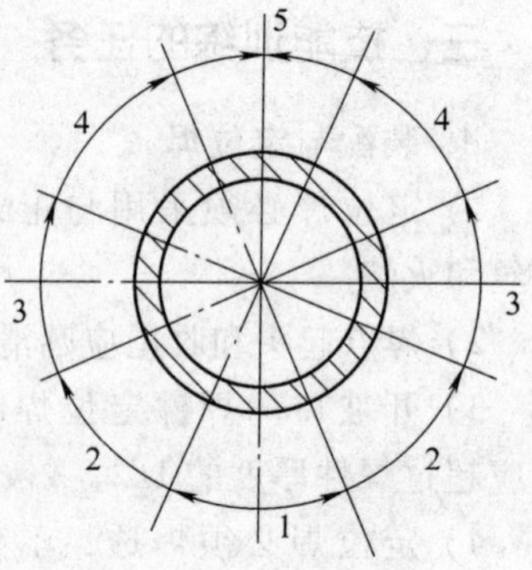

图 1-13　不可转动管焊接位置
1—仰焊　2—仰爬坡焊
3—立焊　4—上爬坡焊
5—平焊

应略小些，使焊缝成形美观。

在整个气焊过程中，每一层焊缝要一次焊完，各层的起焊点互相错开约 20～30mm。每次焊接收尾时，要填满弧坑，火焰慢慢离开溶池，以免出现气孔、夹渣等缺陷。

2）不可转动管子对接焊。不可转动管焊接属多位置施焊，如图 1-13 所示。

不可转动管的对接气焊，每层焊道均分两次完成，从图 1-13 中的点 1 开始，沿接缝或坡口焊到 5 的位置结束。

在气焊中，应当灵活地改变焊丝、焊炬和管子之间的夹角，才能保证不同位置的熔池形状，达到既能焊透，又不产生过热和烧穿现象的目的。

不可转动管气焊时，起点和终点处应相互重叠为 10～15mm，以避免起点和终点处产生焊接缺陷。

四、焊缝中容易出现的缺陷及防止措施

焊接时易出现的缺陷及防止措施见表 1-7。

表 1-7　焊接时易出现的缺陷及防止措施

缺陷名称	产生原因	防止措施
咬边	1）火焰能率过大 2）焊嘴倾角不正确 3）焊嘴焊丝摆动不当 4）温度过高，熔池过大	1）选用合理的火焰能率 2）正确运用焊嘴倾斜角 3）焊嘴焊丝摆动要适当 4）控制熔池温度
烧穿	1）接头间隙过大、错位 2）火焰能率过大 3）焊接速度过慢	1）减小装配间隙 2）减小火焰能率 3）运用合适的焊接速度
焊瘤	1）火焰能率过大 2）焊接速度过慢 3）间隙过大 4）焊嘴倾角不对	1）选用适当的火焰能率 2）提高焊接速度 3）减小装配间隙 4）掌握好焊嘴倾角

1. 如何进行低碳钢管的垂直固定对接焊？
2. 水平可转动管子怎样进行焊接？
3. 水平固定不可转动管子怎样进行焊接？

项目三　铸铁补焊

一、技能训练的目标

铸铁补焊技能训练检验的项目及标准如下：

1）不允许焊缝出现裂纹、气孔、夹渣等缺陷。

2）对有加工要求的焊件，补焊后硬度≤250HBW。

二、技能训练的准备

1. 焊件的准备

铸铁带轮轮辐断裂件一个，如图 1-14 所示。

2. 清理缺陷

将缺陷附近的油污、铁锈、渣等清除干净；如果缺陷是砂孔、缩孔，应将型砂等彻底除去；对于裂纹，应查清其走向、分枝及其端点。

裂纹检查方法：

1）直接观察或用放大镜观察，也可在用火焰开坡口时观察，裂纹以细白线的形式出现，其端点即是裂纹终点。

2）将裂纹不明显处用火焰加热至 200～300℃，冷却后裂纹即可显现出来。

3）渗煤油后擦去表面油渍，并撒上一层薄薄的滑石粉，用小锤子轻敲振动，就可显示出裂纹的痕迹来。

4）气缸等有密封性要求者，可通过水压试验以发现渗漏处。

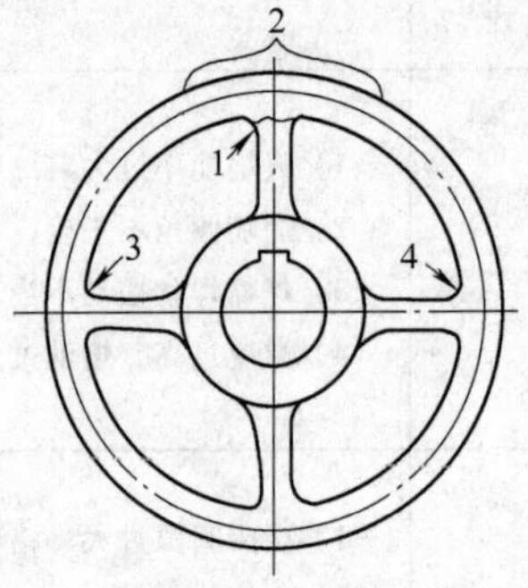

图 1-14　铸铁带轮轮辐断裂的补焊

1—裂纹　2—加热区

3、4—防开裂区

3. 裂纹终点钻止裂孔

如图 1-15 所示，止裂孔可防止裂纹在补焊过程中的扩展和延伸。

4. 坡口的制备

采用剔、铲的方法加工坡口，或用火焰开槽，制成的坡口尺寸如图 1-16 所示。

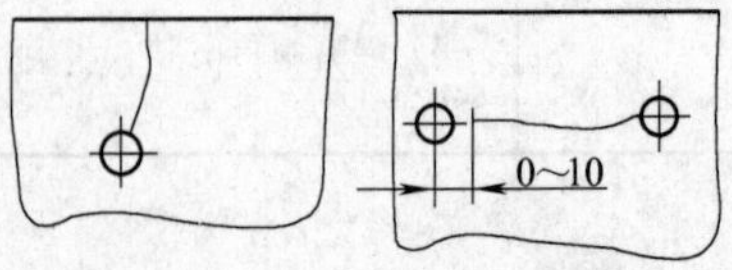

图 1-15　在裂纹两端钻止裂孔

5. 选择焊丝和熔剂

可选用焊丝 HS401—A 或 HS401—B。配用焊剂 CJ201，其熔点约 650℃，呈碱性，有解潮性，能有效地驱除铸铁在气焊过程中所产生的硅酸盐和氧化物，有加速金属熔化的作用。

6. 焊炬选择

铸铁件气焊时火焰功率宜选大些，以利于消除气孔和夹渣，常用型号为 H01—12、H01—20。火焰功率的选择参见表 1-8。为防止焊接时焊炬过热回火，焊炬头部可缠石棉绳，操作时不断蘸水冷却。

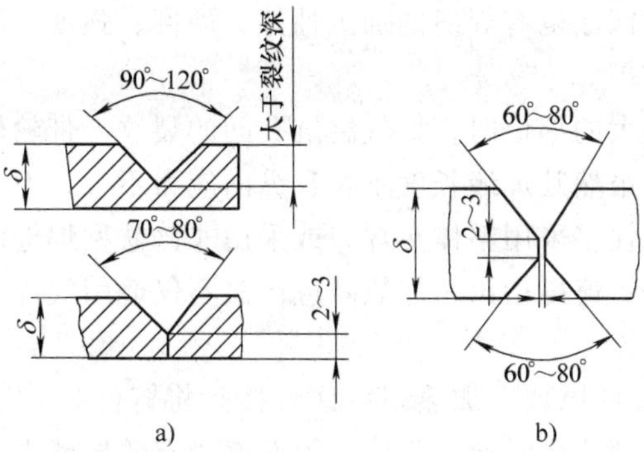

图 1-16　坡口尺寸

a) $\delta<15$mm　b) $\delta\geqslant15$mm

表 1-8　铸铁气焊火焰功率的选择

铸件壁厚/mm	20 ~ 50	< 20
焊炬型号	H01—20	H01—12
焊嘴孔径/mm	3	2
氧气压力/MPa	0.6	0.3 ~ 0.4

三、技能训练的任务

1. 补焊方法

用气焊补焊铸铁有三种方法，即热焊法、不预热气焊法以及加热减应区法。

(1) 热焊法　采用与母材金属同质的铸铁焊丝，铸件焊前预热至 600℃左右（呈褐红色），焊接过程中不得低于 400℃，焊后 650 ~ 700℃保温消除应力。热焊法其优点是焊缝的加工性好，硬度、强度、颜色与母材金属相同。

当补焊区域不在铸件的边角部位，不能自由地热胀冷缩时，可采用热焊法（主要是指铸件整体加热，也可包括较大范围的局部加热）。有些铸件长期在高温、腐蚀条件下工作，内部已经有些变质，如气缸排气孔、排气管和锅炉鳍片等；还有些铸件材质较差，组织疏松、粗糙，如采用电弧焊，焊条铁液很难与母材金属熔合在一起，在这些情况下，宜采用气焊热焊法。

常用的加热方法有焦炭地炉鼓风加热、木炭或木柴砖炉加热、木炭铁皮框加热以及煤气、液化石油气或氧-乙炔火焰加热等。

(2) 不预热气焊法　采用与母材金属同质的铸铁焊丝，铸件焊前可不预热。但仅适用于小件或中小件边角部位的补焊。

对于缺陷在边角处或焊接时可以自由胀缩的铸铁件，不预热直接气焊也不会产生裂纹，并可改善劳动条件。刚度不大、焊缝稍长的铸铁件，可采用正确的焊接方向和控制焊接速度来减小应力、防止裂纹。焊接方向应当由里向外，向可以自由张开的一端进行焊接。焊接时由于速度不同，间隙可能张大，也可能合拢，这都会造成较大的应力，焊接速度应以熔池前沿间隙刚要合拢为恰好，这样可使焊接接头中内应力减小。

(3) 加热减应区法　采用与母材金属相同的铸铁焊丝，焊前仅对铸件减应区进行局部加热以防止裂纹。加热减应区法也有焊缝的加工性好，硬度、强度、颜色与母材金属相同等优点。

当裂纹发生在刚度较大的部位时，如气缸缸孔间的裂纹、带轮轮辐断裂、齿轮箱肋板以及轴承座孔间的裂纹等，虽然其焊缝长度不长，纵向应力不大，但却容易产生较大的横向应力导致裂纹。这种缺陷以往多采用整体热焊，或采用非铸铁型焊缝的电弧冷焊，现在采用加热减应区法气焊效果更好。值得指出，加热减应区法不仅适用气焊，也适用于铸铁型焊缝的电弧焊。

1）加热减应区法焊接的原理。加热减应区焊接是将铸件某一局部加热，使裂纹间隙张大，焊接后，焊缝与加热部位同时冷却收缩，因而就能有效地减少应力，从而达到防止焊接裂纹的目的。

2）适用场合及减应区的选择。加热减应区的适用场合及选择在何处，与焊件的结构形状特征有关。一般框架结构、带有孔洞的箱体结构可以采用此法，但整体性强、无孔洞的铸件则难以采用；加热减应区法只能减小横向收缩应力，而不能减小纵向应力，因此适用于短焊缝，而不适用于较长的焊缝；减应区与补焊区既有联系又有矛盾。当无加热减应区直接进行焊接时，它会阻碍补焊区的膨胀和收缩，当进行加热减应区焊接时，它能带动坡口两侧膨胀，使裂纹间隙张开，焊后冷却时，它与补焊区同时冷却收缩，互不阻碍。因此，减应区的位置一般都在裂纹的两端而不在两侧；减应区加热与冷却时，本身可以较自由地胀缩，因而不会产生较大的应力。

2. 焊接

（1）火焰性质　正常焊接时用中性焰，焊接结束时可用碳化焰，使焊缝缓冷。这样可以减少碳硅的烧损，消除过厚的氧化膜，降低冷却速度，以免产生白口组织。

（2）焊接技能　为了更好地消除气孔、夹渣等缺陷，应选用较大的火焰能率，推荐氧气压力为0.6MPa。先用焊炬加热焊件大圆的2处部分，使大圆向外膨胀。当断裂处间隙逐渐扩大到1.5mm左右时，迅速将火焰移至断裂处加热，并间隔地加热大圆的2处部分，使它继续保持热态。加热时应注意大圆的2处红热面积不要太大，否则可能会引起3或4处开裂。施焊时用火焰加热，熔化坡口底部，当铸件温度足够高时，将已加热的焊丝沾上熔剂，迅速插入坡口底部并用力摩擦，使底部的夹杂物浮起，这时焊丝插入熔池的部分就会被熔化；坡口底部温度不够时，不要急于填充焊丝，以防熔合不良。焊接过程中焊丝要不断地往复运动，目的是使熔池内的夹杂物浮起、熔池表面的熔渣集中，然后可用焊丝端部沾出排除。当发现熔池底部有白亮夹杂物（即 SiO_2）或孔时，应加大火焰，减小焰芯到熔池的距离，以便提高熔池底部温度使之浮起；也可以用焊丝迅速插入熔池底部搅拌以排出夹杂物和气孔。

（3）整形　焊接快要结束时，应使焊缝稍高出铸铁件表面，并将流到焊缝外面的熔渣重新熔化，待焊缝温度降低至处于半熔化状态时开始整形，用冷的焊丝平行于铸件表面迅速往复运动，将高出部分刮平。这样不仅焊缝内部没有气孔、夹渣，熔合良好，而且外表平整如新，焊缝应平滑过渡至母材，以降低应力集中，防止产生裂纹。

3. 焊后处理

1）焊后继续用气体火焰加热补焊区，以使接头缓慢冷却。待焊件冷却后用小圆头锤击焊缝表面，消除焊接应力。

2）用热水或蒸汽将焊件上残存的熔剂和焊渣清除干净。

四、焊缝中容易出现的缺陷及防止措施

焊接时易出现的缺陷及防止措施见表1-9。

表1-9　焊接时易出现的缺陷及防止措施

缺陷名称	产生原因	防止措施
白口	1）补焊处的冷却速度快 2）C、Si等元素的烧损严重 3）焊丝选择不当	1）减慢焊缝区的冷却速度 2）采用中性焰或弱碳化焰以防止C、Si过分烧损 3）选用含C、Si较高的铸铁焊丝
裂纹	1）灰铸铁的膨胀收缩率比较大 2）焊接过程中所引起的内应力大 3）铸铁本身的强度低、塑性差	1）采用加热减应法
气孔	铸铁金属由液态转变为固态时，过渡的时间很短，因而在凝固过程中，熔池内的气体不易浮出而容易产生气孔	在补焊时应采用中性焰或轻微碳化焰，操作时一方面把火焰稍微抬高一些，使熔池周围温度升高；另一方面将火焰围绕熔池慢慢转动，使熔池中的气体充分逸出

想一想

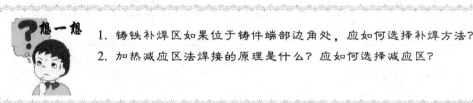

1. 铸铁补焊区如果位于铸件端部边角处，应如何选择补焊方法？
2. 加热减应区法焊接的原理是什么？应如何选择减应区？

项目四　铜及铜合金气焊

一、技能训练的目标

铜及铜合金气焊技能训练检验的项目及标准见表1-10。

表1-10　铜及铜合金气焊技能训练检验的项目及标准

检验项目		标准/mm
外观检查	焊缝高度 h	$0 \leqslant h \leqslant 2$
	焊缝高低差 h_1	$0 \leqslant h_1 \leqslant 1$
	焊缝每侧增宽	0.5～2.5
	焊缝宽度差 c_1	$0 \leqslant c_1 \leqslant 1$
	咬边	$F \leqslant 0.5$　$0 \leqslant L \leqslant 20$
	气孔、夹渣、未熔合、焊瘤	无
	通球（管内径85%）	通　过

注：表中“F”为缺陷深度；“L”为缺陷长度，累计计算。

二、技能训练的准备

1. 焊件的准备

1）管料 2 个，材料为 H62 黄铜，尺寸如图 1-17 所示。

2）焊前清理待焊处，将吸附在焊丝和焊件坡口两侧 30mm 范围内表面的油脂、水分及其他杂质进行仔细清理，直至呈现金属光泽。

2. 焊件装配技术要求

1）装配齐平，保证同轴，如图 1-18 所示，V 形坡口，钝边 p、间隙 b 自定。

2）单面焊双面成形。

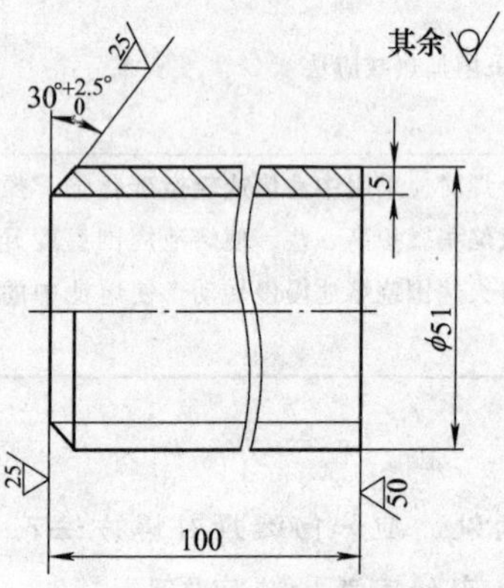

图 1-17　焊件备料图

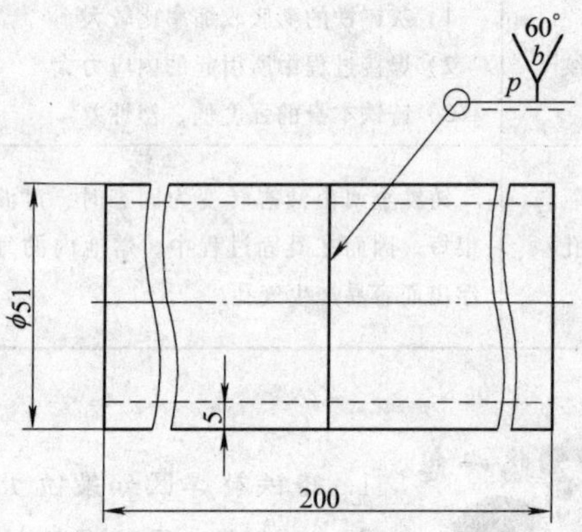

图 1-18　焊件装配图

3. 焊接材料

1）焊丝牌号 HSCuZn—1，代号 HS221，直径 4mm。

2）焊剂为 CJ301。

4. 焊接设备及工具

（1）设备及工具　氧气瓶、氧气减压器（QD—1 型）、乙炔瓶、乙炔减压器、焊炬（H01—6 型）、氧气胶管、乙炔胶管。

（2）辅助工具　护目镜、点火枪、通针、扳手、钢丝钳等。

三、技能训练的任务

1. 装配与定位焊

1）装配定位焊时，平焊部位的间隙要大于仰焊部位的间隙 0.5mm，如图 1-19 所示，以防止焊接时收缩，造成平焊部位间隙小而影响焊接。

2）定位焊时使用的焊丝和焊剂与正式焊接所使用的焊丝和焊剂相同。采用二点定位（图 1-19），定位焊缝长度约为 4～5mm。

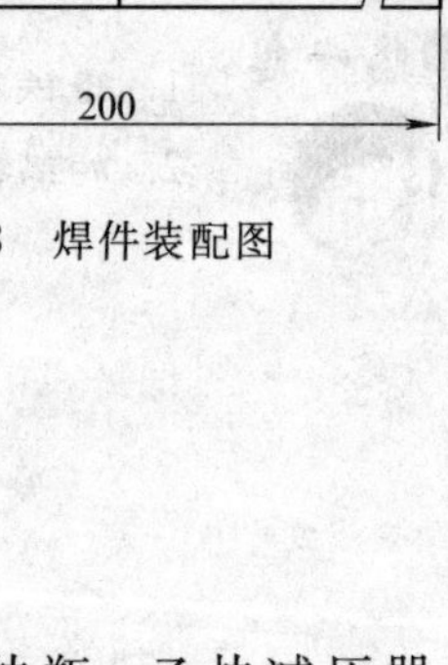

图 1-19　装配间隙与定位焊示意图

2. 焊接

（1）确定焊接参数　见表 1-11。

表 1-11 气焊黄铜焊接参数

焊件厚度 /mm	焊丝直径 /mm	氧气压力 /MPa	乙炔压力 /MPa	焊嘴号码	焊缝层数
5	4	0.25～0.6	0.01～0.1	H01—6 3号	2

（2）焊接操作　焊接时先用火焰对焊接区预热，当达到约300～400℃时，用轻微氧化焰，分前半周和后半周完成焊接，如图1-20所示。打底层在正仰焊位置前5～10mm，用火焰移近坡口两侧，当焊件预热到500℃左右时，用焊接火焰加热焊丝并沾上溶剂向坡口处熔敷。待坡口两侧钝边融化出现熔孔时，应迅速将焊丝送入熔孔形成熔池。如此往复进行焊接，如图1-21所示。经仰、立、平不同位置，焊炬与管子之间的角度不断变化，如图1-22所示。焊炬只作上下摆动。

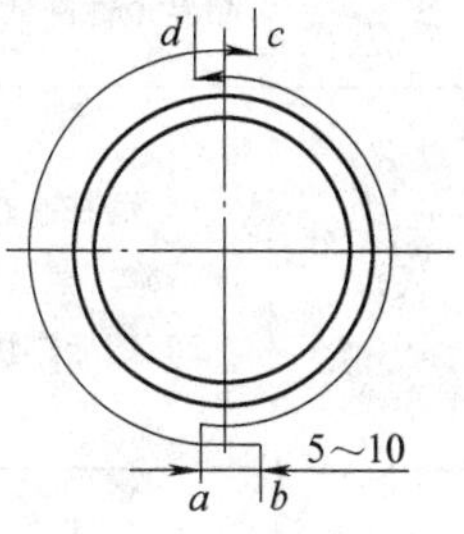

图1-20　起焊和收尾位置示意图

后半周焊接时，其操作方法与前半周相同，起点与终点都与前半周重叠10mm左右。

盖面层焊接和打底层焊接方法相同。收尾时，可稍提起焊炬，用外焰保护熔池，同时加适量焊丝，缓慢离开熔池。

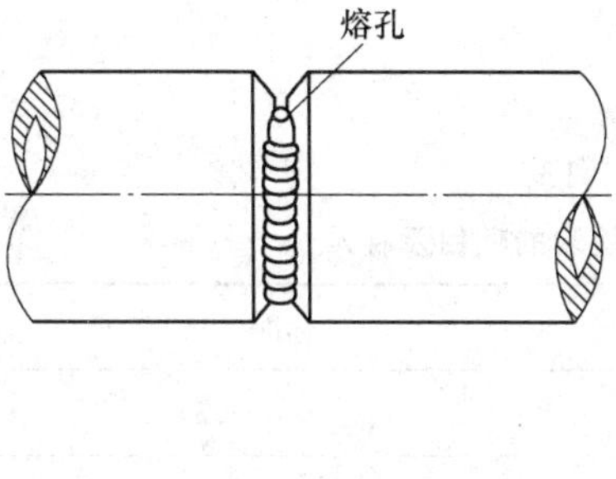

图1-21　打底层及熔孔示意图

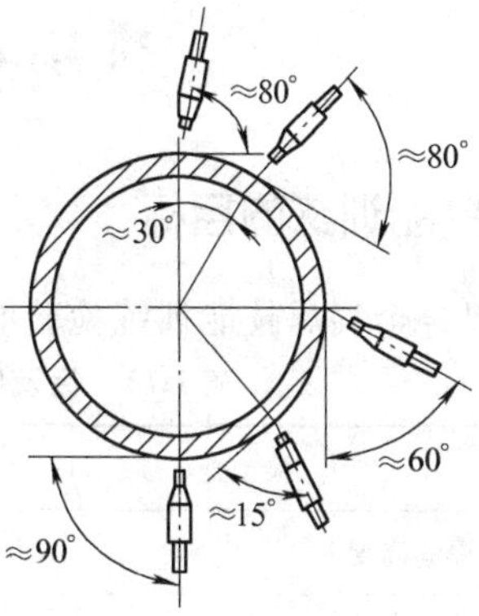

图1-22　焊嘴与管子之间角度变化

3. 焊后处理

1）待焊件冷却到室温后再用铜丝刷清除焊缝表面残留的溶剂和焊渣，或焊后立即水冷，以去除残留的溶剂和焊渣。

2）用圆头小锤锤击焊缝，以消除焊接残余应力。

四、焊缝中容易出现的缺陷及防止措施

焊接时易出现的缺陷及防止措施见表1-12。

表 1-12 焊接时易出现的缺陷及防止措施

缺陷名称	产生原因	防止措施
未熔合	铜合金导热性好，母材难以熔化，填充金属与母材不能很好熔合	1）焊件焊前预热 2）适当的焊接速度

（续）

缺陷名称	产生原因	防止措施
裂纹	1）热胀冷缩严重，产生收缩应力 2）生成氧化亚铜与铜形成低熔点共晶体，使晶界塑性降低	1）合理选用焊接材料 2）焊前预热，焊后缓冷 3）适当的焊接速度
气孔	1）铜在液态时能溶解大量的氢，凝固时溶解度下降，氢要逸出 2）铜导热快，凝固时氢来不及逸出	1）减少氢和氧的来源，用预热来延长熔池存在的时间 2）采用含铝、钛等强脱氧剂的焊丝 3）在铜合金中加入铝、锡等元素

1. 气焊黄铜有什么困难？如何解决？
2. 气焊黄铜的操作要领有哪些？
3. 气焊黄铜易产生哪些缺陷？如何排除？

项目五　铝及铝合金气焊

一、技能训练的目标

铝及铝合金气焊技能训练检验的项目及标准见表 1-13。

表 1-13　铝及铝合金气焊技能训练检验的项目及标准

检查项目		标准/mm
外观检查	正面焊缝高度 h	$0 \leq h \leq 3$
	背面焊缝高度 h'	$0 \leq h' \leq 2$
	正面焊缝高低差 h_1	$0 \leq h_1 \leq 2$
	焊缝每侧增宽	0.5～2.5
	焊缝宽度差（c_1）	$0 \leq c_1 \leq 2$
	咬边	$F \leq 0.5$　$0 \leq L \leq 10$
	未焊透	无
	错边量	无
	焊后角变形（θ）	$0° \leq \theta \leq 3°$
	气孔、夹渣、未熔合、焊瘤	无
X 射线探伤 GB/T 3323—2005		Ⅰ级片

注：表中“F”为缺陷深度；“L”为缺陷长度，累计计算。

二、技能训练的准备

1. 焊件的准备

1）板料 2 块，材料为 3A21，尺寸如图 1-23 所示。

2）矫平。

3）焊前清理待焊处，直至呈现金属光泽。

2. 焊件装配技术要求

1）装配齐平，如图 1-24 所示，钝边 p、间隙 b 自定。

2）单面焊双面成形。

3）预留反变形。

3. 焊接材料

1）焊丝牌号为 HS321（SAlMn），直径 4mm。

2）焊剂为 CJ401。

4. 焊接设备及工具

（1）设备及工具　氧气瓶、氧气减压器（QD—1 型）、乙炔瓶、乙炔减压器、焊炬（H01—6 型）、氧气胶管、乙炔胶管。

（2）辅助工具　护目镜、点火枪、通针、扳手、钢丝钳等。

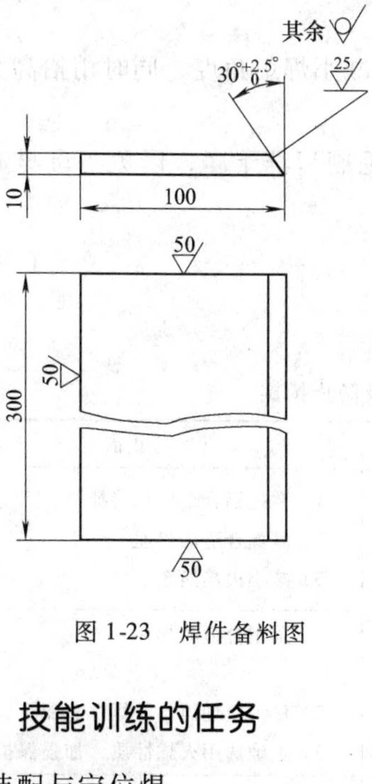

图 1-23　焊件备料图

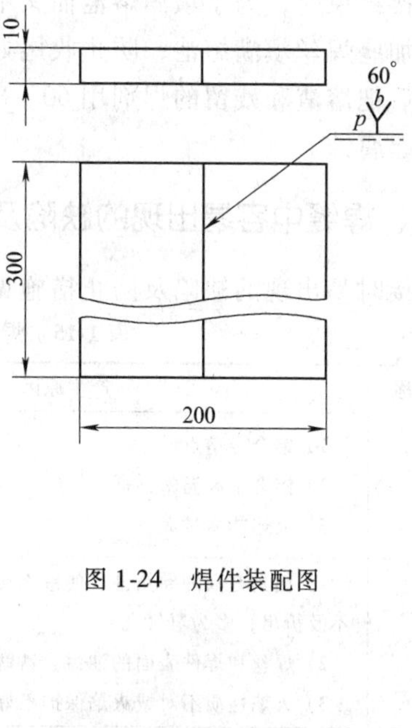

图 1-24　焊件装配图

三、技能训练的任务

1. 装配与定位焊

1）装配时，始焊端（板左边）预留间隙 1 ~ 2mm，终焊端预留间隙 3 ~ 4mm，预留反变形量 3°左右。

2）定位焊时所使用的焊丝和焊剂与正式焊接时使用的焊丝和焊剂相同。定位焊的位置在焊件正面距两端 5 ~ 10mm 处，交叉定位，如图 1-3b 所示，定位焊缝长度为 3 ~ 4mm。

2. 校正

用木锤校正不平之处，以提高焊接质量。

3. 焊接

（1）确定焊接参数　见表1-14。

表1-14　气焊中厚板焊接参数

焊件厚度/mm	焊丝直径/mm	氧气压力/MPa	乙炔压力/MPa	焊嘴号码	焊缝层数
10	4	0.3～0.4	0.01～0.1	H01—6 4号	2

（2）焊接操作　焊接时，先用火焰对焊接区预热，当达到150～250℃时，采用中性焰，右焊法。距板左端50mm处起焊，用蘸有焊剂的焊丝端头不断地拨动加热处金属的表面，当母材表面已带具有黏性，或当金属表面受热后由光亮的银白色逐渐变成暗淡的银灰色，或表面有微微起皱现象时，即可填加焊丝。焊接时，焊炬、焊丝与焊缝应尽量保持在同一平面上，保持对焊缝两边的均匀加热。要使中性焰的内焰尖端与熔池液面保持在2～5mm范围内。若焊件较厚或间隙较小时，尽可能将火焰压低些，以增加熔透深度。然后以同样的方法从起焊处向相反方向焊至另一端。

焊接时要求整条焊缝一次焊完，因故中断时，焊炬火焰应缓慢地离开熔池，防止熔池因突然冷却而产生缩孔。当重新起焊时，应在接头处重叠15～20mm，以保证接头处的焊接质量。

焊接结束时，为了填满熔池而又不使焊件过热，应减小焊炬角度，同时稍抬高火焰，并适当多加些焊丝填满熔池，防止收尾处产生缩孔和裂纹。

焊后把熔渣和残留的焊剂用60～80℃的热水和硬毛刷清洗干净，以免与母材起化学反应而引起腐蚀。

四、焊缝中容易出现的缺陷及防止措施

焊接时易出现的缺陷及防止措施见表1-15。

表1-15　焊接时易出现的缺陷及防止措施

缺陷名称	产生原因	防止措施
烧穿	1）铝合金熔点低 2）铝合金高温塑性低 3）火焰能率过大	1）掌握铝合金熔化特征 2）掌握合适的焊速 3）减小火焰能率
气孔	1）铝具有高的导热性，使液态金属迅速凝固，气体来不及析出，多为氢气孔 2）焊丝和焊件表面的油污、铁锈清理不干净 3）火焰性质不对或火焰保护不好	1）采用合适的焊速 2）仔细清理焊丝、焊件表面 3）正确选用火焰性质，加强保护
未焊透	1）操作技术不熟练或不细心 2）焊前没有除净焊件边缘的毛刺及边缘底边的污垢 3）火焰能率不足，焊接速度过快 4）气焊焊剂质量不好 5）根部间隙过小	1）操作时，改进操作，集中精力 2）接头边缘的毛刺及污垢应清除干净 3）提高火焰能率，控制好焊接速度 4）采用质量好的气焊焊剂 5）调整根部的间隙尺寸

1. 气焊铝合金为什么要预热？
2. 铝合金熔化时有什么特征？
3. 气焊铝合金时焊接速度对焊接质量有什么影响？

项目六　火焰矫正

一、技能训练的目标

1）能够正确地判断出变形的种类，并能测量出大致的变形量。
2）能够根据变形种类和变形量，制订出火焰矫正的方案。
3）能够正确地标记出加热部位，并据此进行火焰矫正。
4）矫正时能够正确控制火焰能率和加热部位的温度。
5）当出现反向变形时，能够采取相应的措施。

二、技能训练的准备

1. 准备两把 H01—6 型焊矩、5 号焊嘴。
2. 准备一变形的低碳钢 T 形梁。如图 1-25 所示。

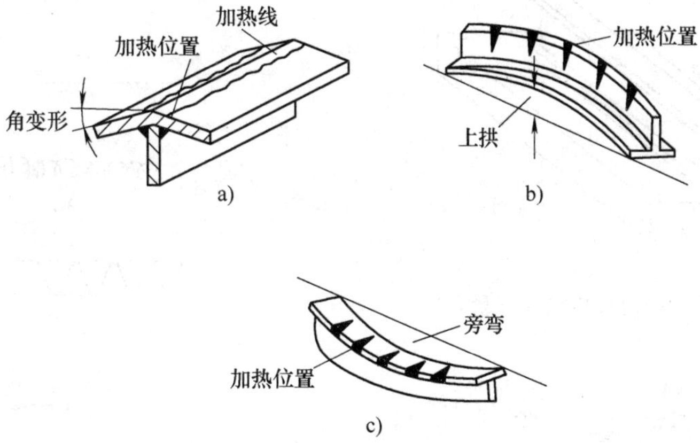

图 1-25　变形的低碳钢 T 形梁
a）角变形　b）上拱变形　c）旁弯变形

3. 确定加热位置

加热位置如图 1-25 所示。火焰矫正的效果和加热位置有很大关系。如果加热位置选择不当，不但原变形得不到矫正，反而有可能产生新的变形，与原来的变形叠加，结果使变形量变得更大。

要想获得正确的加热位置，就必须在火焰矫正前和矫正过程中，对焊件变形部位的变形程度进行检测，一般加热位置都是选在变形量最大处。

检测变形量的方法如下：

1）焊件的弯曲变形、角变形和波浪变形，一般用钢直尺或拉钢丝来测量，如图 1-26 所示。

2）焊件的扭曲变形一般是将焊件放在平台上利用 90°角尺来测量，如图 1-27 所示。

4. 确定加热方式

如图 1-25 所示，角变形采用线状加热，上拱变形和旁弯变形采用三角形加热。

火焰矫正主要有以下三种加热方式。应用时可根据具体情况进行选择。

（1）点状加热　点状加热是根据焊件的特点和变形情况，对其加热一点或数点的一种加热方式。多点加热常用梅花式，如图 1-28 所示。加热点直径 d，随板厚的增加而增大，一般不小于 20mm，点与点之间的距离 a，随变形量的增大而减小，一般为 50～100mm。

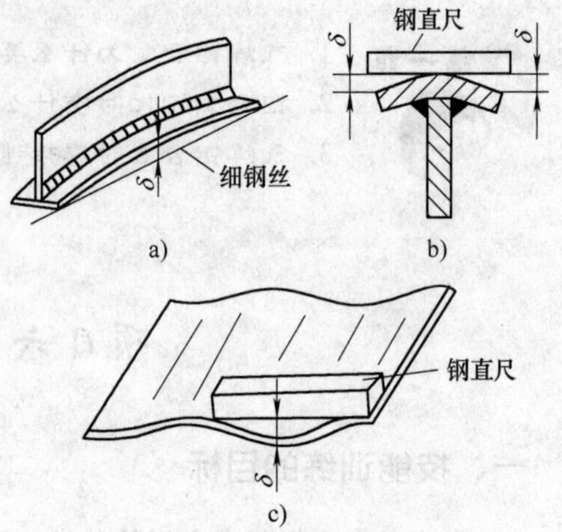

图 1-26　用钢直尺检测变形量

a）弯曲变形　b）角变形　c）波浪变形

点状加热主要用于矫正板厚在 4mm 以下薄钢板的变形，以及圆形零件较小的弯曲变形。

（2）线状加热　线状加热是火焰或沿直线方向移动或在宽度方向作横向摆动或作螺旋式移动的加热方式（图 1-29）。加热线的长度和宽度随变形情况而变化，一般加热线的宽度为钢板厚度的 0.5～2 倍，变形越大，加热线应越宽。

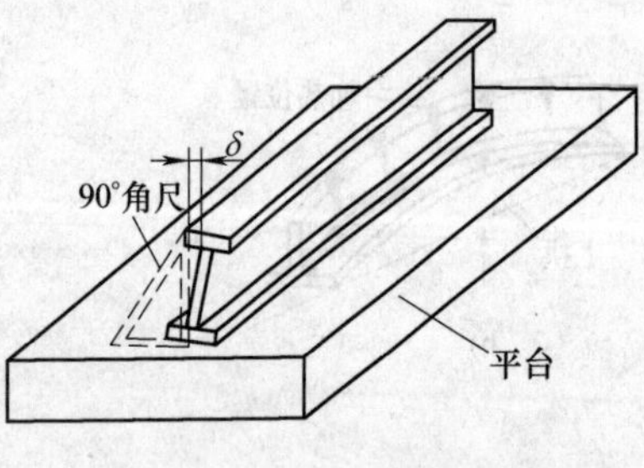

图 1-27　用 90°角尺检测变形量

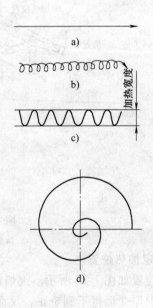

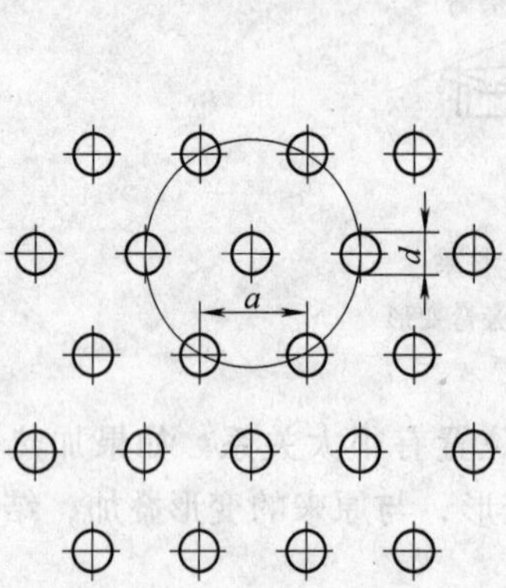

图 1-28　点状加热

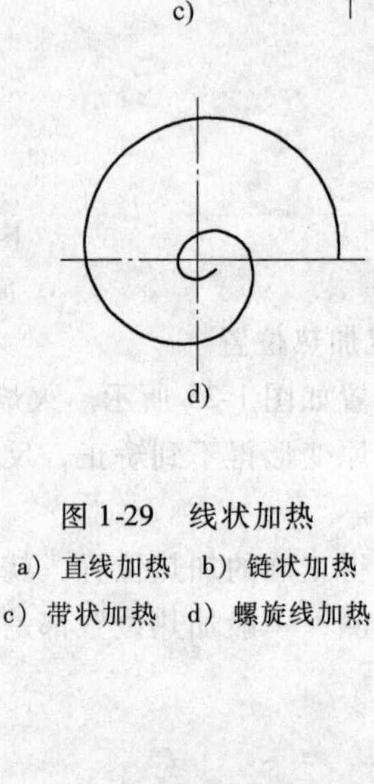

图 1-29　线状加热

a）直线加热　b）链状加热

c）带状加热　d）螺旋线加热

线状加热主要用于矫正变形量或刚度较大的焊件，此外，也可以用来矫正板厚 8mm 以下钢板的波浪变形等。

（3）三角形加热　三角形加热法就是加热区呈三角形的一种加热方式（图 1-30）。

由于三角形加热法的加热面积较大，因此，收缩量也较大，故常用于矫正比较厚或刚度较大焊件的弯曲变形。为提高矫正速度，加热时可用两把或多把焊（割）炬同时进行操作。

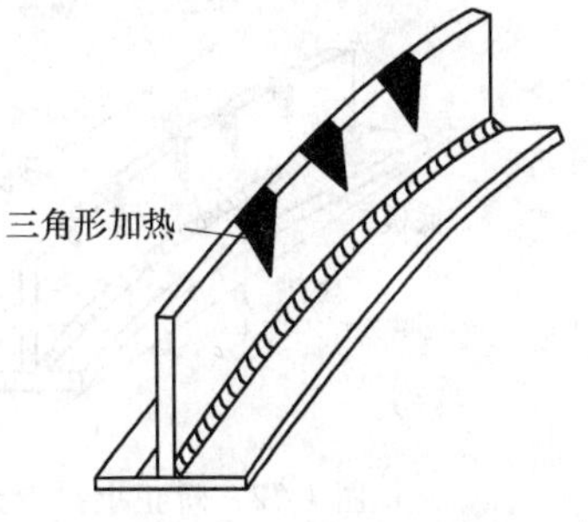

图 1-30　三角形加热

5. 确定矫正步骤

矫正复杂的变形时，首先应拟订好矫正步骤。如果不考虑这一点而盲目地进行，将会给矫正工作带来更大的困难。一般应考虑在矫正后面的变形时，要尽量不影响已矫正好的变形。

矫正既有弯曲变形又有角变形的 T 形梁时，应先矫正好角变形，然后再矫正上拱变形，最后矫正旁弯。

三、技能训练的任务

（1）矫正 T 形梁的角变形　可用两把 H01—6 型焊矩、5 号焊嘴，同时从两条焊缝背面进行线状加热，如图 1-31 所示。加热线宽度视焊件厚度而定，一般为钢板厚度的 0.5 ~ 2 倍。矫正厚度较小，加热深度在 5mm 以下的焊件时，可采用微弱的氧化焰，以提高矫正效果，矫正变形大或需加热深度超过 5mm 的焊件时，最好采用中性焰。若采用氧化焰，会造成焊件表面严重氧化。

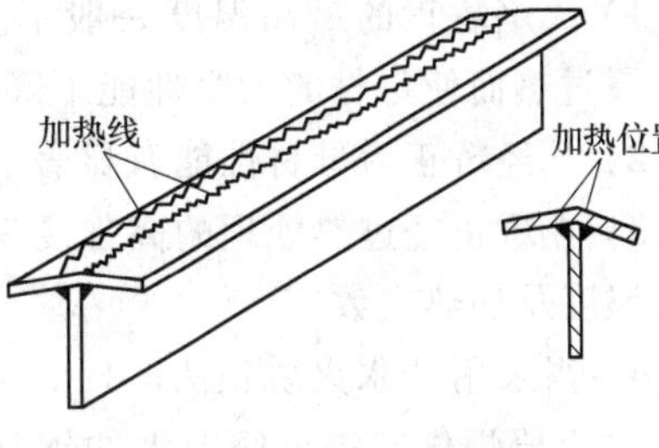

图 1-31　矫正 T 形梁角变形

通常采用 500 ~ 800℃ 的加热温度，矫正时，不宜对工件过度加热，以免产生相反的变形。加热温度最好用温度计来测量。若无此条件，可根据钢材表面的颜色参照表 1-16 来确定。

表 1-16　钢材表面颜色与采用加热温度对照表　（单位:℃）

钢材表面颜色	温　度	钢材表面颜色	温　度
深褐红色	550 ~ 580	深樱红色	730 ~ 770
褐红色	580 ~ 650	樱红色	770 ~ 800
暗樱红色	650 ~ 730	淡樱红色	800 ~ 830

（2）矫正上拱变形　可用 H01—6 型焊炬，5 号焊嘴。中性焰，对立板进行三角形加热，如图 1-32 所示。加热时应先从上拱的最高点开始，然后交叉地向两端进行。经一次矫正后，若还有上拱，可进行第二次加热，但加热位置不应重叠。

（3）矫正旁弯　可用上述火焰在底板上进行三角形加热，如图 1-33 所示。加热三角形应分布在底板外凸的一侧，加热方法与矫正上拱变形相同。

由于矫正旁弯后，会引起新的上拱变形，因此还需采用上述方法矫正上拱变形。

（4）提高矫正速度和效果的措施

1）一般应选择较大火焰能率的焊（割）炬，不过当矫正薄钢板时，火焰能率不宜过大，否则易使钢板厚度方向的热量分布趋于均匀，反而影响矫正效果。

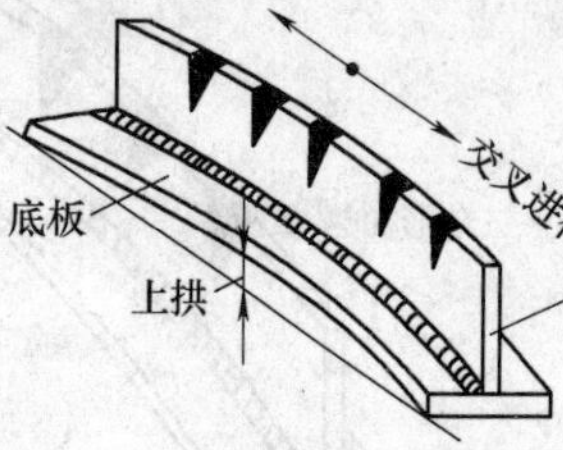

图 1-32　矫正上拱变形

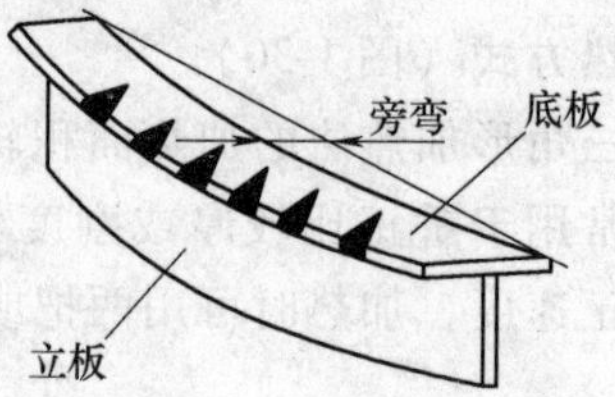

图 1-33　矫正旁弯变形

2）采用“水火矫正法”可以提高矫正的速度。

3）在火焰加热的同时，再附加一定的机械力。例如矫正工字梁的角变形，可采用火焰加热和千斤顶同时进行矫正，如图 1-34 所示。当采用点状加热法矫正薄板的波浪变形时，为提高矫正速度和避免冷却后在加热处产生突起，往往在加热一个点后立即用木锤锤击该点及其周围区域。锤击时，背面要用木锤垫底，切勿用铁锤，以免产生新的变形。

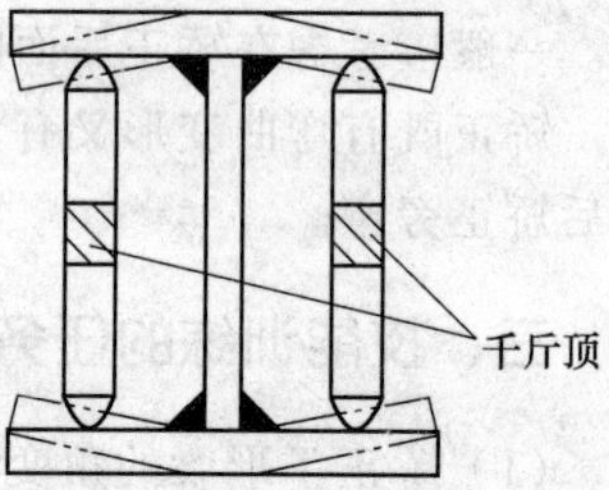

图 1-34　火焰加热和千斤顶同时矫正

(5) 注意事项　火焰矫正时需注意以下几点：

1）火焰矫正的最高温度一般不宜超过 800℃，否则会引起金属过热而使母材的力学性能下降。

2）凡经矫正后母材性能有显著下降的焊件，就不宜采用火焰矫正。

3）在矫正经过热处理的高强度钢构件时，加热温度不应超过它的回火温度，并应控制加热温度及加热次数。

4）当采用“水火矫正法”时，应注意厚度超过 8mm 的重要焊件或淬火倾向大的钢材不宜用“水火矫正法”；当矫正厚度在 2mm 以下的钢板时，加热温度一般不应超过 600℃，这时水火之间的距离要靠得近一些。当矫正厚度为 4 ~ 8mm 之间的钢板时，加热温度为 600 ~ 800℃，水火之间的距离一般为 20 ~ 30mm，如图 1-35 所示。

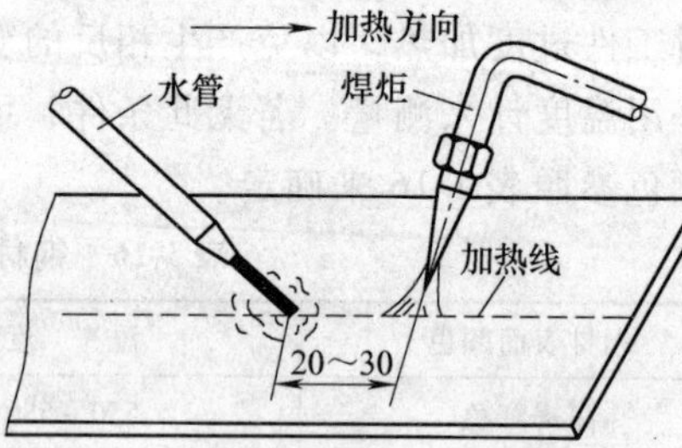

图 1-35　矫正厚度为 4 ~ 8mm 的钢板

5）若一次矫正未能消除焊件的变形时，可进行多次矫正，但加热位置应尽量避免重叠。

6）焊（割）嘴与焊件表面的距离一般应保持在 10 ~ 20mm 范围内，以防金属表面被熔化。

7）在现场架设桥梁桁架等重要部件时，就不宜进行火焰矫正。若必须矫正时，应增设支撑架，待构件处于无应力状态后，方可进行。

四、火焰矫正容易出现的缺陷及防止措施

火焰矫正易出现的缺陷及防止措施见表 1-17。

表 1-17　火焰矫正易出现的缺陷及防止措施

缺陷名称	产生原因	防止措施
变形加大	1）加热位置不正确 2）加热温度过高	1）定出正确的加热位置，仔细分析变形的原因和矫正方法，确定好矫正方案 2）选择合理的加热温度
产生相反变形	1）加热方案不够合理 2）加热位置不正确	1）合理确定加热方案，必要时可预留反变形，待全部矫正完毕时，变形消除 2）有多种变形出现时，注意矫正顺序，合理选择加热位置
金属过热	加热温度过高	一般不要超过 800℃，避免金属过热。过热会引起钢板内部组织的变化，破坏原材料的力学性能

1. 火焰矫正时应注意哪些事项？
2. 如何正确控制火焰能率和加热部位的温度？
3. 火焰矫正的工作原理是什么？
4. 火焰的分类及特点是什么？

项目七　手工切割

一、技能训练的目标

手工切割技能训练检验的项目及标准见表 1-18。

表 1-18　手工切割技能训练检验的项目及标准

检验项目	标准/mm
切割面的平面度	≤1.5
切割线与号料线的允差	±1.5
割纹深度	≤0.5，割纹深度要粗细均匀
垂直度	切口的边缘应与钢板表面垂直，斜度的允差为 1:10
切口缝隙	较窄且宽窄一致
塌边宽度	≤2
挂渣	应能容易铲除

二、技能训练的准备

1）认真熟悉气割工艺。

2）垫高、放稳工件，清除污物。

3）检查复验切割线及尺寸。

4）选用气割方法、割炬和割嘴。

5）准备导轨、规架等辅具。

6）检查工作场地是否符合安全要求，检查氧乙炔瓶和回火保险器工作状态是否正常。然后将气割设备按一定的操作规程连接好。

7）向气割场地洒水，防止吹起尘土。

8）准备遮挡板，防止飞溅。

9）准备通风排烟设施。

10）调试火焰能率及风线等工艺参数。

三、技能训练的任务

将割件放在割件架上，或把割件垫高与地面保持一定距离，切勿在离水泥地面很近的位置切割，以防止水泥发生爆炸。操作者可以站立或蹲着，其姿势以舒适稳定为先决条件，视线以看清前方割线的位置和观察到割嘴及工件为准。气割移动方向应自右向左，要移动自如，保持割线距离较长，尽量避免割嘴朝向操作者自身位置的方向移动。气割时呼吸要有节奏，肌肉放松，眼睛前视，尽量用双手平稳而又灵活地握住割炬。

（1）点火　点火前，先按逆时针方向旋转乙炔开关，放出乙炔，再逆时针微开氧气阀，用点火枪或火柴点火。开始点燃的火焰多冒黑烟，这种火焰叫做碳化焰。此时应逐渐开大氧气阀，增加氧气供给量，直至火焰的内焰和外焰没有明显的界限时，这种火焰叫做中性焰，切割时应使用中性焰。火焰调好后，打开割炬上的切割氧阀，并增大氧气流量，观察切割氧流（风线）的形状，风线应呈笔直清晰的圆柱体。

（2）起割　操作者应右手握住割炬手把，用左手的拇指和食指把住预热氧的阀门，以便于调整预热火焰，发生回火时及时切断预热气源。起割点应选择在割件的边缘棱角处，起割预热时，割嘴要和工件表面保持垂直（图1-36a），预热至燃点后，将割嘴沿气割方向倾斜一定角度，同时慢慢地打开切割氧阀，看到预热的红点在氧流中被吹掉时，立即再进一步加大切割氧阀进行气割（图1-36b），然后割嘴逐渐转为90°割透工件（图1-36c）。割炬就可根据工件的厚度以适当的速度开始由右向左移动。手工气割工艺参数见表1-19。

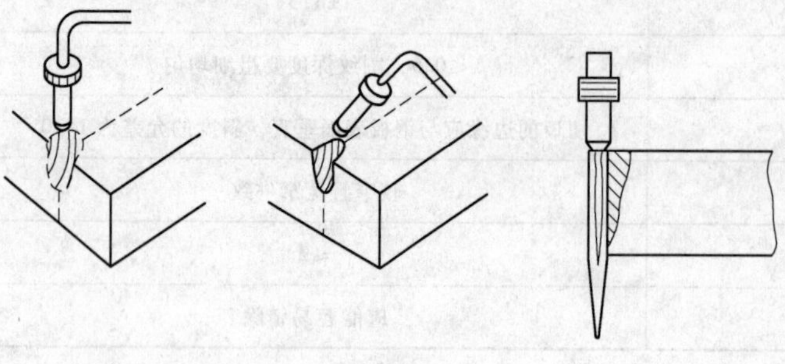
a)　b)　c)

图1-36　手工气割起割方法示意图

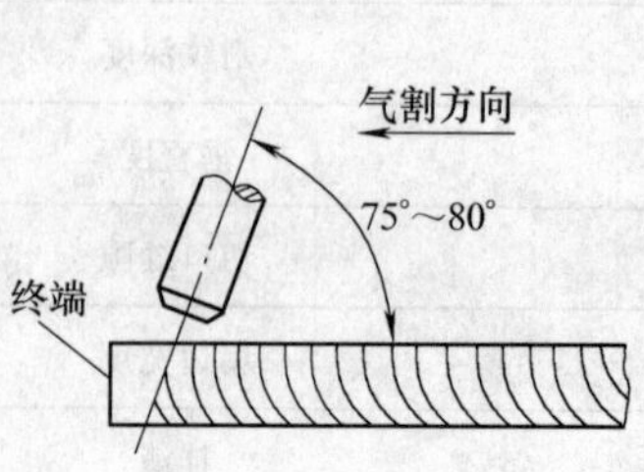

图1-37　临近终点时割嘴的角度

表 1-19 手工气割参数

板厚/mm	割炬型号	割嘴号码	氧气压力/MPa	气割速度/m/min
5 ~ 8	G01—30	1	0.4	0.4 ~ 0.6
10 ~ 16	G01—30	1	0.4 ~ 0.5	0.3 ~ 0.4
16 ~ 25	G01—30	2	0.45 ~ 0.5	0.25 ~ 0.3
25 ~ 50	G01—100	3	0.5 ~ 0.7	0.2 ~ 0.25

（3）正常气割过程 起割后，即进入正常气割过程。此时，割炬的移动速度要均匀，割炬至割件表面的距离应保持一定高度。气割过程中，倘若发生爆鸣和回火现象，应立即先关闭预热氧阀和切割氧阀，然后再关闭乙炔阀，使气割过程暂停，再用通针清除气体通道内的污物，如发现割炬过热，可用冷水浸一下，处理正常后，再重新点火切割。

（4）停割 气割工作临近结束时，应将割炬沿气割相反的方向倾斜一个角度，如图1-37所示，以便将钢板的下部提前割透，使切口在收尾处显得很整齐，然后再关闭氧气阀和乙炔阀，整个气割过程便告结束。

（5）气割顺序 先直线，后曲线；先边缘，后中间，割完一片再一片；先小块，后大块，板上带孔最后开；丁字缝，先上底，后垂直；直缝上面开小槽，先直缝，后开槽；遇到圆弧缝，圆弧未割之前圆心不能动。

（6）气割打孔 从中间气割厚板时，一般先气割打孔，然后引到起割处，其气割打孔的操作技术是：

1）在靠近起割处的余料部位打孔（在不造成切割缺陷的基础上，应尽可能靠近起割线）。

2）气割打孔时，割嘴应与工件偏斜一定角度，以便熔渣飞出。但偏斜方向不要对着切口，打孔后引入切割线，割嘴转为垂直角度，进行正常气割。

3）在切割线上气割打孔时，如果打孔必须在切割线上进行时，割嘴应向气割方向倾斜，而且在不影响排渣的基础上，尽量使割嘴距工件表面近些，以减小气割打孔的尺寸。

四、气割过程中容易出现的缺陷及防止措施

气割过程中容易出现的缺陷及防止措施见表 1-20。

表 1-20 气割过程中容易出现的缺陷及防止措施

缺陷名称	产生原因	防止措施
氧化铁渣不易吹掉	1）切割氧压力太小 2）切割速度太慢 3）预热火焰太大 4）风线不好	1）适当加大切割氧压力 2）控制切割速度不要太慢 3）适当减小火焰能率 4）调整风线成笔直而清晰的细圆柱体，并有一定长度
切口与钢板表面不垂直	气割时割炬没有垂直于钢板表面或风线不好	气割时不断地变换位置并始终保持割嘴与钢板表面垂直，同时风线应有一定的长度和挺度

（续）

缺陷名称	产生原因	防止措施
回火	1）切割速度太快 2）割炬倾斜角度不够	1）选用适当的预热火焰能率，控制切割速度不要太快 2）割嘴后倾 20°左右，并与钢板保持一定距离
切口边缘熔化，棱角不分明	1）预热火焰能率过大 2）割嘴与钢板表面距离太近 3）切割速度太慢	1）选用合适的预热火焰能率 2）合适控制割嘴与钢板表面距离 3）适当加快切割速度

1. 气割的基本原理有哪些？
2. 为什么有的金属容易气割？有的金属难以气割？
3. 割圆时要想割位准确，操作时应注意哪些问题？

项目八　典型零件的气焊与气割

一、水桶的气焊

如图 1-38 所示，水桶材料为 Q235A，高 600mm，桶直径 450mm，板厚 1.2mm。桶身采用对接接头，桶身与桶底（板厚 1.2mm）采用卷边接头。

1. 装配与定位焊

将钢板卷成的桶体，装配成对接接头，无间隙。进行交叉定位焊，定位焊缝长 3～5 mm，间距 40～50mm，定位焊点必须焊透，不宜过宽过高。

2. 校正

在导轨或三轴滚床上进行，保证一定的圆度，并检查桶体直径。

3. 焊接

（1）确定焊接参数　见表 1-21。

表 1-21　气焊水桶焊接参数

板厚/mm	焊丝牌号	焊丝直径/mm	焊嘴号码	氧气压力/MPa	乙炔压力/MPa
1.2＋1.2	H08A	1.5	H01—6 2 号	0.25～0.3	0.01～0.1

（2）焊接操作　先焊桶体纵焊缝，采用中性焰，左焊法，由桶体中间起焊，对称焊完，以减少变形。焊嘴与焊件及焊丝倾角见图 1-38。在起焊处，应使火焰往复移动，以使焊接处加热均匀，焊炬可作适当的上下摆动，焊丝则应均匀地送入熔池，应使熔池形状和大小保持一致，这样形成的焊缝才能整齐美观。若发现熔池突然变大，应加快焊接速度，减少焊炬倾角或多加焊丝；如发现熔池过小或焊丝熔滴不能与焊件很好地熔合，仅敷在熔池表面，此时

应增加焊炬倾角，减慢焊接速度。焊缝收尾时应减小焊炬倾角，多加焊丝，将火焰慢慢离开。

桶体纵焊缝焊完之后，涂煤油对焊缝进行渗漏试验，如果有漏油则需要进行补焊。

在进行桶体与桶底焊接时，先将桶体与桶底进行校正组合，并用定位焊固定，然后校正，以保证焊接质量。焊接时，焊嘴可作轻微上下摆动，卷边熔化后可加入少许焊丝，也可不加焊丝。为了避免桶体受热过多，火焰稍偏向外侧，如图 1-39 所示。所有焊缝焊完之后，进行装水试验，没有渗漏则认为合格。

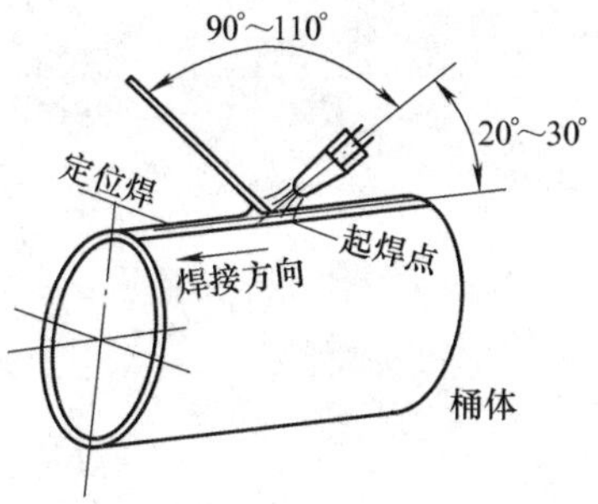

图 1-38　桶体纵向焊缝操作示意图

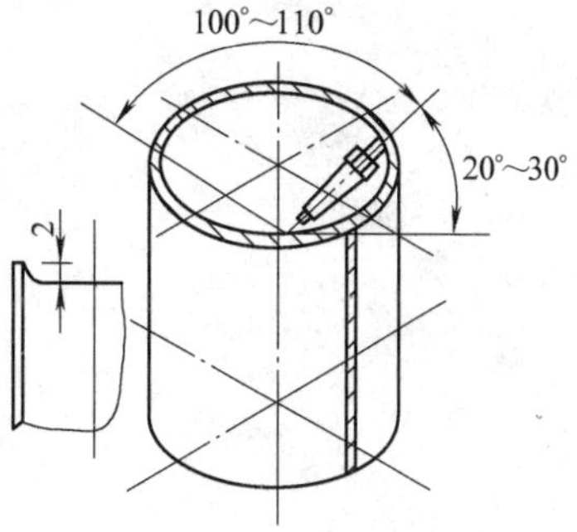

图 1-39　水桶封底焊接

二、法兰的气割

1. 准备

（1）气割法兰（图 1-40）　将法兰的下方垫空并垫牢。为了提高气割法兰的效率，保持割口表面光滑而整齐，使用简易气割圆规，如图 1-41 所示。按待割圆的半径，在定位杆上对好位置，留出割口余量，用顶端的螺钉紧固。

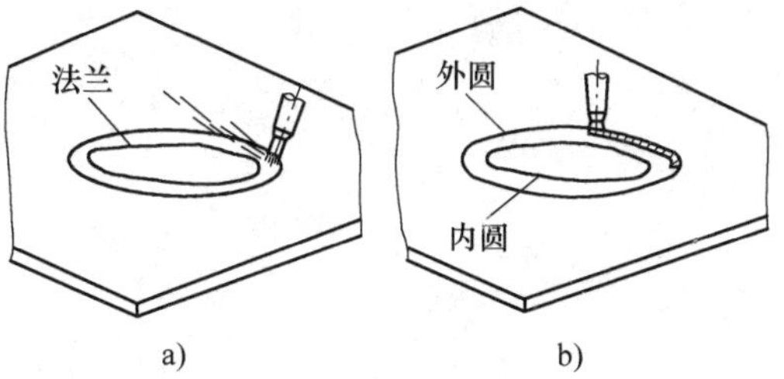

图 1-40　气割法兰示意图
a）起割　b）气割过程

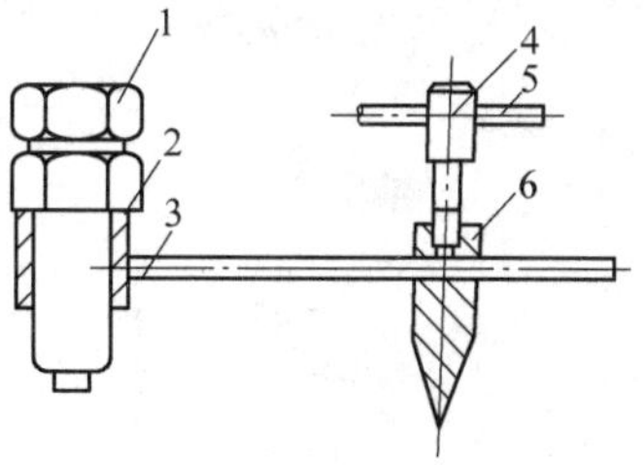

图 1-41　气割圆规构造示意图
1—割嘴　2—套嘴　3—移动定位杆
4—紧固螺钉　5—手柄
6—圆心交点

（2）确定气割参数　割　　炬：G01—30，3 号环形嘴
氧气压力：0.5～0.7MPa
乙炔压力：0.03～0.1MPa

2. 气割操作

起割时（图 1-40a），首先在钢板上割个孔。方法是将割件预热，预热火焰采用中性焰或轻微的氧化焰，割嘴垂直于割件，达到切割温度时，将割嘴后倾 20°左右，并离钢板一定距离，便于氧化铁渣的吹出；同时，打开切割氧阀将氧化铁渣吹出。但开始时，切割氧阀不要开得太大，随着割炬移动和逐渐将割炬割嘴角度转为垂直钢板的过程，不断地开大切割氧气阀门，使氧化铁渣朝割嘴倾斜相反方向飞出。当氧化铁渣不再上飞时，说明钢板已割透。这时，将割嘴保持与钢板垂直，割炬沿圆线进行切割（图 1-40b）直至气割完毕。气割时先割外圆，后割内圆。

第二单元　焊条电弧焊技能训练

焊条电弧焊是最常用的熔焊方法之一。由于其具有设备简单、操作灵活方便、适应性强，能在空间任何位置进行焊接等优点，使这种焊接方法在各个行业得到了广泛的应用，如造船、锅炉及压力容器、机械制造、建筑结构、化工设备等制造维修行业都广泛地使用这种方法。另外焊条电弧焊的焊缝质量，主要依靠焊工的操作技术和经验来保证优质的焊接接头；在操作的过程中，焊工不仅要完成引弧、运条、收弧等动作，而且要随时随地观察熔池，根据熔池的情况，不断地调整焊条角度、摆动方式和幅度，以及电弧长度等，故整个焊接过程中，焊工手脑并用，精神高度集中，而且还要受高温烘烤，以及在有毒的烟尘环境中工作，因此焊工的劳动条件是比较差的，必须加强劳动保护。受焊工的技能等因素的影响和焊接参数较复杂的原因，焊条电弧焊的生产效率较低。

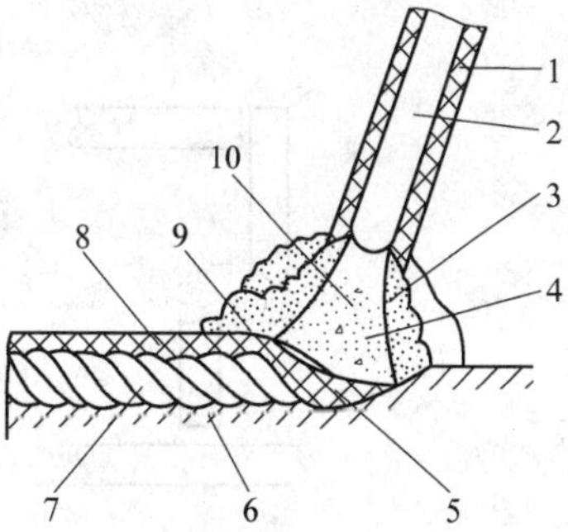

图 2-1　焊条电弧焊过程示意图

1—药皮　2—焊芯　3—保护气　4—电弧　5—熔池　6—母材　7—焊缝　8—焊渣　9—熔渣　10—熔滴

焊接过程如图 2-1 所示。

项目一　焊条电弧焊的基本操作

一、坡口形式与焊接位置

1. 接头和坡口形式

焊条电弧焊常用的基本接头形式有对接、搭接、角接和 T 形接头，如图 2-2 所示。不同的焊接接头以及不同板厚应加工成不同的坡口形式。对接接头常用的坡口形式如图 2-3。板厚1～6mm 时，用 I 形坡口；板厚增加时可选用 Y 形、X 形和 U 形等各种形式的坡口。

角接和 T 形接头常用的坡口形式如图 2-4 所示。坡口形式与尺寸一般随板厚而变化，同时还与焊接方法、焊接位置、热输入量、焊件材质等有关。坡口形式与尺寸选用见 GB/T 985—1988《气焊、手工电弧焊及气体保护焊焊缝坡口的基本

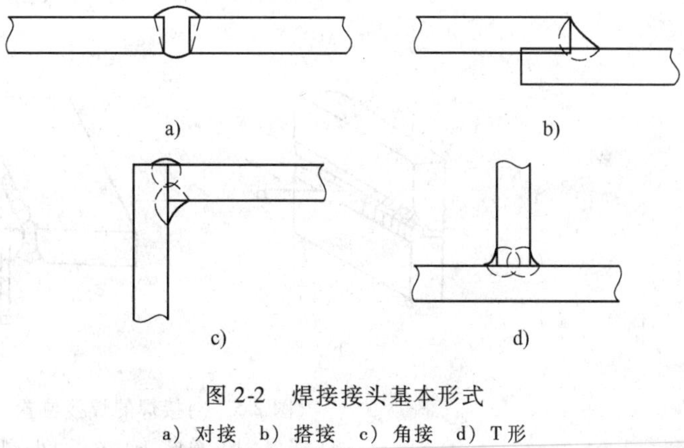

图 2-2　焊接接头基本形式

a) 对接　b) 搭接　c) 角接　d) T 形

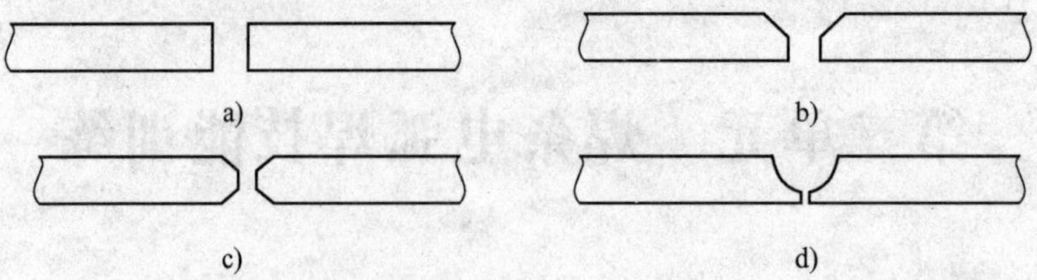

图 2-3 对接接头坡口基本形式

a）I 形 b）Y 形 c）X 形 d）U 形

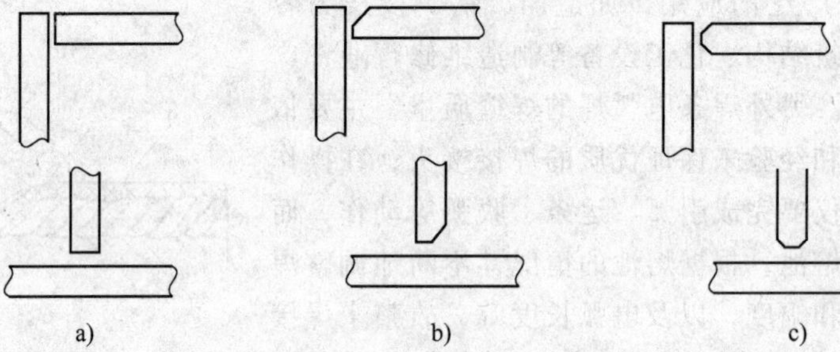

图 2-4 角接和 T 形接头的坡口

a）I 形 b）带钝边 V 形 c）带钝边 K 形

形式和尺寸》。

2. 焊接位置

熔焊时，被焊焊件接缝所处的空间位置，称为焊接位置，如图 2-5 所示。

（1）平焊位置 焊缝倾角为 0°、焊缝转角为 90°的焊接位置称为平焊位置，如图 2-5a 所示。在平焊位置的焊接称为平焊或平角焊。

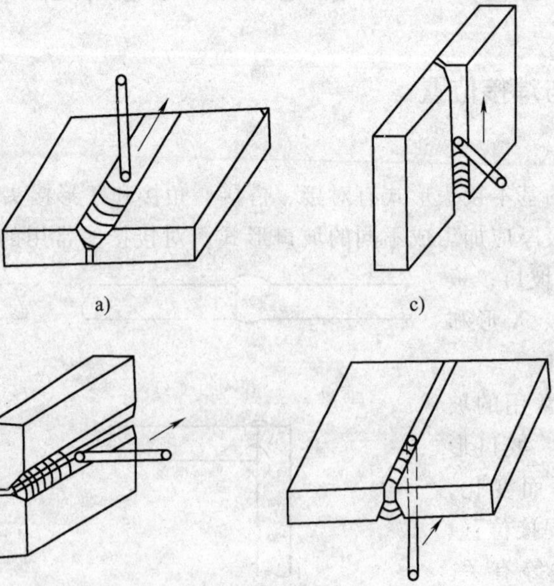

图 2-5 对接焊的焊接位置

a）平焊 b）横焊 c）立焊 d）仰焊

（2）横焊位置　对接焊缝的焊缝倾角为0°或180°、焊缝转角0°或180°，如图2-5b所示。在横焊位置上进行的焊接称为横焊或横角焊。

（3）立焊位置　焊缝倾角90°或270°的焊接位置称为立焊位置，如图2-5c所示。在立焊位置上进行的焊接称为立焊或立角焊。

（4）仰焊位置　当进行对接焊缝焊接时，焊缝倾角0°或180°，焊缝转角270°的焊接位置称为仰焊位置，如图2-5d所示。在仰焊位置上进行的焊接称为仰焊或仰角焊。

二、焊接参数的选择

焊条电弧焊工艺参数包括焊条种类、牌号和直径、焊接电流的种类、极性和大小、电弧电压、焊道层次等。选择合适的焊接参数，对提高焊接质量和生产效率是十分重要的，下面分别讲述选择这些工艺参数的原则，及它们对焊缝成形的影响。

1. 焊条种类和牌号的选择

在相关的课程中已经讲述了焊条选择的原则。实际工作中主要根据母材的性能，接头的刚性和工作条件来选择焊条，焊接一般碳钢和低合金结构钢主要是按等强度原则选择焊条的强度级别，一般选用酸性焊条，重要结构选用碱性焊条。

2. 焊接电源种类和极性的选择

通常根据焊条的类形决定焊接电源的种类，除低氢形焊条必须采用直流反接外，所有酸性焊条均可采用交流或直流电源进行焊接。当选用直流电源时，焊厚板用直流正接，焊薄板用直流反接。

3. 焊条直径的选择

为提高生产效率，应尽可能地选用直径较大的焊条。但用直径过大的焊条焊接，容易造成未焊透或焊缝成形不良等缺陷。选用焊条直径还应考虑焊件的位置及厚度。平焊位置或厚度较大的焊件应选用直径较大的焊条，薄件应选用直径较小的焊条，见表2-1。另外，焊接同样厚度的T形接头时，选用的焊条直径应比对接接头的焊条直径大些。

表2-1　焊条直径与焊条厚度的关系　（单位：mm）

焊件厚度	2	3	4~5	6~12	>13
焊条直径	2	3.2	3.2~4	4~5	4~6

4. 焊接电流的选择

焊接电流是焊条电弧焊最重要的工艺参数，因为电焊工在操作过程中需要调节的只有焊接电流，而焊接速度和电弧电压都是由焊工操作控制的。

焊接电流越大，熔深越大（焊缝宽度和余高变化均不大），焊条熔化快，焊接效率高。但是焊接电流太大时，飞溅和烟尘大，药皮易发红和脱落，而且容易产生咬边、焊瘤、烧穿等缺陷；若焊接电流太小，则引弧困难，焊条容易粘连在焊件上，电弧不稳，熔池温度低，焊缝窄而高，熔合不好，且易产生夹渣、未焊透等缺陷。

选择焊接电流时，主要考虑的因素有焊条直径、焊接位置、焊道层次。

（1）焊条直径　焊条直径越粗，焊接电流越大，每种直径的焊条都有一个最合适的电流范围，表2-2列出了各种直径焊条合适的焊接电流参考值。

表 2-2 各种直径焊条使用电流的参考值

焊条直径/mm	1.6	2.0	2.5	3.2	4.0	5.0
焊接电流/A	25～40	40～65	50～80	100～130	160～210	200～270

还可以根据选定的焊条直径用下面的经验公式计算焊接电流。

$$I=(10\sim15)\ d^2$$

式中 I——焊接电流（A）；

d——焊条直径（mm）。

（2）焊接位置　在平焊位置焊接时，可选择偏大些的焊接电流。横、立、仰焊位置焊接时，焊接电流应比平焊位置依次小10%～20%。

（3）焊道层次　通常焊接打底焊道时，特别是焊接单面焊双面成形的焊道时，使用的焊接电流较小，才便于操作和保证背面焊道的质量；焊填充焊道时，为提高效率，保证熔合好，通常都使用较大的焊接电流；而焊盖面焊道时，为防止咬边和获得较美观的焊道，使用的电流稍小些。

以上所述的只是选择焊接电流的一些原则和方法，实际生产过程中焊工是根据试焊的试验结果，根据自己的实践经验来选择焊接电流的。通常焊工是根据焊条直径推荐的电流范围，或根据经验选定一个电流，在试板上试焊，在焊接过程中看熔池的变化、渣和铁液的分离情况、飞溅大小、焊条是否发红、焊缝成形是否美观、脱渣性是否好等来选择焊接电流的。当焊接电流合适时，焊接引弧容易、电弧稳定、熔池温度较高、渣比较稀，很容易从铁液中分离出去，能观察到颜色比较暗的液体从熔池中翻出，并向熔池后面集中，熔池较亮，表面稍下凹，且很平稳地向前移动，焊接过程中飞溅较少，能听到很均匀的劈啪声，焊后焊缝两侧圆滑地过渡到母材，鱼鳞纹较细，焊渣也容易敲掉。如果选用的焊接电流太小，则引弧很难，焊条容易粘在焊件上，焊道余高较大，鱼鳞纹粗，两侧熔合不好，当焊接电流太小时，根本形不成焊道，熔化的焊条金属粘在焊件上像一条蚯蚓十分难看。如果选用的焊接电流太大，焊接时飞溅和烟尘很大，焊条药皮成块脱落，焊条发红，电弧吹力大，熔池有一个很深的凹坑，表面很亮，非常容易烧穿、产生咬边，由于焊机负载过重，可听到很明显的哼哼声、焊缝外观很难看，鱼鳞纹很粗。在实际生产操作中，焊工要根据工艺规定的焊接电流工作。

5. 电弧电压

电弧电压主要影响焊缝的宽窄，电弧电压越高，焊缝越宽，因为采用焊条电弧焊时，焊缝的宽度主要靠焊条的横向摆动幅度来控制，因此电弧电压的影响不明显。

当焊接电流调好后，电焊机的外特性曲线就确定了。实际上电弧电压是由弧长决定的。电弧越长，电弧电压越高；电弧越短，电弧电压越低。但电弧太长时，电弧燃烧不稳，飞溅大，容易产生咬边、气孔等缺陷；若电弧太短，容易粘焊条。一般情况下，电弧长度等于焊条直径的1/2～1倍为好，相应的电弧电压为16～25V。碱性焊条的电弧长度应为焊条直径的一半为好；酸性焊条的电弧长度应等于焊条直径。

6. 焊接速度

焊接速度就是单位时间内完成的焊缝长度。焊条电弧焊是在保证焊缝具有所要求的尺寸和外形且保证熔合良好的原则下，焊接速度由焊工根据具体情况灵活掌握。重要结构的焊接常常规定每根焊条最小焊接长度。

7. 焊接层数的选择

在厚板焊接时，必须采用多层焊或多道焊。多层焊的前一条焊道对后一条焊道起预热作用，而后一条焊道对前一条焊道起热处理作用（退火和正火），有利于提高焊缝金属的塑性和韧性。每层焊道厚度不能大于 4 ~ 5mm。

三、焊接测量器

焊接测量器是一种精确测量焊缝的量具，使用范围较广，可以测量焊接构件的坡口角度、间隙宽度、焊缝高度等，如图 2-6 所示。

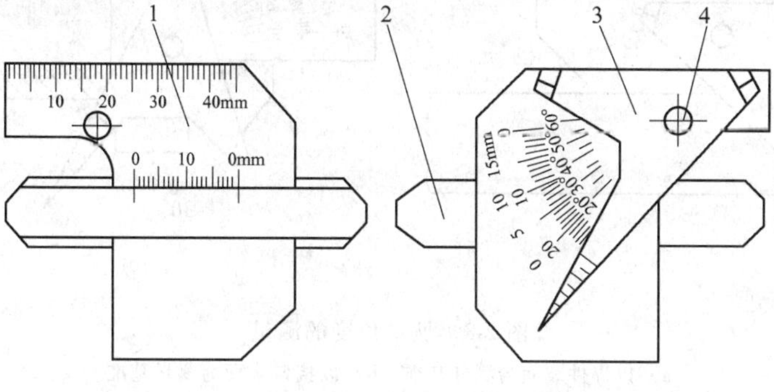

图 2-6　焊接测量器

1—主尺　2—活动尺　3—测角尺　4—铆钉

使用焊接测量器时应避免磕碰划伤、接触腐蚀性气体和液体，保持其表面清晰。焊接测量器使用结束后，应放入专用的封套内。

1. 焊件错边量及焊缝余高的测量

以焊件表面为测量基准，用主尺和活动尺进行测量。测量时，主尺窄端面紧贴测量基准面，使活动尺尖轻触被测面，然后在主尺上读出测量值，如图 2-7 所示。

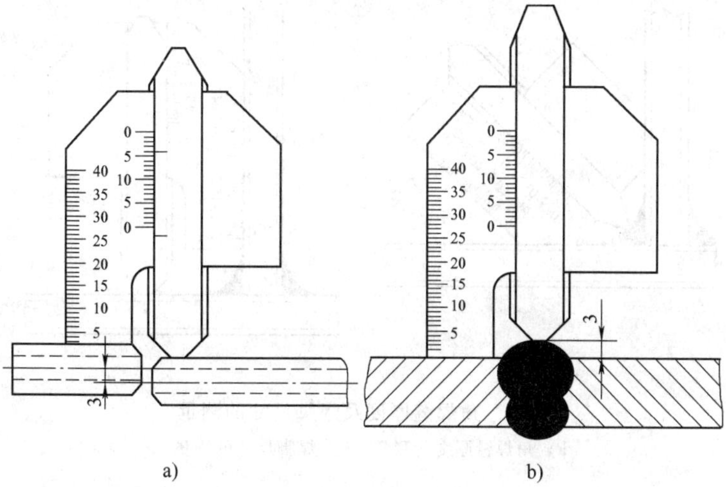

图 2-7　错边量及焊缝余高的测量

a）错边量的测量　b）焊缝余高的测量

2. 坡口角度的测量

坡口角度的测量可选择焊件接缝表面或焊件表面作为测量基准，用主尺和测角尺进行测量。测量时，将主尺大端面紧贴测量基准面，使测角尺的长端面轻触被测量面，然后在主尺上读出测量值，如图 2-8 所示。

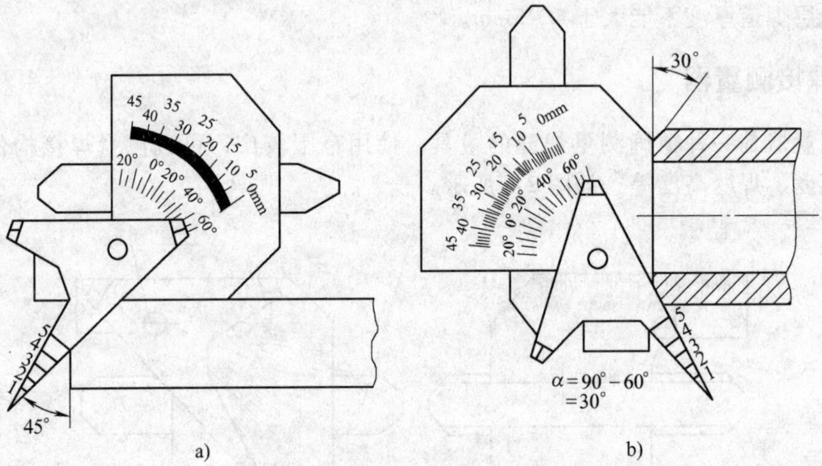

图 2-8　坡口角度的测量

a）以焊件表面为测量基准　b）以接口表面为测量基准

当选择焊件表面为测量基准时，在主尺上读出的测量值即为坡口角度值，如图 2-8a 所示；若以接口表面为测量基准时，基准坡口角度值等于 90°减去主尺读数值，如图 2-8b 所示。

当以焊缝侧的焊件表面为测量基准面时，用主尺和活动尺测量，在测量焊缝厚度时，将主尺 45°端面紧贴基准面，使活动尺尖轻触焊缝表面，在主尺上即可读出角焊缝厚度的测量值，如图 2-9a 所示。

当测量焊脚尺寸时，将主尺大端面紧贴焊件表面并使主尺窄端面对准焊趾处，活动尺尖轻触焊件另侧表面，在主尺上读出焊脚尺寸的测量值，如图 2-9b 所示。

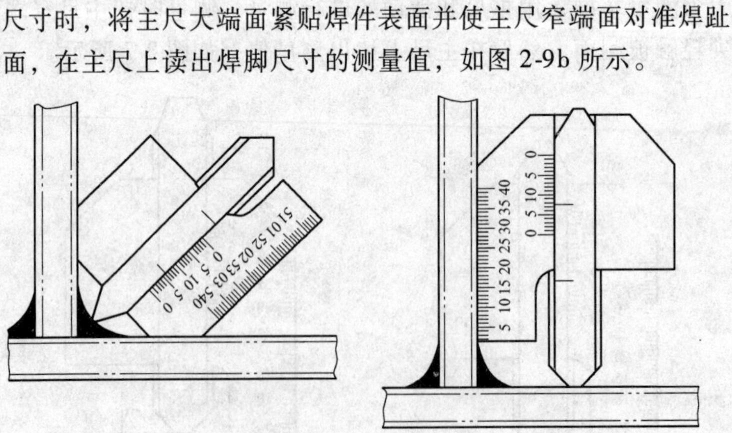

图 2-9　角焊缝厚度及焊脚尺寸的测量

a）角焊缝厚度的测量　b）焊脚尺寸的测量

四、基本操作

（一）引弧

电弧焊开始时，引燃焊接电弧的过程称引弧。焊接电弧引燃的方式分为两大类，即非接触式引弧和接触式引弧。

1. 非接触式引弧

利用高频高压使电极末端与焊件间的气体导电产生电弧。用这种方法引弧时，电极端部与焊件间不发生短路就能引燃电弧，其优点是可靠、引弧时不会烧伤焊件表面，但需要另外增加小功率高频高压电源，或同步脉冲电源。焊条电弧焊很少采用这种方式引弧。

2. 接触式引弧

它是先利用电极与焊件短路，再拉开电极引燃电弧，这是焊条电弧焊最常用的引弧方式，根据操作手法不同又可分为：

（1）直击法　它是使焊条与焊件表面垂直地接触，当焊条的末端与焊件表面轻轻一碰，便迅速提起焊条，并保持一定距离，立即引燃了电弧，如图 2-10 所示。操作时必须掌握好手腕的上下动作时间和距离。

（2）划擦法　这种方法与擦火柴有些类似，先将焊条末端对准焊件，然后将焊条在焊件表面划擦一下，当电弧引燃后瞬间立即将焊条末端与被焊焊件表面距离拉开 2～4mm，电弧就能稳定地燃烧，如图 2-11 所示。操作时手腕顺时针方向旋转，使焊条端头与焊件接触后再离开。

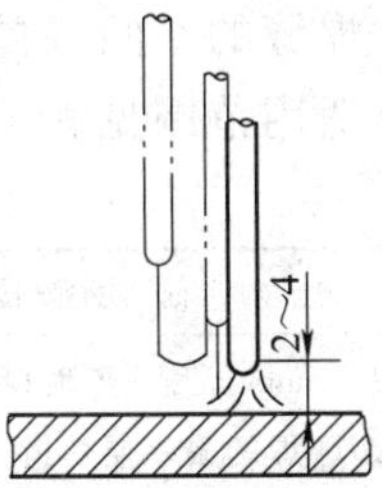

图 2-10　直击法引弧

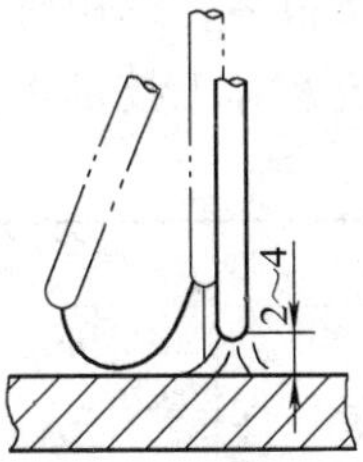

图 2-11　划擦法引弧

以上两种引弧方法相比，划擦法比较容易掌握，但在狭小工作面上或不允许烧伤焊件表面时，应采用直击法。直击法对初学者较难掌握，一般容易发生电弧熄灭或造成电弧短路现象，这是没有掌握好离开焊件时的速度和保持一定距离的原因。如果操作时焊条上拉太快或提得太高，都不能引燃电弧或电弧只燃烧一瞬间就熄灭。相反，动作太慢则可能使焊条与焊件粘在一起，造成焊接回路短路。

引弧时，如果发生焊条和焊件粘在一起，只要将焊条左右摇动几下，就可以脱离焊件，如果这时还不能脱离焊件，就应立即将焊钳松开，使焊接回路断开，待焊件稍冷后再拆下。如果焊条粘在焊件上的时间太长，则因过大的短路电流可能使焊机烧坏，所以引弧时，手腕动作必须灵活和准确，而且要选择好引弧起始点的位置。

（二）运条

焊接过程中，焊条相对焊缝所做的各种动作的总称为运条。正确运条是保证焊缝质量的基本要素之一，因此每个操作者都必须掌握好运条这项基本功。运条包括沿焊条轴线的送进，沿焊缝轴线方向纵向移动和横向摆动三个动作的组合，如图 2-12 所示。

1. 运条的基本动作

（1）焊条沿轴线向熔池方向送进　使焊条熔化后，能继续保持电弧的长度保持不变，因此要求焊条向熔池方向送进的速度与焊条熔化的速度相等。如果焊条送进的速度小于焊条熔化的速度，则电弧的长度将逐渐增加，导致断弧；如果焊条送进速度大于焊条熔化速度，则电弧长度迅速缩短，使焊条末端与焊件接触发生短路，同样会使电弧熄灭。

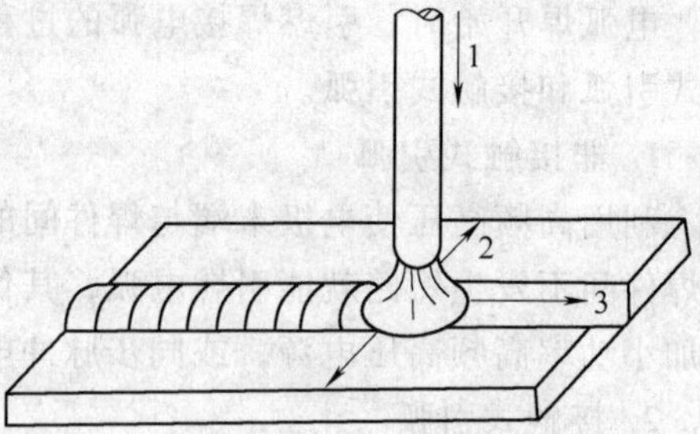

图 2-12 运条的基本动作

(2) 焊条沿焊接方向的纵向移动 此动作使焊条熔敷金属与熔化的母材金属形成焊缝。焊条移动速度对焊缝质量、焊接生产率有很大的影响。如果焊条移动速度太快，则电弧来不及熔化足够的焊条与母材金属，产生未焊透或焊缝较窄；若焊条移动速度太慢，造成焊缝过高、过宽、外形不整齐。在较薄的焊件上焊接时容易焊穿。移动速度必须适当才能使焊缝均匀。

(3) 焊条的横向摆动 横向摆动的作用是为获得一定宽度的焊缝，并保证焊缝两侧熔合良好。其摆动的幅度应根据焊缝的宽度与焊条直径决定。横向摆动力求一致，才能获得宽度整齐的焊缝。正常的焊缝宽度一般不超过焊条直径的 2 ~5 倍。

2. 运条方法

运条的方法很多，选用时应根据接头的形式、装配间隙、焊缝的空间位置、焊条直径与性能、焊接电流及焊工技术水平等方面而定。常用运条方法及适用范围见表 2-3。

表 2-3 常用运条方法及适用范围

运条方法		运条示意图	适用范围
直线形运条法			1) 3 ~5mm 厚度 I 形坡口对接平焊 2) 多层焊的第一层焊道 3) 多层多焊道
直线往返形运条法		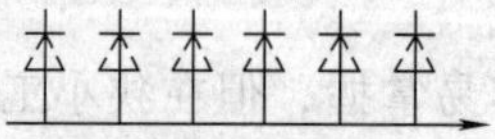	1) 薄板焊 2) 对接平焊（间隙较大）
锯齿形运条法		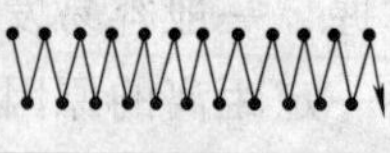	1) 对接接头（平焊、立焊、仰焊） 2) 角接接头（立焊）
月牙形运条法			同锯齿形运条法
三角形运条法	斜三角形	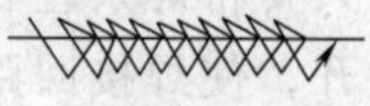	1) 角接接头（仰焊） 2) 对接接头（开 V 形坡口横焊）
	正三角形	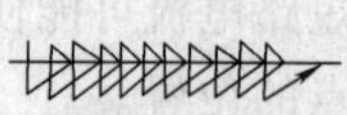	1) 角接接头（立焊） 2) 对接接头
圆圈形运条法	斜圆圈形	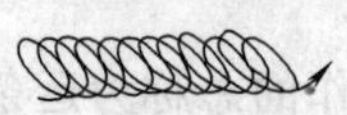	1) 角接接头（平焊、仰焊） 2) 对接接头（横焊）
	正圆圈形	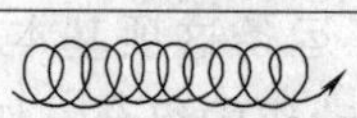	对接接头（厚焊件平焊）
八字形运条法		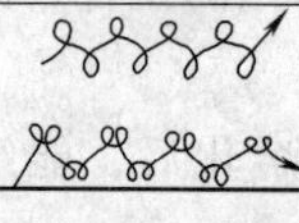	对接接头（厚焊件平焊）

（三）焊缝的起头

焊缝的起头是指开始焊接处的焊缝。这部分焊缝很容易增高，这是由于开始焊接时焊件温度低，引弧后不能迅速使这部分焊件金属的温度升高，因此熔深较浅，余高较大。为减少或避免这种情况，可在引燃电弧后先将电弧稍微拉长些，对焊件进行必要的预热，然后适当降低电弧长度转入正常焊接。重要的结构往往增加引弧板。

五、焊缝的收尾

焊缝的收尾是指一条焊缝焊完后如何收弧。焊接结束时，如果将电弧突然熄灭，则焊缝表面留有凹陷较深的弧坑会降低焊缝收尾处的强度，并容易引起弧坑裂纹。过快拉断电弧，液体金属中的气体来不及逸出，还容易产生气孔等缺陷。为克服弧坑缺陷，采用下述方法收尾。

（1）反复收尾法　焊条移到焊缝终点时，在弧坑处反复熄弧、引弧数次，直到填满弧坑为止，此方法适用于薄板和大电流焊接时的收尾，不适用于碱性焊条。

（2）划圈收尾法　焊条移到焊缝终点时，在弧坑处做圆圈运动，直到填满弧坑再拉断电弧，此方法适用于厚板。

（3）转移收尾法　焊条移到焊缝终点时，在弧坑处稍作停留，将电弧慢慢拉长，引到焊缝边缘的母材坡口内。这时熔池会逐渐缩小，凝固后一般不出现缺陷。适用于换焊条或临时停弧时的收尾。

六、焊缝的接头

后焊焊缝与先焊焊缝的连接处称为焊接接头。由于受焊条长度的限制，焊缝前后两段接头是不可避免的，但焊缝接头的应力力求均匀，防止产生过高、脱节、宽窄等不一致的缺陷。焊缝的接头有以下四种情况，如图 2-13 所示。

（1）中间接头　后焊的焊缝从先焊的焊缝尾部开始焊接，如图 2-13a 所示。要求在弧坑前约 10mm 附近引弧，电弧长度比正常焊接时略长些，然后回移到弧坑，压低电弧，稍作摆动，再向前正常焊接。这种接头的方法是使用最多的一种，适用于单层焊及多层焊的表层接头。

（2）相背接头　两焊缝起头处相接，如图2-13b 所示。要求先焊焊缝起头处略低些，后焊焊缝必须在前条焊缝始端稍前处引弧，然后稍拉长电弧将电弧逐渐引向前条焊缝的始端，并覆盖前条焊缝的端头，待焊平后，再向焊接方向移动。

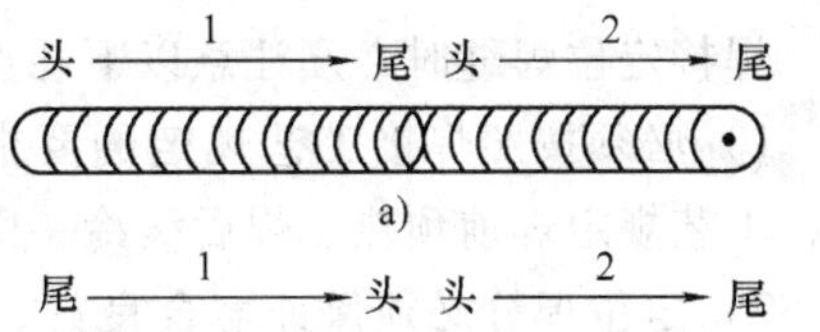

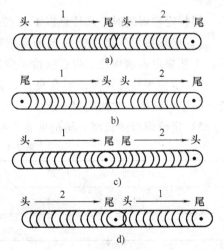

图 2-13　焊缝接头的四种情况

a）中间接头　b）相背接头

c）相向接头　d）分段退焊接头

1—先焊焊缝　2—后焊焊缝

（3）相向接头　是两条焊缝的收尾相接，如图 2-13c 所示。当后焊的焊缝焊到先焊的焊缝收弧处时，焊接速度应稍慢些，填满先焊焊缝的弧坑处后，以较快的速度再向前焊一段，然后熄弧。

（4）分段退焊接头　是先焊焊缝的起头和后焊

焊缝的收尾相接，如图 2-13d 所示。要求后焊的焊缝焊至靠近前条焊缝始端时，改变焊条角度，使焊条指向前条焊缝的始端，拉长电弧，待形成熔池后，再压低电弧，往回移动，最后返回原来熔池处收弧。

接头连接得平整与否，和焊工操作技术有关，同时还和接头处的温度高低有关。温度越高，接头处越平整。因此中间接头要求电弧中断的时间要短，换焊条动作要快。多层焊时，层间接头处要错开，以提高焊缝的致密性。除中间焊缝接头焊接时可不清理焊渣外，其余接头处必须先将接头处的焊渣打掉，否则接不好头，必要时可将接头处先打磨成斜面后再接头。

想一想

1. 焊条电弧焊时焊条直径选择的依据是什么？
2. 焊条电弧焊时焊接电流选择的依据是什么？
3. 对重要的焊接结构，引弧起点应处在什么位置？
4. 焊缝收尾（收弧）方法的特点及适用场合？
5. 说明焊条摆动的几种方法？

项目二　焊条电弧焊的工艺

一、定位焊

焊前为固定焊件的相对位置进行的焊接操作叫定位焊。定位焊形成的短小而断续的焊缝叫定位焊缝。通常定位焊缝都比较短小，在焊接过程中不用去掉而成为正式焊缝的一部分，定位焊缝质量的好坏将直接影响正式焊缝的质量及焊件的变形。因此对定位焊必须引起足够的重视。

焊接定位焊缝时必须注意以下几点：

1）必须按照焊接工艺规定的要求焊接定位焊缝。如采用与工艺规定的相同牌号的焊条，工艺规定焊前预热、焊后缓冷，则定位焊缝也必须焊前预热、焊后缓冷。

2）定位焊缝必须保证熔合良好，焊道不能太高，起头和收尾处应圆滑过渡、不能太陡，防止焊缝接头时两端焊不透。

3）定位焊缝的长度、间距见表 2-4。

表 2-4　定位焊缝的参考尺寸　（单位：mm）

焊件厚度	定位焊缝长度	定位焊缝间距
<4	5 ~ 10	50 ~ 100
4 ~ 12	10 ~ 20	100 ~ 200
>12	≥20	200 ~ 300

4）定位焊缝不能焊在焊缝交叉处或焊缝方向发生急剧变化的地方，通常至少应离开这些地方 50mm 才能焊定位焊缝。

5）为防止焊件焊接过程中焊件裂开，应尽量避免强制装配，必要时可增加定位焊缝的长度，并减小定位焊缝的间距。

6）定位焊后必须尽快焊接，避免中途停顿或存放时间过长。

二、各种位置的焊接

焊接空间位置不同的焊接接头，虽然具有各自不同的特点，但也具有共同的规律，其共同规律就是选择合适的焊接电流，保持正确的焊条角度，掌握好运条的三个动作，控制熔池表面形状、大小和温度，使熔池金属的冶金反应较完全，气体、杂质排除彻底，并与母材很好地熔合。

1. 平焊

平焊是在水平面上进行任何方向焊接的一种操作方法。由于焊缝处在水平位置，熔滴主要靠自重过渡，操作技术比较容易掌握，可以选用较大直径焊条和较大的焊接电流，生产效率高，因此在生产中应用比较普遍。如果焊接参数选择不当和操作不当，打底焊时容易造成根部焊瘤或未焊透，也容易出现熔渣与熔化金属混杂不清或熔渣超前而引起的夹渣。

平焊分为对接平焊、T形接头平焊和搭接接头平焊。

（1）对接平焊　推荐对接平焊的焊接参数见表2-5。

表2-5　推荐对接平焊的焊接参数

焊缝横断面形式	焊件厚度/mm	第一层焊缝		其他各层焊缝		盖面焊缝	
		焊条直径/mm	焊接电流/A	焊条直径/mm	焊接电流/A	焊条直径/mm	焊接电流/A
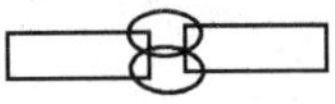	2	2	50~60	—	—	2	55~60
	2.5~3.5	3.2	80~110	—	—	3.2	85~120
	4~5	3.2	90~130	—	—	3.2	100~130
		4	160~200	—	—	4	160~210
		5	200~260	—	—	5	220~260
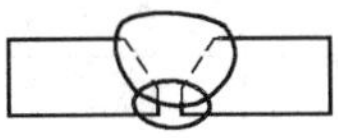	5~6	4	160~200	—	—	3.2	100~130
						4	180~210
	>6	4	160~200	4	160~210	4	180~210
				5	220~280	5	220~260
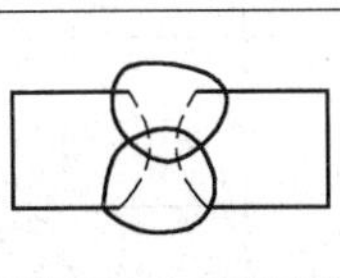	≥12	4	160~210	4	160~210	—	—
				5	220~280	—	—

1）I形坡口对接平焊。当板厚小于6mm时，一般采用I形坡口对接平焊。

采用双面双道焊，焊条直径3.2mm。焊接正面焊缝时，采用短弧焊，熔深为焊件厚度的2/3，焊缝宽度5~8mm，余高应小于1.5mm，如图2-14所示。焊接反面焊缝时，除重要结构外，不必清根，但要将正面焊缝背部的焊渣清除干净，然后再焊接，焊接电流可大些。焊条角度如图2-15所示。

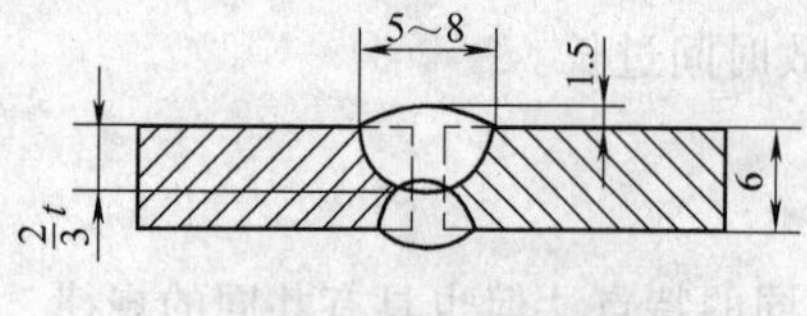

图 2-14　I 形坡口对接接头

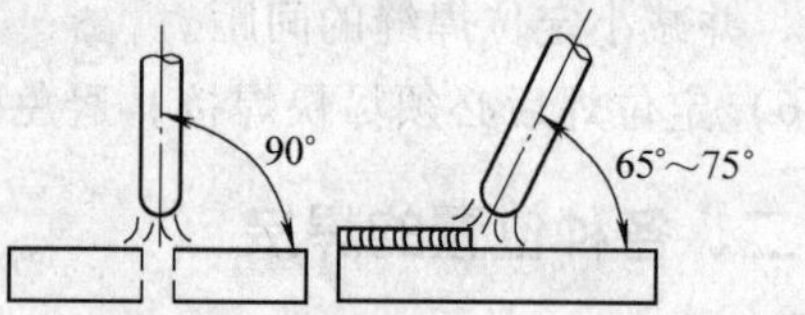

图 2-15　对接平焊的焊条角度

2）V 形坡口的对接平焊。当板厚超过 6mm 时，由于电弧的热量较难深入到 I 形坡口根部，必须开单 V 形坡口或双 V 形坡口，可采用多层焊或多层多道焊，如图 2-16、图 2-17 所示。

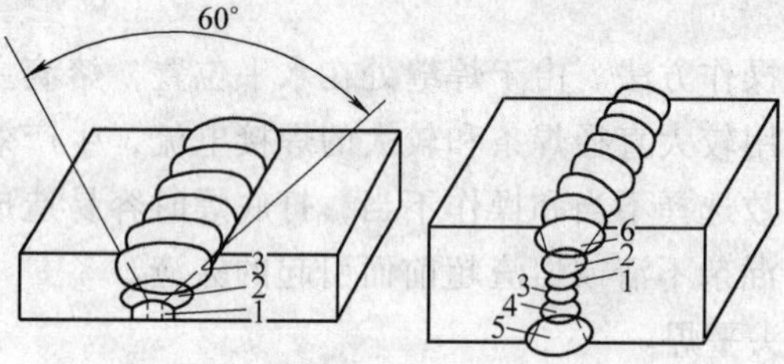

图 2-16　多层焊

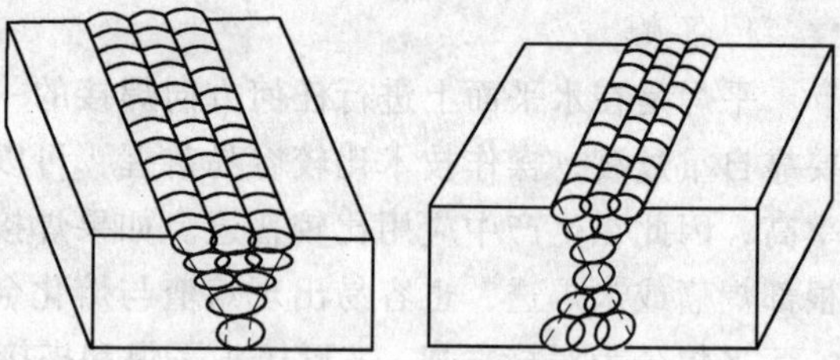

图 2-17　多层多道焊

多层焊时，第一层应选用较小直径的焊条，运条方法应根据焊条直径与坡口间隙而定。可采用直线运条法或锯齿形运条法，要注意边缘熔合的情况并避免焊件焊穿。以后各层焊接时，应将前一层焊渣清除干净，然后选用直径较大的焊条和较大的焊接电流进行施焊。可采用锯齿形运条法，并应用短弧焊接。但每层不宜过厚，应注意在坡口两边稍停留，为防止产生熔合不良及夹渣等缺陷，每层的焊缝接头须互相错开。

多层多道焊的焊接方法与多层焊接相似，焊接时，初学者应特别注意清除焊渣，以避免产生夹渣、未熔合等缺陷。

（2）T 形接头的平角焊　推荐 T 形接头平角焊的焊接参数见表 2-6。

表 2-6　推荐 T 形接头平角焊的焊接参数

焊缝横断面形式	焊件厚度或焊脚尺寸/mm	第一层焊缝		其他各层焊缝		盖面焊缝	
		焊条直径/mm	焊接电流/A	焊条直径/mm	焊接电流/A	焊条直径/mm	焊接电流/A
	2	2	55～65	—	—	—	—
	3	3.2	100～120	—	—	—	—
	4	3.2	100～120	—	—	—	—
		4	160～200				
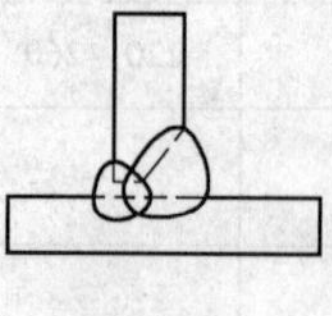	5～6	4	160～200	—	—	—	—
		5	220～280				
	≥7	4	160～200	5	220～280	—	—
		5	220～280				
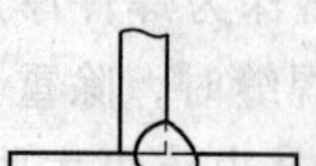		4	160～200	4	160～200	4	160～200
				5	220～280		

T 形接头平角焊时，容易产生未焊透、焊偏、咬边及夹渣等缺陷，特别是立板容易咬边。为防止上述缺陷，焊接时除正确选择焊接参数外，还必须根据两板厚度调整焊条角度，电弧应偏向厚板一边，让两板受热温度均匀一致，如图 2-18 所示。

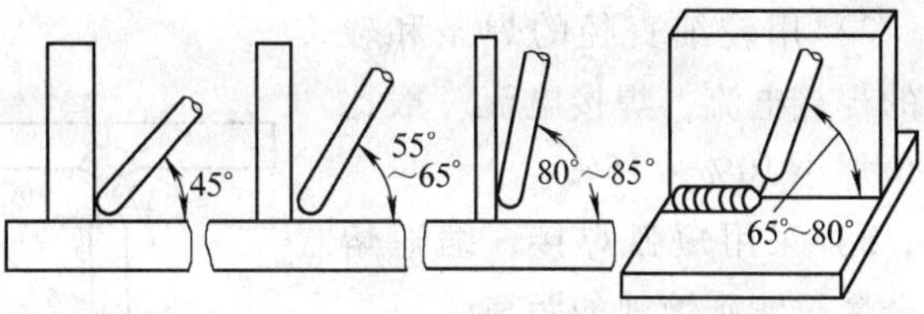

图 2-18　T 形接头平角焊时的焊条角度

当焊脚小于 6mm 时，可用单层焊，选用直径 4mm 焊条，采用直线形或斜圆形运条方法，焊接时采用短弧，防止产生焊偏及垂直板上咬边。焊脚在 6 ~ 10mm 之间时，可用两层两道焊，焊第一层时，选用直径 3. 2 ~4mm 焊条，采用直线形运条法，必须将顶角焊透，以后各层可选用直径 4 ~ 5mm 的焊条，采用斜圆形运条法，要防止产生焊偏及咬边等现象。当焊脚大于 10mm 时，采用多层多道焊，可选用直径 5mm 的焊条，这样就能提高生产率。在焊接第 1 道焊缝时，应选用较大的电流，以得到较大的熔深；焊接第 2 道焊缝时，由于焊件温度升高，可选用较小的电流和较快的焊接速度，以防止垂直板产生咬边现象。在实际生产中，当焊件能翻动时，尽可能把焊件放成平角焊位置进行焊接，如图 2-19 所示。平角焊位置焊接既能避免产生咬边等缺陷，焊缝平整美观，又能使用大直径焊条和较大的焊接电流并便于操作，从而提高生产率。

（3）搭接平角焊　搭接平角焊时，主要的困难是上板边缘易受电弧高温熔化而产生咬边，同时也容易产生焊偏，因此必须掌握好焊条角度和运条方法，焊条与下板表面的角度应随下板的厚度增大而增大，如图 2-20 所示。搭接平角焊根据厚度不同也分为单层焊、多层焊和多层多道焊，选择方法基本上与 T 形接头相似。

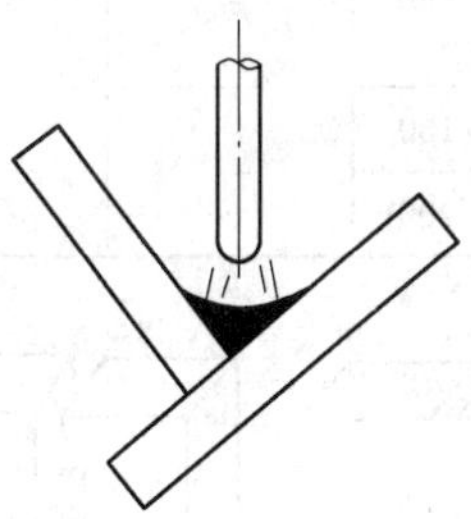
图 2-19　平角焊

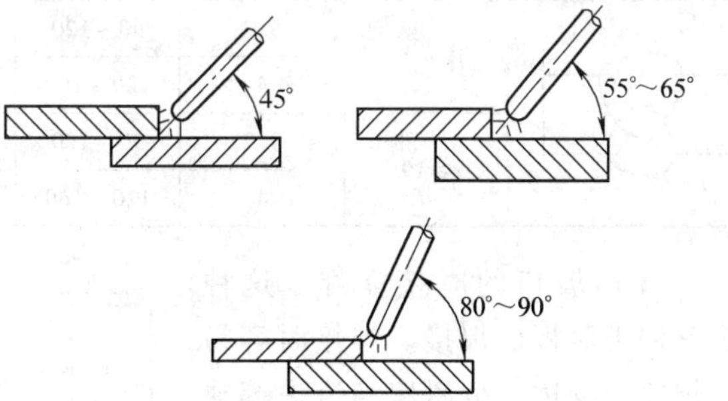

图 2-20　搭接平角焊的焊条角度

2. 立焊

立焊是在垂直方向上进行焊接的一种操作方法。由于在重力的作用下，焊条熔化所形成的熔滴及熔池中的熔化金属要下淌，造成焊缝成形困难，质量受影响。因此，立焊时选用的焊条直径和焊接电流均应小于平角焊，并采用短弧焊接。

立焊有两种操作方法。一种是由下向上施焊，是目前生产中常用的一种方法，称为向上立焊或简称为立焊；另一种是由上向下施焊，这种方法要求采用专用的向下立焊焊条才能保证焊缝质量。由下向上焊接可采用以下措施：

1）在对接时，焊条应与基体金属垂直，同时与施焊前进方向成 60° ~ 80°的夹角。在角接立焊时，焊条与两板之间各为 45°，向下倾斜 10° ~ 30°，如图 2-21 所示。

2）用较细直径的焊条和较小的焊接电流，焊接电流一般比平角焊小 10% ~15%。

3）采用短弧焊接，缩短熔滴金属过渡到熔池的距离。

4）根据焊件接头形式的特点，选用合适的运条方法。

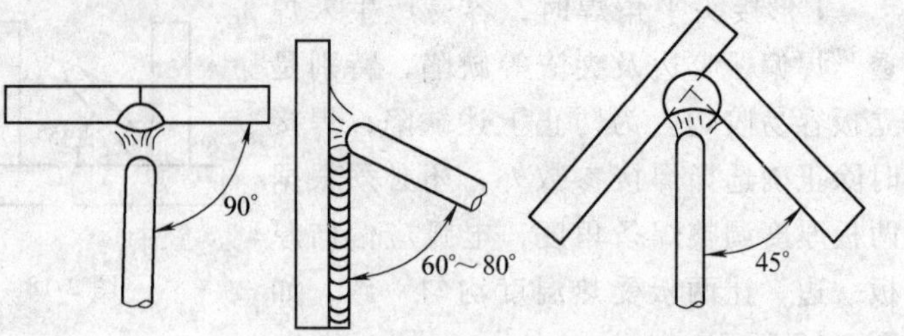

图 2-21　立焊时的焊条角度

（1）对接立焊　推荐对接接头立焊的焊接参数见表 2-7。

表 2-7　推荐对接接头立焊的焊接参数

坡口及焊缝横断面形式	焊件厚度或焊脚尺寸 /mm	第一层焊缝		其他层焊缝		盖面焊缝	
		焊条直径 /mm	焊接电流 /A	焊条直径 /mm	焊接电流 /A	焊条直径 /mm	焊接电流 /A
	2	2	45~55	—	—	2	50~55
	2.5~4	3.2	75~100	—	—	3.2	80~110
	5~6	3.2	80~120	—	—	3.2	90~120
	7~10	3.2	90~120	4	120~160	3.2	90~120
		4	120~160				
	≥11	3.2	90~120	4	120~160	3.2	90~120
		4	120~160	5	160~200		
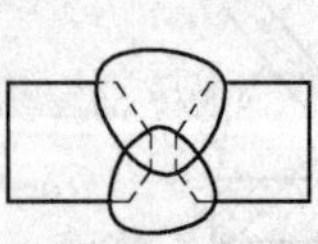	12~18	3.2	90~120	4	120~160	—	—
		4	120~160				
	≥19	3.2	90~120	4	120~160	—	—
		4	120~160	5	160~200		

1）I 形坡口的对接立焊。这种接头常用于薄板的焊接。焊接时容易产生焊穿、咬边、金属熔滴流失等缺陷，给焊接带来很大困难。一般选用跳弧法施焊，电弧离开熔池的距离尽可能短些，跳弧的最大弧长应不大于 6mm。在实际操作中，应尽量避免采用单纯的跳弧焊法，有时由于焊条的性能及焊缝的条件关系，可采用其他方法与跳弧法配合使用，如图 2-22 所示。

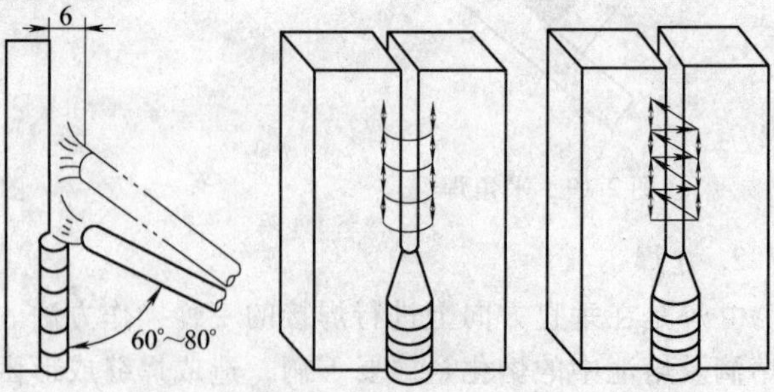

图 2-22　I 形坡口对接立焊时各种运条方法

a）直线形跳弧法　b）月牙形跳弧法　c）锯齿形跳弧法

2）V 形或 U 形坡口的对接立焊。对接立焊的坡口有 V 形和 U 形等形式。如果采用多层焊时，层数则由焊件厚度来决定，每层焊缝的成形都应注意。打底焊时应选用直径较小的焊条和较小的焊接电流，对厚板采用小三角形运条法，对中厚板或较薄板可采用小月牙形或锯齿形跳弧运条法，各层焊缝都应及时清理焊渣，并检查焊接质量。表层焊缝运条方法按所需焊缝高度的不同来选择，运条的速度必须均匀，在焊缝的两侧稍作停留，这样有利于熔滴的过渡，防止产生咬边等缺陷。V 形坡口对接立焊常用的各种运条方法如图 2-23 所示。

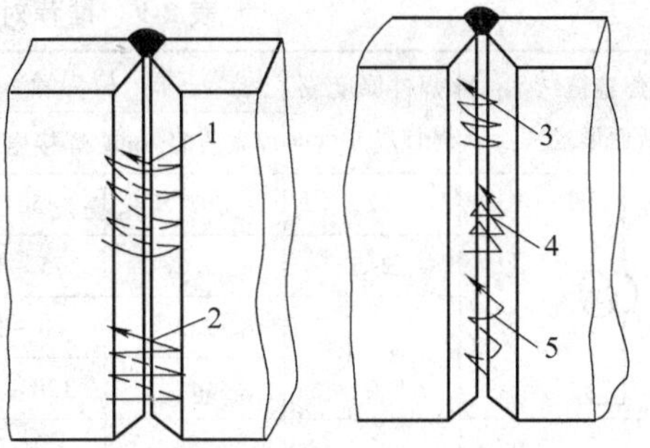

a)　　b)

图 2-23　V 形坡口对接立焊常用的各种运条方法

a) 填充及盖面焊道　b) 打底焊道

1—月牙形运条　2—锯齿形运条　3—小月牙形运条

4—三角形运条　5—跳弧运条

(2) T 形接头立焊　推荐 T 形接头立焊的焊接参数见表 2-8。

表 2-8　推荐 T 形接头立焊的焊接参数

焊缝横断面形式	焊件厚度或焊脚尺寸/mm	第一层焊缝		其他各层焊缝		盖面焊缝	
		焊条直径/mm	焊接电流/A	焊条直径/mm	焊接电流/A	焊条直径/mm	焊接电流/A
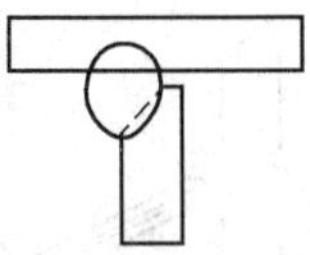	2	2	50~60	—	—	—	—
	3~4	3.2	90~120	—	—	—	—
	5~8	3.2	90~120	—	—	—	—
		4	120~160				
	9~12	3.2	90~120	4	120~160	—	—
		4	120~160				
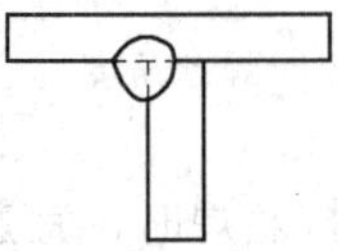	—	3.2	90~120	4	120~160	3.2	90~120
		4	120~160				

T 形接头立焊容易产生的缺陷是角顶不易焊透，而且焊缝两边容易咬边。为了克服这个缺陷，焊条在焊缝两侧应稍作停留，电弧的长度应尽可能地缩短，焊条摆动幅度应不大于焊缝宽度，为获得质量良好的焊缝，要根据焊缝的具体情况，选择合适的运条方法。常用的运条方法有跳弧法、三角形运条法、锯齿形运条法和月牙形运条法等，如图 2-24 所示。

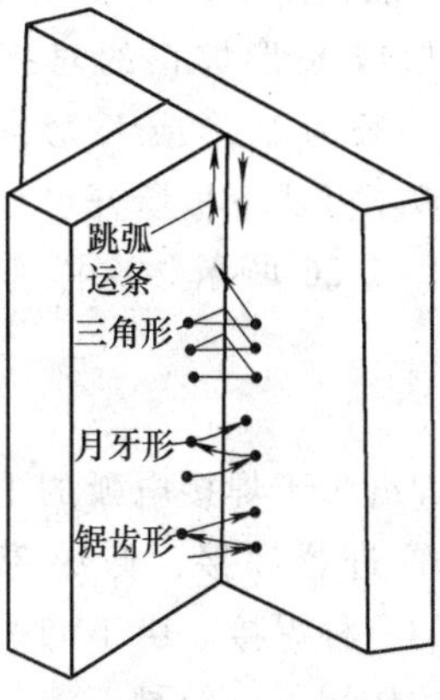

图 2-24　T 形接头立焊的运条方法

3. 横焊

推荐对接横焊的焊接参数见表 2-9。

表 2-9 推荐对接横焊的焊接参数

焊缝横断面形式	焊件厚度或焊脚尺寸/mm	第一层焊缝		其他各层焊缝		盖面焊缝	
		焊条直径/mm	焊接电流/A	焊条直径/mm	焊接电流/A	焊条直径/mm	焊接电流/A
	2	2	45~55	—	—	2	50~55
	2.5	3.2	75~110	—	—	3.2	80~110
	3~4	3.2	80~120	—	—	3.2	90~120
		4	120~160	—	—	4	120~160
	5~6	3.2	80~120	3.2	90~120	3.2	90~120
				4	120~160	4	120~160
	≥9	3.2	90~120	4	140~160	3.2	90~120
		4	140~160			4	120~160
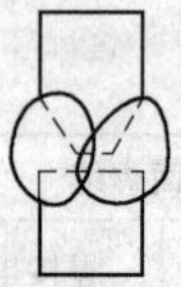	14~18	3.2	90~120	4	140~160	—	—
		4	140~160				
	≥19	—	140~160	—	140~160	—	—

横焊是在垂直面上焊接水平焊缝的一种操作方法。由于熔化金属受重力作用，容易下淌而产生各种缺陷。因此应采用短弧焊接，并选用较小直径的焊条和较小的焊接电流以及适当的运条方法。

（1）I 形坡口的对接横焊　板厚为 3~5mm 时，可采用 I 形坡口的对接双面焊。正面焊接时选用直径 3.2mm 或 4mm 焊条，施焊时的角度如图 2-25 所示。焊件较薄时，可用直线往返形运条焊接，让熔池中的熔化金属有机会凝固，可以防止烧穿。焊件较厚时，可采用短弧直线形或小斜圆形运条方法焊接，便可得到合适的熔深。焊接速度应稍快些，力求作到均匀，避免焊条的熔化金属过多地聚集在某一点上形成焊瘤和焊缝上部咬边等缺陷。打底焊时，宜选用细焊条，一般选用 3.2mm 的焊条，电流稍大些，用直线运条法焊接。

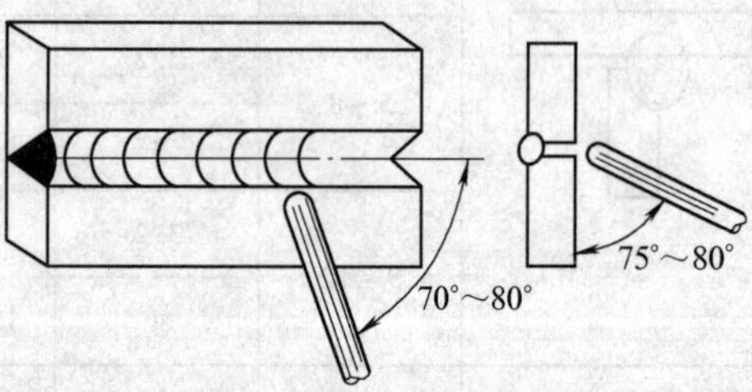

图 2-25　I 形坡口的对接横焊时焊条角度

（2）V 形或 K 形坡口的对接横焊　横焊的坡口一般为 V 形或 K 形，其坡口的特点是下板不开或下板所开坡口角度小于上板，如图 2-26 所示。这样有利于焊缝成形。

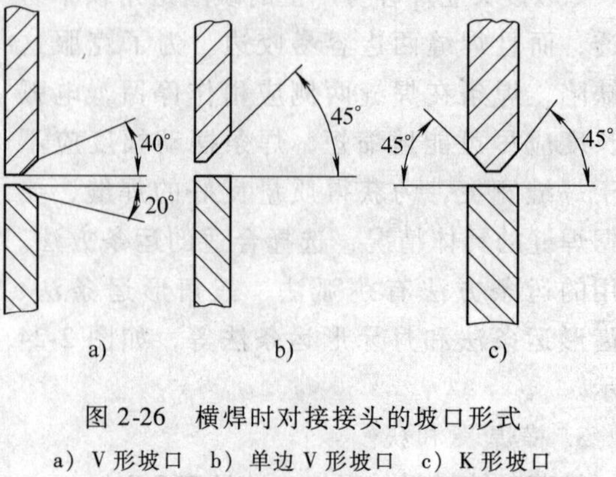

图 2-26　横焊时对接接头的坡口形式

a）V 形坡口　b）单边 V 形坡口　c）K 形坡口

4. 仰焊

仰焊时焊缝位于焊接电弧的上方。焊工在仰视位置进行焊接，仰焊劳动强度大，是最难的一种焊接。由于仰焊时熔化金属在重力的作用下，较易下淌，熔池形状和大小不易控制，容易出现夹渣、未焊透和凹陷现象，运条困难，表面不易焊得平整，焊接时，必须正确选用焊条直径和适当的焊接电流，以减少熔池的面积，尽量维持最短的电弧，有利于熔滴在很短的时间内过渡到熔池中去，促使焊缝成形。

（1）对接接头的仰焊　推荐对接接头仰焊的焊接参数见表 2-10。

表 2-10　推荐对接接头仰焊的焊接参数

焊缝横断面形式	焊件厚度或焊脚尺寸/mm	第一层焊缝		其他各层焊缝		盖面焊缝	
		焊条直径/mm	焊接电流/A	焊条直径/mm	焊接电流/A	焊条直径/mm	焊接电流/A
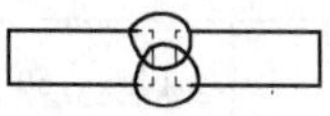	2	—	—	—	—	2	40～60
	2.5	—	—	—	—	3.2	80～110
	3～5	—	—	—	—	3.2	85～110
						4	120～160
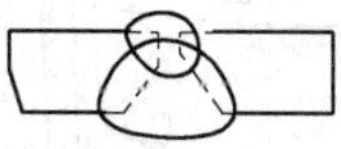	5～8	3.2	90～120	3.2	90～120	—	—
				4	140～160		
	≥9	3.2	90～120	4	140～160	—	—
		4	140～160				
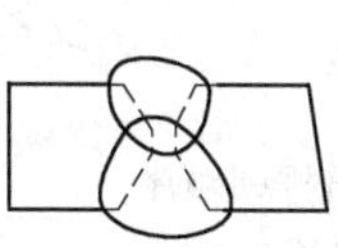	12～18	3.2	90～120	4	140～160	—	—
		4	140～160				
	≥19	4	140～160	4	140～160	—	—

1）I 形对接仰焊。当焊件的厚度小于 4mm 时，采用 I 形坡口的对接仰焊。应选用直径为 3.2mm 的焊条，焊条施焊脚度如图 2-27 所示。接头间隙小时可用直线形运条法，接头间隙稍大时可用直线往返形运条法进行焊接，焊接电流选择应适中，若焊接电流太小，电弧不稳，会影响熔深和成形；若焊接电流太大则会导致熔化金属淌落和焊穿等。

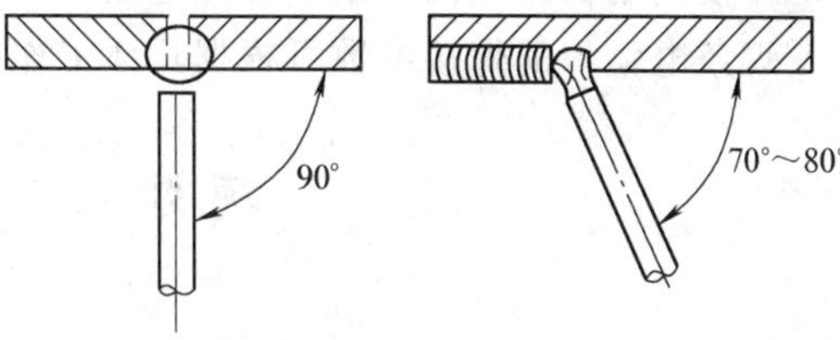

图 2-27　I 形坡口的对接仰焊

2）V 形坡口对接仰焊。当焊件的厚度大于 5mm 时，采用开 V 形坡口的对接仰焊，常用多层焊或多层多道焊。焊接第一层焊缝时，可采用直线形、直线往返形、锯齿形运条方法，要求焊缝表面要平直，不能向下凸出，在焊接第二层以后的焊缝，采用锯齿形或月牙形运条方法，如图 2-28 所示。不论采用哪种运条方法焊成的焊道均不宜过厚。焊条的角度应根据每一焊道的位置作相应的调整，以有利于熔滴金属的过渡和获得较好的焊缝成形。

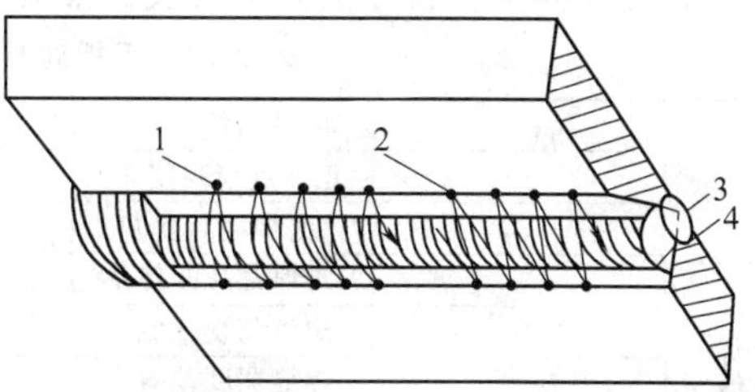

图 2-28　V 形坡口对接仰焊的运条方法

1—月牙形运条　2—锯齿形运条

3—第一层焊道　4—第二层焊道

（2）T 形接头的仰焊　推荐 T 形接头的焊接参数见表 2-11。

表 2-11 推荐 T 形接头的焊接参数

焊缝横断面形式	焊件厚度或焊脚尺寸/mm	第一层焊缝		其他各层焊缝		盖面焊缝	
		焊条直径/mm	焊接电流/A	焊条直径/mm	焊接电流/A	焊条直径/mm	焊接电流/A
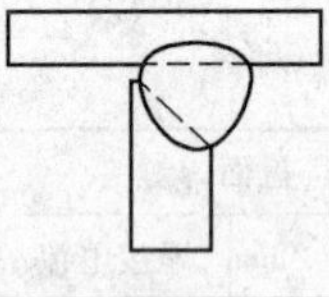	2	2	50 ~ 60	—	—	—	—
	3 ~ 4	3.2	90 ~ 120	—	—	—	—
	5 ~ 6	4	120 ~ 160	—	—	—	—
	≥7	4	140 ~ 160	4	140 ~ 160	—	—
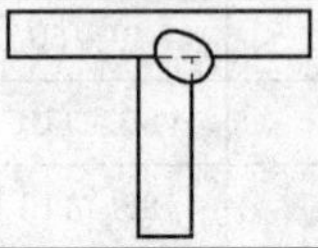	—	3.2	90 ~ 120	4	140 ~ 160	3.2	90 ~ 120
		4	140 ~ 160			4	140 ~ 160

T 形接头的仰焊比对接坡口的仰焊容易操作，通常采用多层焊或多层多道焊，当焊脚尺寸小于 8mm 时，宜用单层焊，若焊脚尺寸大于 8mm 时，宜采用多层多道焊。焊条的角度和运条方法如图 2-29 所示。焊接第一层时采用直线运条法，以后各层可采用斜圆圈形或三角形运条法。若技术熟练可使用稍大直径的焊条和焊接电流。

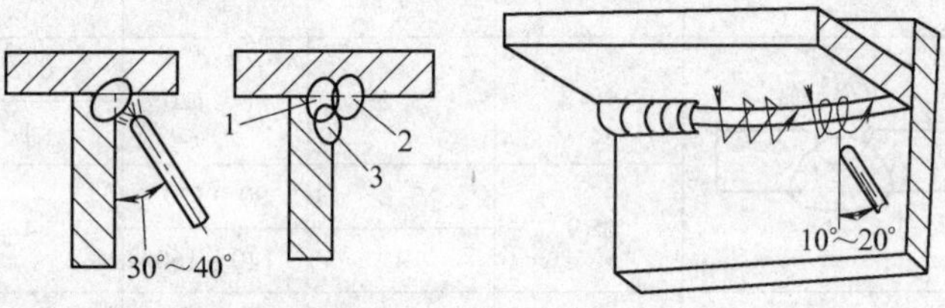

a) b)

图 2-29 T 形接头仰焊的运条方法及焊道排列顺序

a）用直线形运条 b）斜三角形或斜圆圈形运条

焊条电弧焊的焊接参数可根据具体工作条件和操作者技术熟练程度合理选用。

项目三 平板对接

一、技能训练的目标

平板对接技能训练检验项目及标准见表 2-12。

表 2-12 平板对接技能训练检验的项目及标准

检验项目			标准/mm
焊缝外观检查	正面焊缝高度 h		$0 \leq h \leq 3$
	背面焊缝高度 h'		$0 \leq h' \leq 2$
	正面焊缝高低差 h_1		$0 \leq h_1 \leq 2$
	焊缝每侧增宽		0.5 ~ 2.5
	焊缝宽度差 c_1		$0 \leq c_1 \leq 2$
	焊接接头脱节		<2
	弧坑		填满
	咬边	深度	≤0.5（平焊） ≤0.5（立焊） ≤0.5（横焊）
		长度	≤10（平焊） ≤15（立焊） ≤10（横焊）
	未焊透、气孔、裂纹、夹渣、焊瘤		无
	焊后角变形（θ）		$0° \leq \theta \leq 3°$
焊缝内部质量检查			按 GB/T 3323—2005《金属熔化焊焊接接头射线照相》标准

二、技能训练的准备

1. 焊件的准备

1）板料2块，材料为Q235A，尺寸如图2-30所示。

2）矫平。

3）焊前清理坡口及坡口两侧各20mm范围内的油污、铁锈及氧化物等，直至呈现金属光泽为止。

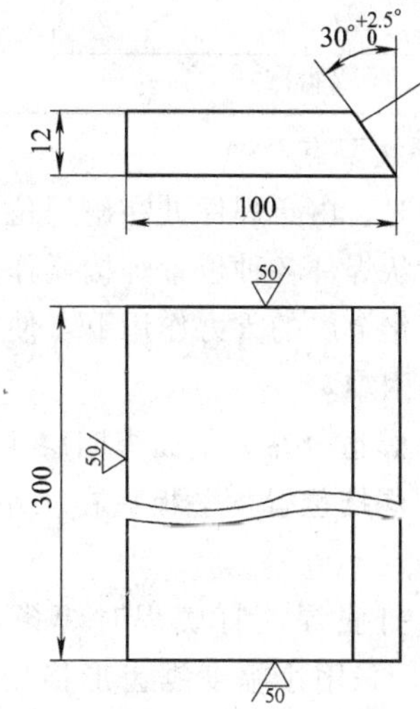

图2-30　焊件备料图

2. 焊件装配技术要求

1）平板对接装配时，为了保证焊后没有角变形，因此平板要预置反变形，获得反变形的方法如图2-31所示。反变形角度可用万能角度尺或焊缝测量器测量，也可测Δ值，Δ值可根据平板宽度计算出。

$$\Delta = b\sin\theta$$

式中　Δ——平板表面高度差（mm）；

b——对接平板的宽度（mm）；

θ——反变形角（按3°~5°计）。

2）单面焊双面成形。

3. 焊接材料

1）焊条选用E4303，直径3.2mm和4mm。

2）焊条在使用前应在100~150℃烘干，保温2h。

4. 焊接设备

交、直流电焊机均可。

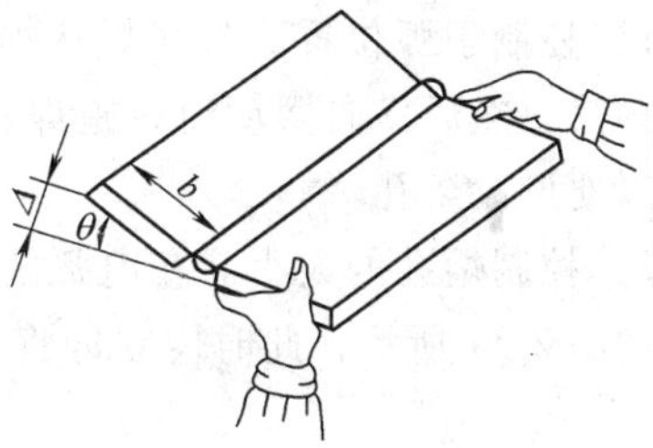

图2-31　平板对接焊时预留反变形

三、技能训练的任务

（一）装配与定位焊

1）装配时始端预留间隙3~4mm，终焊端预留间隙4~5mm。预留反变形量为3°左右，错边量小于1mm。装配尺寸见表2-13。

2）定位焊时使用的焊条与正式焊接时所使用的焊条相同，定位焊的位置在焊件的背面距两端10mm处。始焊端定位焊缝的长度为10mm。终焊端定位焊缝的长度为15mm，必须焊牢。

（二）板厚12mm的V形坡口对接平焊

1. 装配尺寸（表2-13）

表2-13　装配尺寸

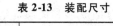

坡口角度/（°）	装配间隙/mm	钝边/mm	反变形/（°）	错边量/mm
60±5	始焊端3.2 终焊端4.0	0	3~4	≤1

2. 焊接参数（表2-14）

表 2-14　焊接参数

焊接层次	焊条直径/mm	焊接电流/A
打底焊	3.2	80~90
填充焊	4.0	160~175
盖面焊		150~165

3. 焊接要点

平焊时，由于焊件处在俯焊位置，与其他焊接位置相比操作较容易。这是板状其他各种位置、管状焊件各种位置焊接操作的基础。但平焊打底焊时，熔孔不易观察和控制，在电弧吹力和熔化金属的重力作用下，使焊道背面易产生超高或焊瘤等缺陷。因此，这种操作仍具有一定的困难。

（1）焊道分布　单面焊四层4道，如图2-32所示。

（2）焊接位置　平板放在水平面上，间隙小的一端放在左侧。

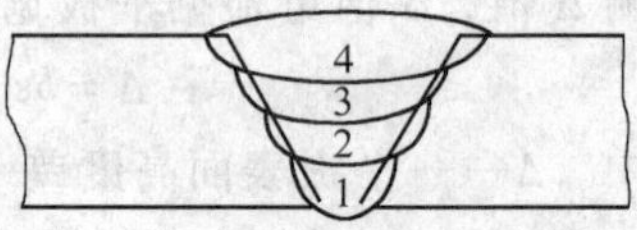

图2-32　焊道分布

（3）打底焊　打底焊时焊条与焊件之间的角度如图2-33所示。采用小幅度锯齿形横向摆动，并在坡口两侧稍停留，连续向前焊接，即采用连弧焊法打底。

打底焊时要注意以下事项：

1）控制引弧位置。打底焊从焊件左端定位焊缝的始焊处开始引弧，电弧引燃后，稍作停顿预热，然后横向摆动向右施焊，待电弧达到定位焊缝右侧前沿时，将焊条下压并稍作停顿，以便形成熔孔。

2）控制熔孔的大小。在电弧的高温和吹力的作用下，焊件坡口根部熔化并击穿形成熔孔，如图2-34所示，此时应立即将焊条提起至离开熔池约1.5mm左右，即可以向左正常施焊。

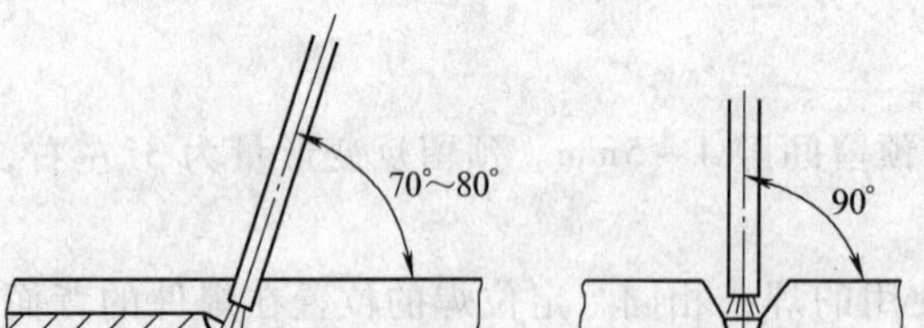

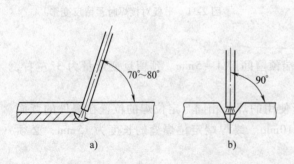

图2-33　平焊打底焊焊条角度

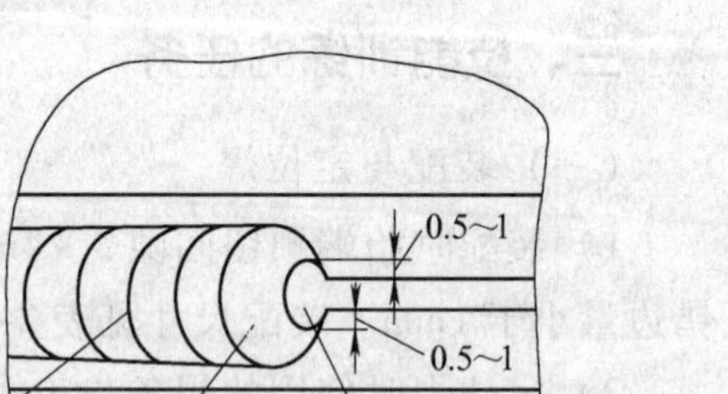

图2-34　平板对接平焊时的熔孔

1—焊缝　2—熔池　3—熔孔

打底层焊接时为保证得到良好的背面成形和优质焊缝，焊接电弧要控制短些，运条要均匀，前进的速度不宜过快。要注意将焊接电弧的2/3覆盖在熔池上，电弧的1/3保持在熔池前，用来熔化和击穿焊件的坡口根部形成熔孔。施焊过程中要严格控制熔池的形状，尽量保持大小一致。并观察熔池的变化和坡口根部的熔化情况，焊接时若有明显的熔孔出现，则背面可能要烧穿或产生焊瘤。

熔孔的大小决定背面焊缝的宽度和余高，若熔孔太小，焊根熔合不好，背弯时易开裂；若熔孔太大，则背面焊道既高又宽很不好看，而且容易烧穿，通常熔孔直径比间隙大 1 ~ 2mm 为好。焊接过程中若发现熔孔太大，可稍加快焊接速度和摆动频率，减小焊条与焊件间的夹角；若熔孔太小，则可减慢焊接速度和摆动频率，加大焊条与焊件间的夹角。当然还可以用改变焊接电流的办法来调节熔孔的大小，但这种方法是不可取的，因为实际生产中由于坡口角度、装配间隙和结构形式的确定，不允许随意调整焊接电流，因此必须掌握用改变焊接速度、摆动频率和焊条角度的办法来改善熔池状况，这也可以说是焊条电弧焊的优点。

3）控制铁液和熔渣的流动方向。焊接过程中电弧永远要在铁液的前面，利用电弧和药皮熔化时产生的气体的定向吹力，将铁液吹向熔池的后方，这样既能保证熔深，又能保证熔渣与铁液分离，减少夹渣和气孔产生的可能性。焊接时要注意观察熔池的情况，熔池前方稍下凹，铁液比较平静，有颜色较深的线条从熔池中浮出，并逐渐向熔池后上部集中，这就是熔渣，如果深池超前，即电弧在熔池的后方时，很容易产生夹渣。

4）控制坡口两侧的熔合情况。焊接过程中随时要观察坡口面的熔合情况，必须清楚地看见坡口面熔化并与焊条熔敷金属混合形成熔池，熔池边缘要与两侧坡口面熔合在一起才行，最好在熔池前方有一个小坑，但随时能被铁液填满，否则熔合不好，背弯时易产生裂纹。

5）焊缝接头。打底焊道无法避免焊缝接头，因此必须掌握好接头技术。当焊条即将焊完，更换焊条时，将焊条向焊接反方向拉回约 10 ~ 15mm，如图 2-35a 所示，并迅速提起焊条，使电弧逐渐拉长且熄弧。这样可把收弧缩孔消除或带到焊道表面，以便在下一根焊条焊接时将其熔化掉。注意回烧时间不能太长，尽量使接头处成为斜面。如图 2-35b 所示。

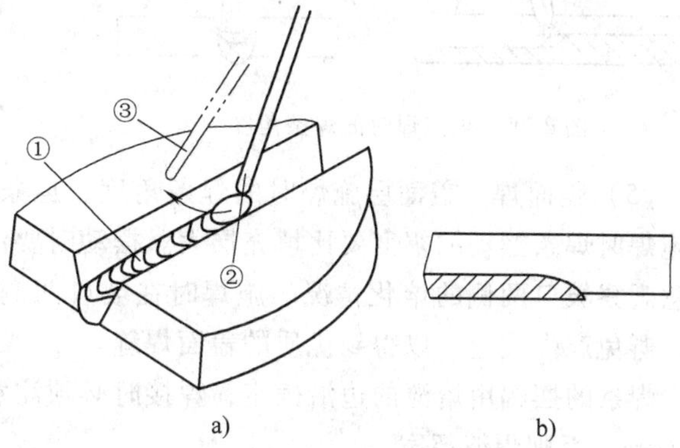

图 2-35　焊缝接头前的焊道

a）换焊条前的收弧位置　b）焊缝接头前的焊道

焊缝接头有两种接法：热接法和冷接法。

采用热接法时，前一根焊条的熔池还没有完全冷却就立即接头。这是生产中最常用的一种方法。也是最适用的。此种方法有三个关键因素。

①　更换焊条要快，最好在焊接开始时，手持面罩的左手中就握住几根准备更换的焊条，前根焊条焊完后，立即更换焊条，趁熔池还未完全凝固时，在熔池前方 10 ~ 20mm 处引弧，并立即将焊条电弧后退到接头处。

②　位置要准，电弧后退到原先的弧坑处，新熔池的后沿与原先的弧坑后沿相切时立即将焊条前移，开始连续焊接。由于原来的弧坑已被焊渣覆盖着，只能凭经验判断弧坑后沿的位置，因此操作难度大。若新熔池的后沿与弧坑后沿不重合，则接头不是太高就是未焊满，因此必须反复练习。

③　掌握好电弧下压时间，当电弧已向前运动，焊至原弧坑的前沿时，必须再下压电弧，重新击穿间隙再生成一个熔孔，待新熔孔形成后，再按前述要领继续施焊。

采用冷接法时，前一根焊条的熔池已冷却。施焊前，先将收弧处打磨成缓坡形，在离熔池后约10mm处引弧。焊条作横向摆动向前施焊，焊至收弧处前沿时，填满弧坑，焊条下压并稍作停顿。当听到电弧击穿声，形成新的熔孔后，逐渐将焊条抬起，进行正常施焊。

（4）填充焊　填充层施焊前，先将前一道焊缝的焊渣、飞溅等清除干净，将打底焊层焊缝接头的焊瘤打磨平整，然后进行填充焊。填充焊的焊条角度如图2-36所示。

填充焊时应注意以下三个事项：

1）控制好焊道两侧熔合情况，填充焊时，焊条摆幅加大，在坡口两侧停留时间可比打底焊时稍长些，必须保证坡口两侧有一定的熔深，并使填充焊道稍向下凹。

2）控制好最后一道填充焊缝的高度和位置。

填充焊缝的高度应低于母材约0.5～1.5mm，最好呈凹形，要注意不能熔化坡口两侧的楞边，便于盖面层焊接时能够看清坡口，为盖面层焊接打下基础。焊填充焊道时，焊条的摆幅逐层加大，但要注意不能太大，千万不能让熔池边缘超出坡口面上方的棱边。

3）接头方法如图2-37所示。不需向下压电弧了。其他要求同打底焊。

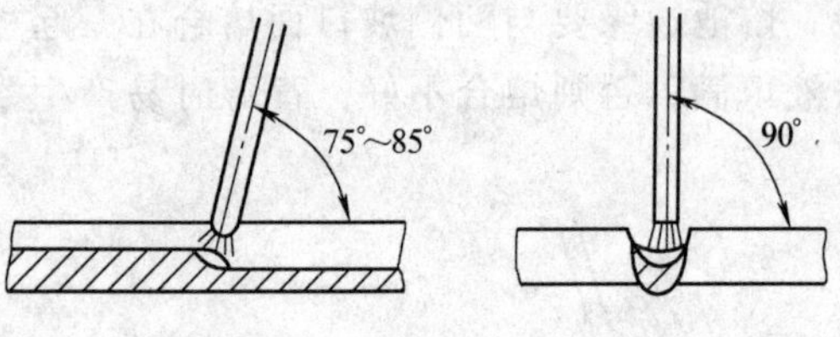

图2-36　填充焊时的焊条角度

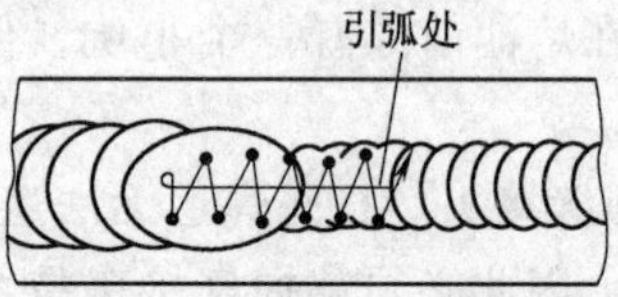

图2-37　填充焊时的接头

（5）盖面焊　盖面层施焊时的焊条角度、运条方法及接头方法与填充层相同。但盖面层施焊时焊条摆动的幅度要比填充层大。摆动时要注意摆动幅度一致，运条速度均匀。同时注意观察坡口两侧的熔化情况，施焊时在坡口两侧稍作停顿，以便使焊缝两侧边缘熔合良好，避免产生咬边，以得到优质的盖面焊缝。

焊条的摆幅由熔池的边沿确定，焊接时必须注意保证熔池边沿不得超过焊件表面坡口棱边2mm，否则焊缝超宽。

4. 焊接时容易出现的缺陷及排除方法（表2-15）

表2-15　焊接时易出现的缺陷及排除方法

缺陷名称	产生原因	排除方法
焊接接头不良	1）换焊条时间长 2）收弧方法不当	1）换焊条速度要快 2）将收弧处打磨成缓坡状
背面出现焊瘤和未焊透	1）运条不当 2）打底焊时，熔孔尺寸过大产生焊瘤，熔孔尺寸过小产生未焊透	1）掌握好运条在坡口两侧停留时间 2）注意熔孔尺寸的变化
咬边	1）焊接电流强度太大 2）运条动作不当 3）焊条倾斜的倾斜角度不合适	1）适当减小电流强度 2）运条至坡口两侧时稍作停留 3）掌握好各层焊接时焊条的倾斜角度

（三）板厚12mm的V形坡口对接立焊

1. 装配尺寸（表2-16）

表 2-16　装配尺寸

坡口角度/(°)	装配间隙/mm	钝边/mm	反变形量/(°)	错边量/mm
60	始焊端 3.5 终焊端 4.0	0	2～3	≤1

2. 焊接参数（表 2-17）

表 2-17　焊接参数

焊接层次	焊条直径/mm	焊接电流/A
打底焊 填充焊 盖面焊	3.2	70～80 110～130 110～120

3. 焊接要点

立焊时液态金属在重力作用下坠，容易产生焊瘤，焊缝成形困难。打底层焊接时，由于熔渣的熔点低、流动性强、熔池金属和熔渣易分离，会造成熔池部分脱离熔渣的保护。操作或运条角度不当，容易产生气孔。因此立焊时，要控制焊条角度和进行短弧焊接。

（1）焊道分布　单面焊、三层三道焊或四层四道焊，如图 2-32 所示。

（2）焊接位置　焊件固定在垂直面内，间隙垂直于地面。间隙小的一端在下面。

（3）打底焊　打底焊时焊条与焊件间的角度如图 2-38 所示。

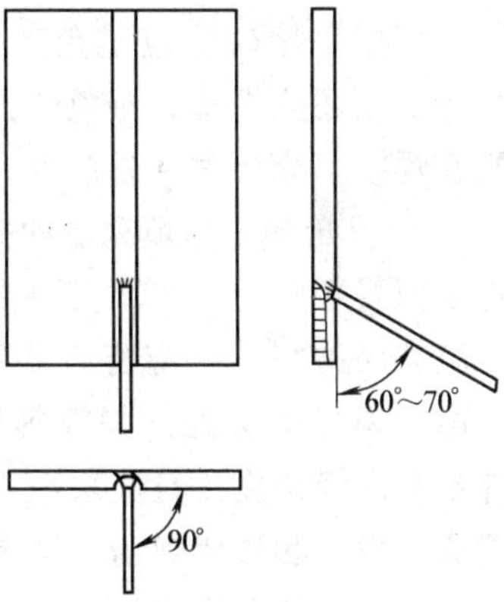

图 2-38　立焊打底时焊条的角度

打底焊时注意以下事项：

1）控制引弧位置。开始焊接时，在焊件下端定位焊缝上面约 10～20mm 处引弧，并迅速向下拉到定位焊缝上，预热 1～2s 后，开始摆动并向上运动，到定位焊缝上端时，稍加大焊条角度，并向前送焊条压低电弧，当听到击穿声形成熔孔后，作锯齿形横向摆动，连续向上焊接。焊接时，电弧要在两侧的坡口面上稍作停留，以保证焊缝与母材熔合良好。

打底焊时为得到良好的背面成形和优质焊缝，焊接电弧应控制短些，运条速度要均匀，向上运条时的间距不易过大，过大时背面焊缝易产生咬边，应使焊接电弧的 1/3 对着坡口间隙、电弧的 2/3 要覆盖在熔池上，形成熔孔。

2）控制熔孔大小和形状。合适的熔孔大小如图 2-39 所示。

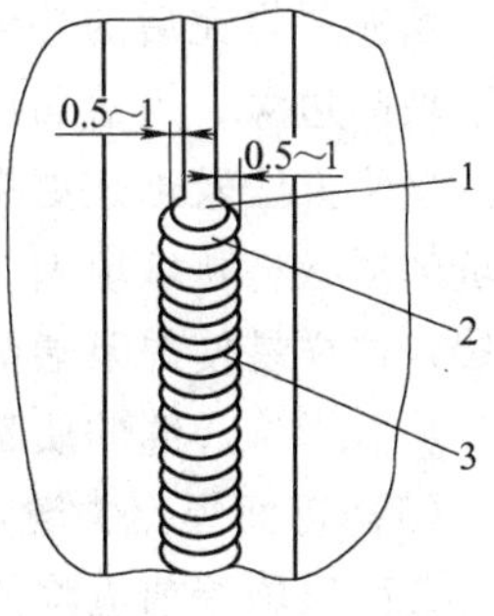

图 2-39　立焊时有熔孔
1—熔孔　2—熔池　3—焊缝

立焊熔孔可比平焊时稍大些，熔池表面呈水平椭圆形较好，如图 2-40 所示。此时焊条末端离焊件底平面 1.5～2mm，大约有一半电弧在焊件间隙后面燃烧。

焊接过程中电弧尽可能地短些，使焊条药皮熔化时产生的气体和熔渣能可靠地保护熔池，防止产生气孔。每当焊完一根焊条收弧时，应将电弧向左或向右下方拉回 10～15mm，并将电弧迅速拉长直到熄灭，这样可避免弧坑处出现缩孔，并使冷却后的熔池形成一个缓坡，有利于接头。

3）控制好接头质量。打底焊道上的焊缝质量好坏，对背面焊道影响较大，接不好头可能会出现凹坑，局部凸起太高，甚至产生焊瘤，要特别注意。

焊缝接头仍可采用两种接法：热接法和冷接法。

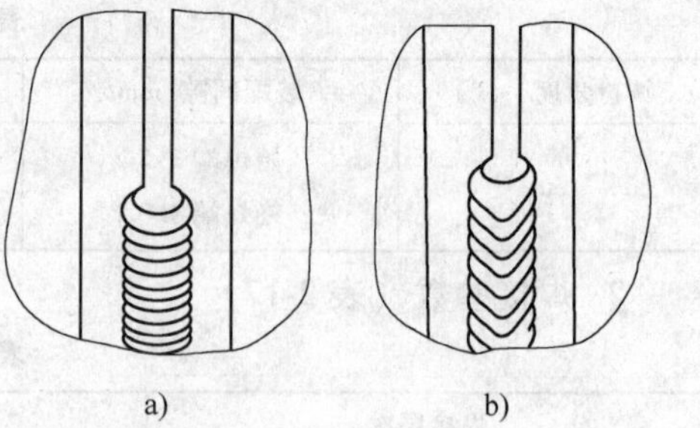

图 2-40　熔池形状

a）温度正常时熔池为水平随圆形

b）温度高时熔池向下凸出

采用热接法时，就是更换焊条要迅速，在前一根焊条的熔池还没有完全冷却呈红热状态时，焊条角度比正常焊接时约大 10°，在熔池上方约 10mm 的一侧坡口面上引弧。电弧引燃后立即拉到原来的弧坑上进行预热，然后稍作横向摆动向上施焊并逐渐压低电弧，待填满弧坑，电弧移至熔孔处时，将焊条向焊件背面压送，并稍停留。当听到击穿声形成新的熔孔时，再进行横向摆动向上正常施焊，同时将焊条恢复到正常焊接时的角度。采用热焊法的接头焊缝较平整，可避免接头脱节和未接上等缺陷，但技术难度大。

采用冷焊法施焊前，先将收弧处焊缝打磨成缓坡状，然后按热接法的引弧位置、操作方法进行焊接。

打底层焊接时除应避免产生各种缺陷外，正面焊缝表面还应平整，避免凸形，如图 2-41 所示。否则在焊接填充层时，易产生夹渣、焊瘤等缺陷。

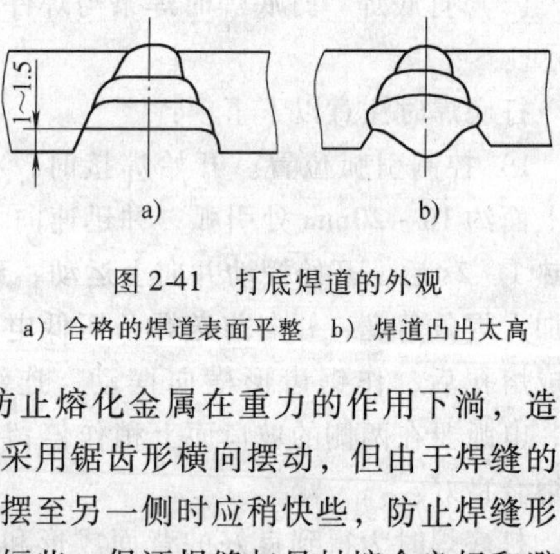

图 2-41　打底焊道的外观

a）合格的焊道表面平整　b）焊道凸出太高

（4）填充焊　焊填充层的关键是保证熔合好，焊道表面要平整。

填充层施焊前，应将打底层的熔渣和飞溅清理干净。焊缝接头处的焊瘤等打磨平整。施焊时的焊条与焊缝角度比打底层应下倾约 10° ~ 15°，以防止熔化金属在重力的作用下淌，造成焊缝成形困难和形成焊瘤。运条方法同打底层相同，采用锯齿形横向摆动，但由于焊缝的增宽，焊条摆动的幅度应较打底层大。焊条从坡口一侧摆至另一侧时应稍快些，防止焊缝形成凸形，焊条摆动到坡口两侧时要稍作停顿，电弧控制短些，保证焊缝与母材熔合良好和避免夹渣。焊接时必须注意不能损坏坡口的棱边。

填充层焊完后的焊缝应比坡口边缘低约 1 ~ 1.5mm，使焊缝平整或凹形，便于盖面层时看清坡品边缘，为盖面层的施焊打好基础。

接头方法及迅速更换焊条，在弧坑的上方约 10mm 处引弧，然后把焊条拉至弧坑处，沿弧坑的形状将弧坑填满，即可正常施焊。在焊道中间接头时，切不可直接在接头处引弧进行焊接，这样易使焊条端部的裸露焊芯在引弧时，因无药皮的保护而产生的密集气孔留在焊缝中，从而影响焊缝的质量。

（5）盖面焊　关键是焊道表面成形尺寸和熔合情况，防止咬边和接头不光顺。

盖面层施焊前应将前一层的焊渣和飞溅清除干净，施焊时的焊条角度、运条方法均同填充层。但焊条摆动幅度比填充层更大。施焊时应注意运条速度要均匀，保持焊缝宽窄均匀一致，焊条摆动到坡口两侧时应将电弧进一步地压低，并稍作停顿，避免咬边，从一侧摆至另一侧时应稍微快些，防止产生焊瘤。

接头方法是处理好盖面焊缝中间接头的重要一环，如果接头位置偏下，则其接头部位余高过高；若偏上，则造成焊道脱节。其接头方法与填充焊相同。

4. 焊接时易出现的缺陷及排除方法（表2-18）

表2-18　焊接时易出现的缺陷及排除方法

缺陷名称	产生原因	排除方法
焊缝成形不好	1）熔化金属受重力作用容易下淌 2）运条时焊条角度不当	1）采用小直径焊条，短弧焊接 2）焊条角度应有利于托住熔池，保持熔滴过渡
焊瘤	1）熔化金属受重力作用下淌 2）熔池温度过高	1）铲除焊瘤 2）注意熔池温度的变化，若熔池温度过高应立即灭弧或向上挑弧

（四）板厚12mm的V形坡口对接横焊

1. 装配尺寸（表2-19）

表2-19　装配尺寸

坡口角度/(°)	装配间隙/mm	钝边/mm	反变形量/(°)	错边量/mm
60	始焊端3.5 终焊端4.0	0	6～8	≤1

2. 横焊参数（表2-20）

表2-20　横焊参数

焊接层次	焊条直径/mm	焊接电流/A
打底焊	2.5	60～75
填充焊	3.2	150～160
盖面焊		130～140

3. 焊接要点

横焊时熔化金属在自重的作用下易下淌，在焊缝上侧易产生咬边，下侧易产生下坠或焊瘤等缺陷。因此要选用较小直径的焊条，小电流焊接，多层多道焊，短弧操作。

（1）焊道分布　单面焊四层7道，如图2-42所示。

（2）焊接位置　焊件固定在垂直面上，焊缝在水平位置，间隙小的一端放在左侧。

（3）打底焊　打底层横焊时的焊条角度，如图2-43所示。

焊接时在始端焊缝端的定位焊缝处引弧，稍作停顿预热，然后上下摆动向右施焊，待电弧达到定位焊缝的前沿时，将电弧向焊件背面压，同时稍作停顿。这时可以看到焊件坡口根部被熔化并击穿，形成了熔孔，此时焊条可上下作锯齿形摆动，如图2-44所示。

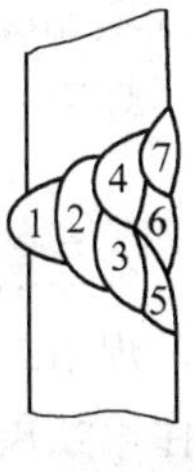

图2-42　横焊焊道分布

为保证打底焊道获得良好的背面焊缝成形，电弧要控制短些，焊条摆动向前移动的距离不宜过大，焊条在坡口两侧停留时要注意，上坡口停留的时间要稍长，电弧的1/3保持在熔池前，用来熔化和击穿坡口的根部；电弧2/3覆盖在熔池上并保持熔池的形状和大小基本一致，还要控制熔孔的大小，使上坡口面熔化约1～1.5mm，下坡口面熔化约0.5mm，保证坡口根部熔合好，如图 2-45 所示。施焊时若下坡口面熔化太多，焊件背面焊道易出现下坠或产生焊瘤。

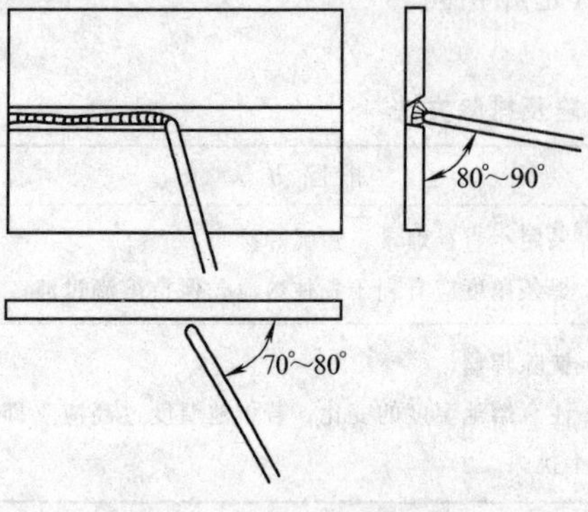

图 2-43　横焊时的焊条角度

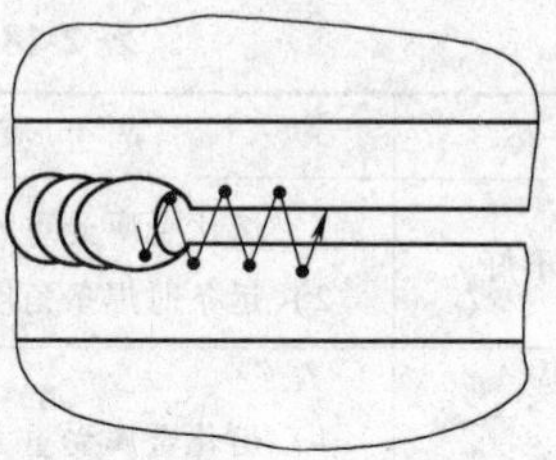

图 2-44　横焊时的运条方法

收弧方法，当焊条即将焊完，需要更换焊条收弧时，将焊条向焊接的反方向拉回 10 ~ 15mm，并逐渐抬起焊条，使电弧迅速拉长直到熄灭。这样可以把收弧时的缩孔消除或带到焊道表面，以便在下一根焊条焊接时将其熔化掉。

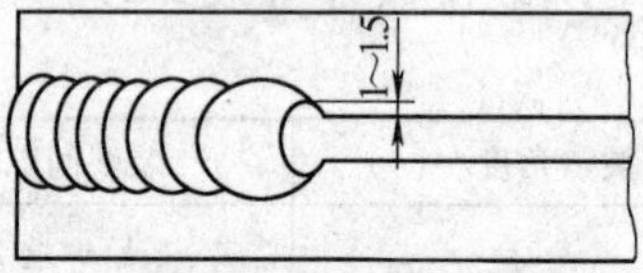

图 2-45　横焊时的熔孔

打底层横焊焊缝接头可采用热接法和冷接法。

采用热接法时，更换焊条的速度要快，在前一根焊条的熔池还没有完全冷却，呈红热状态时，立即在离熔池前方约 10mm 的坡口面上将电弧引燃，焊条迅速退至原熔池处，待新熔池的后沿和原熔池的后沿重合时，焊条开始摆动并向右移动，当电弧移至原弧坑前沿时，将焊条向焊件背面压，并稍停顿，待听到电弧击穿声形成新熔孔后，将焊条抬起到正常焊接位置继续向前施焊。

冷焊法施焊前，先将收弧处焊道打磨成缓坡状，然后按热接法的引弧位置，操作方法进行施焊。

(4) 填充焊　焊填充层时，必须保证熔合良好，防止产生未熔合及夹渣。

填充层施焊前，先将打底层的焊渣、飞溅等清除干净，焊缝过高的部分打磨平整，然后进行填充层焊接。第一填充焊道为单层单道，焊条的角度与填充层相同，但摆幅稍大。

焊第一层填充焊道时，必须保证打底焊道表面及上下坡口面处熔合良好，焊道表面平整。

第二层填充焊道有两条焊道。焊条角度如图 2-46 所示。

焊第二层下面的填充焊道时，电弧对准第一层填充焊道的下沿，并稍作摆动，使熔池能压住第二层焊道的 1/2 ~ 2/3。

焊第二层上面的填充焊道时，电弧对准第一层填充焊道的上沿，并稍作摆动，使熔池正好填满空余位置，使表面平整。

填充层焊缝焊完后，其表面应距下坡口表面约 2mm，距上坡口约 0.5mm，不要破坏坡口两侧的棱边，为盖面层施焊打好基础。

(5) 盖面焊　盖面焊施焊时焊条与焊件的角度如图 2-47 所示。焊条与焊接方向的角度与打底焊时相同，盖面焊缝共 3 道，依次从下往上焊接。

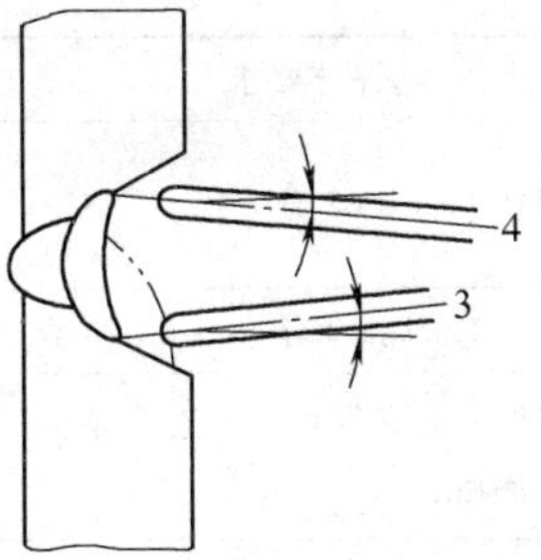

图 2-46　焊第二层焊道时焊条的角度

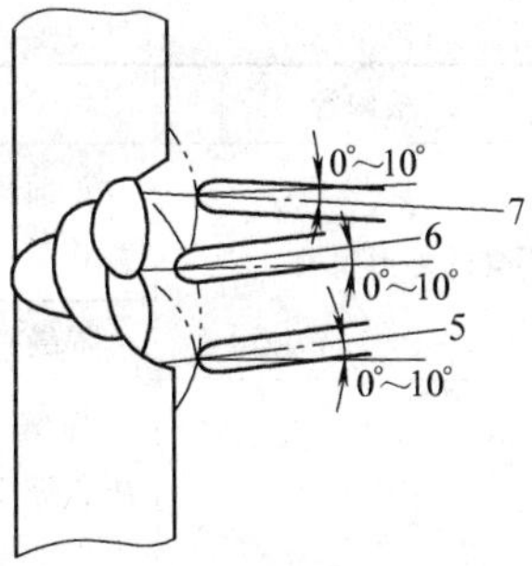

图 2-47　盖面焊道的焊条角度

焊盖面层时，焊条摆幅和焊接速度要均匀，采用较短的电弧。每条盖面焊道要压住前一条填充焊道的 2/3。

焊接最下面的焊道时，要注意观察焊件坡口下边的熔化情况，保持坡口边缘均匀熔化，并避免产生咬边、未熔合等情况。

焊中间的盖面焊道时，要注意控制电弧位置，使熔池的下沿在上一条盖面焊道的 1/2 ~ 2/3 处。

焊上面的盖面焊道时，操作不当容易产生咬边、铁液下淌。施焊时应适当增大焊接速度或减小焊接电流，将铁液均匀地熔合在坡口的上边缘，适当的调整运条速度和焊条角度，避免铁液下淌、产生咬边，可获得整齐、美观的焊缝。

4. 焊接易出现的缺陷及排除方法（表 2-21）

表 2-21　焊接易出现的缺陷及排除

缺陷名称	产生原因	排除方法
焊缝上侧咬边、下侧焊瘤	熔化金属受重力作用下淌	采用斜圆形运条，且每个斜圈形与焊缝中心的斜度不得大于 45°
背面焊缝下垂	熔化金属受重力作用下淌	运条时，电弧在上坡口停留时间比下坡口停留时间稍长

四、平板对接立焊焊件质量评分表（表 2-22）

表 2-22　平板对接立焊焊件质量评分表

考核项目	考核内容	考核要求	配分	评分要求	扣分	得分
安全文明生产	能正确执行安全技术操作规程	按达到规定的标准程度评定	5	违反规定扣 1 ~ 5 分		
	按有关文明生产的规定，做到工作地面整洁、工件和工具摆放整齐	按达到规定的标准程度评定	5	违反规定扣 1 ~ 5 分		
主要项目	焊缝的外形尺寸	正面焊缝余高 0 ~ 4mm	5	超差 0.5mm 扣 2 分		
		背面焊缝余高 0 ~ 3mm	5	超差 0.5mm 扣 2 分		
		正面焊缝余高差 ≤3mm	5	超差 0.5mm 扣 2 分		

（续）

考核项目	考核内容	考核要求	配分	评分要求	扣分	得分
主要项目	焊缝的外形尺寸	正面焊缝每侧比坡口增宽0.5～2.5mm	5	超差1mm扣2分		
		焊缝宽度差1～2mm	5	超差1mm扣2分		
	焊缝的外观质量	焊缝表面无气孔、夹渣、焊瘤、未焊透	10	焊缝表面有气孔、夹渣、焊瘤和未焊透扣15分		
		焊缝表面无咬边	10	咬边深度≤0.5mm，每长2mm扣1分；咬边深度>0.5mm，每长2mm扣2分		
		背面焊缝无凹坑	5	凹坑深度≤2mm，每长5mm扣2分；凹坑深度>2mm，扣5分		
	焊缝的内部质量	按GB 3323—2005标准对焊缝进行X射线探伤	25	Ⅰ级片不扣分；Ⅱ级片扣10分；Ⅲ级片扣20分		
一般项目	焊接接头的弯曲试验	面弯、背弯各一件，弯曲角度90°	10	面弯不合格扣4分 背弯不合格扣6分		
	角变形	≤3°	5	超过3°扣5分		

项目四　管板焊接

管板接头是锅炉压力容器结构的基本形式之一。根据接头的形式不同，可分为插入式和骑坐式两类。根据空间位置的不同，每类管板又可分为垂直固定俯板、垂直固定仰板和水平固定全位置三种，如图2-48所示。

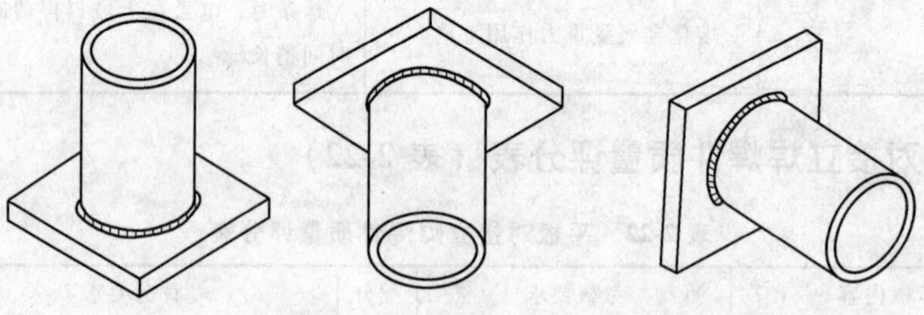

a)　　b)　　c)

图2-48　管板的焊接位置

a）垂直固定俯板焊　b）垂直固定仰板焊　c）水平固定全位置焊

插入式管板只需保证根部焊透，外表焊脚对称，无缺陷，比较容易焊接，通常是单层单道就可以。骑坐式管板除保证焊缝外观外，还要保证焊缝背面成形，通常采用多层多道焊，用打底焊保证焊缝背面成形和焊透，其余焊道保证焊脚尺寸和焊缝外观。两类管板的焊接要领和焊接参数基本是相同的。因此本节着重讲述骑坐式管板的焊接技术。

一、技能训练的目标

管板焊接技能训练检验的项目及标准见表 2-23。

表 2-23　管板焊接技能训练检验的项目及标准

<table>
<tr><th colspan="3">检验项目</th><th>标　准/mm</th></tr>
<tr><td rowspan="5">焊缝外观检查</td><td colspan="2">焊脚尺寸</td><td>6～8</td></tr>
<tr><td rowspan="2">咬边</td><td>深度</td><td>≤0.5</td></tr>
<tr><td>长度（累计计算）</td><td>≤15</td></tr>
<tr><td colspan="2">未焊透、气孔、裂纹、夹渣、焊瘤</td><td>无</td></tr>
<tr><td colspan="2">通球（管内径 85%）</td><td>通过</td></tr>
<tr><td colspan="3">焊缝金相宏观检查</td><td>3 个面无缺陷</td></tr>
</table>

二、技能训练的准备

1. 焊件的准备

1）管料 1 件，板料一块，材料均为 Q235A，尺寸如图 2-49 所示。

2）矫平。

3）焊前清理待焊处，清理方法不限，但必须将指定范围内的油污、铁锈及氧化物清理干净，直至呈现金属光泽为止。

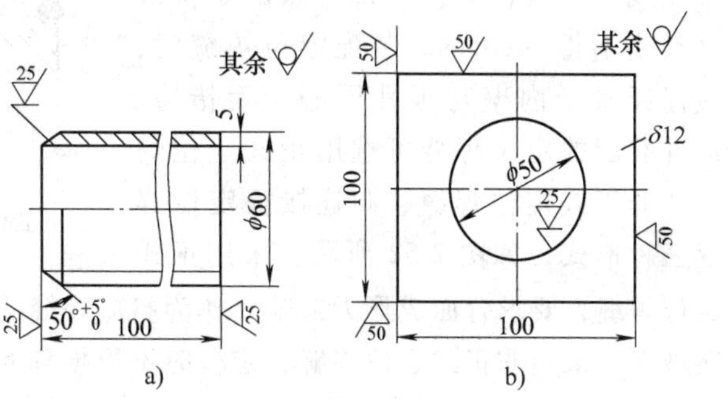

图 2-49　焊件备料图

a）管料　b）板料

2. 焊材的选择与烘干

尽可能选用碱性焊条，焊前经 350～400℃烘干 2h；若选用酸性焊条，则在 150～250℃烘干 2h。

3. 焊件装配技术要求

1）组装时应保证管板相互垂直（骑座式），如图 2-50 所示。管子钝边 p 和所留间隙 b 自定。

2）单面焊双面成形。

4. 装配与定位焊

1）装配时管子与板应相垂直，并留间隙 3mm，装配错边量应小于 0.5mm。

2）定位焊时，使用正式焊接用的焊条及焊接参数焊定位焊缝，定位焊缝的位置如图 2-51 所示。

通常定位焊缝都是三处，按圆周方向均匀分布。但要注意：

a. 定位焊缝最好按图 2-51 所示位置焊。

b. 定位焊缝可以只焊两点，第三点处作为引弧开始焊接的位置。

c. 焊骑坐式管板的定位焊缝时必须焊透，且不能有缺陷。

d. 必须按正式焊接的要求焊定位焊缝，定位焊缝不能太高，每段定位焊缝的长度在 10mm 左右，要保证管子轴线垂直孔板。

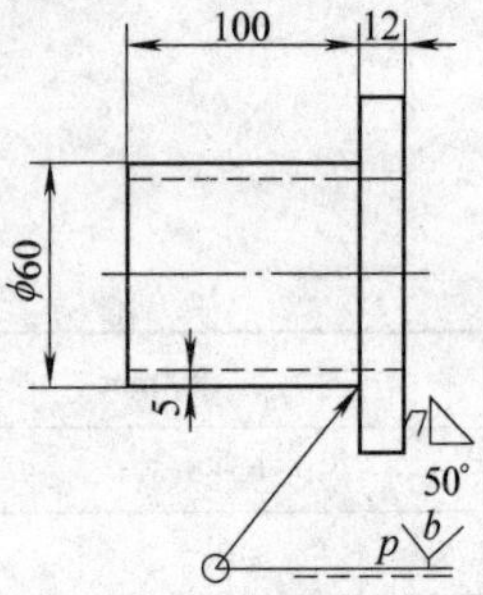

图 2-50　焊件装配图

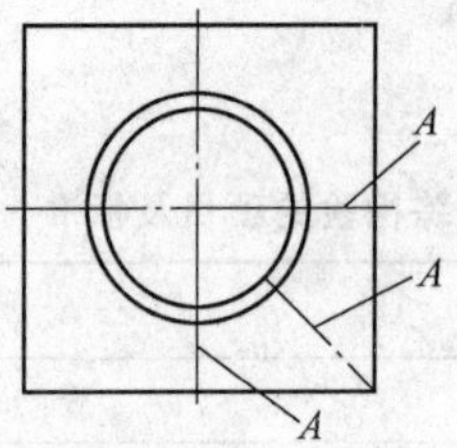

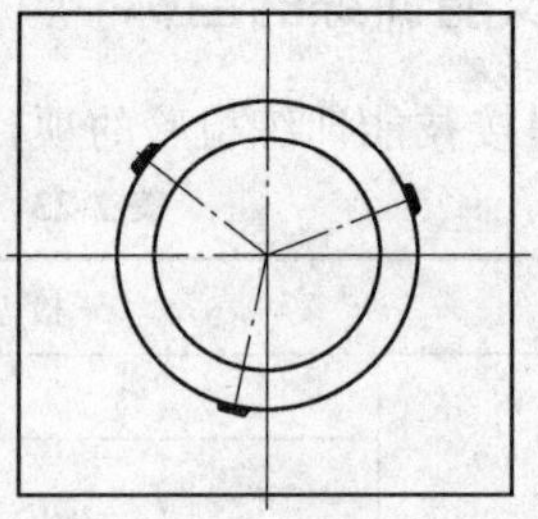

图 2-51　定位焊缝的位置

三、技能训练的任务（骑坐式管板焊接）

（一）垂直固定俯焊

1. 装配与定位焊

焊件装配定位焊所用焊条与正式焊接时的焊条相同。定位焊缝可采用定位一点或二点两种方法。每一点的定位焊缝长度不得 > 10mm。装配定位焊缝时，应保证管子内壁与板孔同心、无错边。焊件装配的定位焊缝可选用正式定位焊缝、非正式定位焊缝、和连接板定位焊缝三种形式，如图 2-52 所示。采用正式定位焊缝，要求背面成形无缺陷，作为打底焊缝的一部分。焊前将定位焊缝处的两端打磨成缓坡形。采用非正式定位焊缝，定位时不得损坏管子坡口和板孔的棱边。当两焊件间搭接，在焊到定位焊缝处时，将其打磨掉后再继续施焊。当采用连接板在坡口处进行装配定位，在焊到连接板处，将其打掉后再继续施焊。垂直俯焊骑坐式管板装配要求见表 2-24。

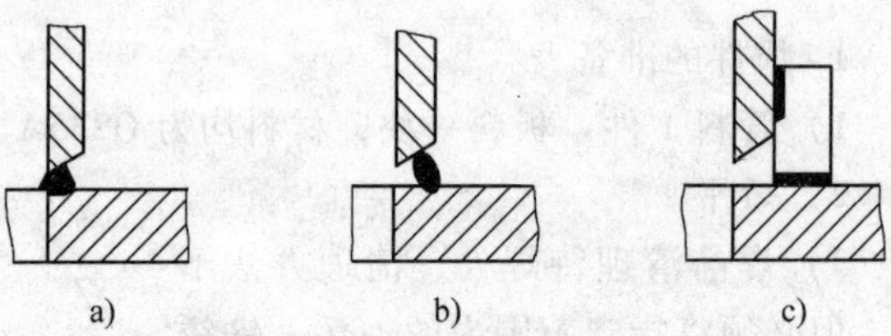

图 2-52　定位焊缝三种形式示意图

a）正式定位焊缝　b）非正式定位焊缝　c）连接板定位焊缝

表 2-24　垂直俯焊骑坐式管板装配要求

坡口角度/（°）	装配间隙/mm	钝边/mm	错边量/mm
45^{+5}_{0}	3～3.5	0	≤1

2. 焊件位置

管子朝上，孔板放在水平位置。

3. 焊接要点

（1）焊道分布　焊道为三层 4 道，垂直固定俯焊焊道分布如图 2-53 所示。

（2）焊接参数　见表 2-25。

表 2-25　焊接参数

焊接层次	焊条直径/mm	焊接电流/A
打底焊	2.5	60～80
填充焊	3.2	110～130
盖面焊		100～120

（3）打底焊　保证根部焊透，防止烧穿和产生焊瘤，俯焊打底焊的焊条角度如图 2-54 所示。

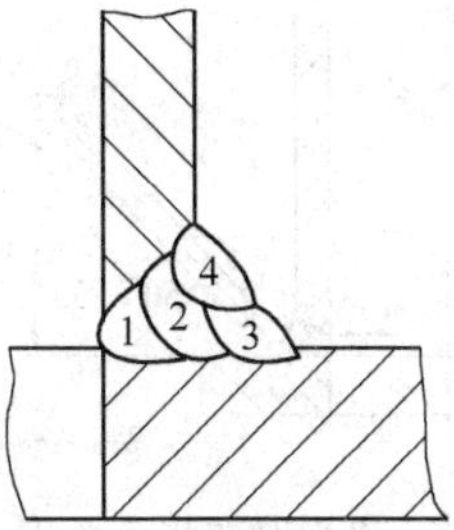

图 2-53　垂直固定俯焊焊道分布

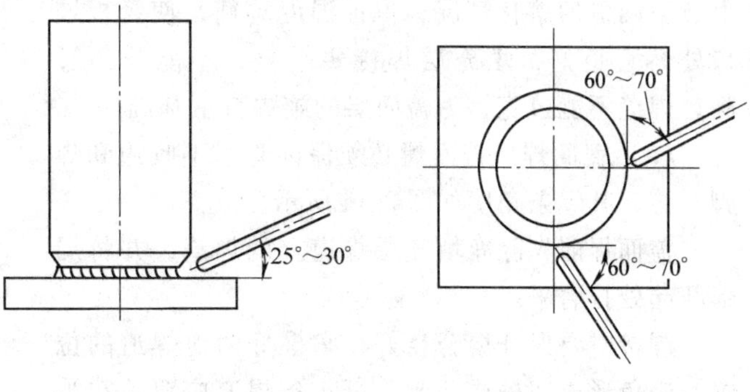

图 2-54　俯焊打底焊的焊条角度

在左侧定位焊缝上引弧，稍预热后向右移动焊条，当电弧到达定位焊缝前端时，往前送焊条，待形成熔孔后，稍向后退焊条，保持短弧，并开始小幅度地作锯齿形摆动，电弧在坡口两侧稍停留，然后进行正常焊接。

焊接时电弧要短，焊接速度不宜过大，电弧在坡口根部稍停留，电弧的 1/3 保持在熔孔处，2/3 覆盖在熔池上，同时要保持熔孔的大小基本一致，避免焊根处产生未熔合、未焊透、背面焊道太高或产生烧穿或焊瘤。焊接过程中应根据实际位置，不断地转动手臂和手腕，使熔池与管子坡口面和孔板上表面连在一起，并保持均匀的速度运动。待焊条快焊完时，电弧迅速向后拉直至电弧熄灭，使弧坑处呈斜面。

焊缝接头有两种接法：热接法和冷接法。

采用热接法时，前根焊条刚焊完，立即更换焊条，趁熔池还未完全冷却，立即在原弧坑前面 10 ~ 15mm 处引弧，然后退到原弧坑上，重新形成熔孔后，再继续施焊，直到焊完打底焊道。采用冷接法时，先敲掉原熔池处的焊渣，最好能用角向磨光机或电磨头，将弧坑处打磨成斜面，再按热接法进行施焊。

冷焊法焊封闭焊缝接头时，先将接缝端部打磨成缓坡形，待焊到缓坡前沿时，焊条伸向弧坑内，稍作停顿，然后向前施焊并超过缓坡，与焊缝重约 10mm，填满弧坑后熄弧。

（4）填充焊　填充焊时必须保证坡口两边熔合好，其焊条角度如图 2-55 所示。

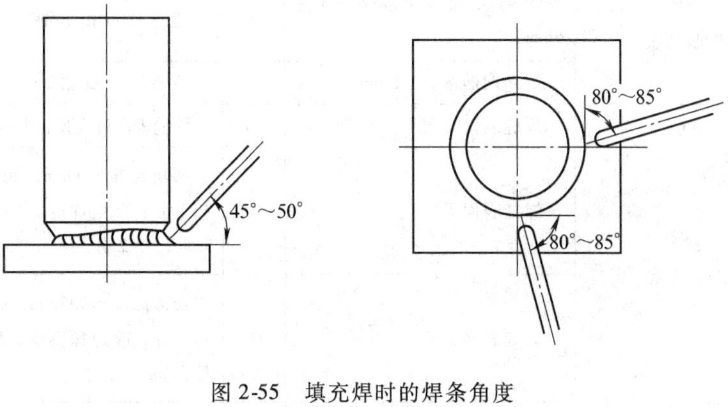

图 2-55　填充焊时的焊条角度

焊填充层前，先敲净打底焊道上的焊渣，并将焊道局部凸起处磨平。然后按打底焊相同的步骤焊接。

填充层施焊时采用短弧焊，可一层填满，注意上、下两侧的熔化情况，保证温度均衡，使管板坡口处熔合良好，填充层焊接要平整，不能凸出过高，焊缝不能过宽，为盖面层的施焊打下基础。

（5）盖面焊　盖面焊必须保证管子不咬边和焊脚对称，其焊条角度如图 2-56 所示。

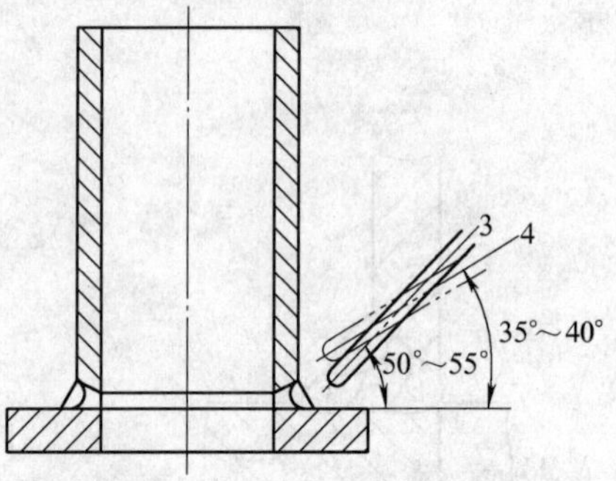

图 2-56　盖面时的焊条角度

盖面焊前先除净填充层焊道上的焊渣，并将局部凸起处打磨平。

焊接时要保证熔合良好，掌握好两道焊道的位置，避免形成凹槽或凸起，第 4 条焊道应覆盖在第 3 条焊道上面的 1/2 或 2/3。必要时还可以在上面用 ϕ2.5mm 焊条再盖一圈，以免咬边。

4. 焊接时易出现的缺陷及排除方法（表 2-26）

表 2-26　焊接时易出现的缺陷及排除方法

缺陷名称	产生原因	排除方法
打底层易夹渣及熔合不好	管、板厚度差异，散热不均匀	运条速度和前进速度均匀一致，并控制熔孔尺寸大小一致
盖面层咬边	焊接电流太大	适当减小焊接电流
	运条动作不对	掌握好运条横向摆动到两边的停留时间

5. 碳素结构钢管、板垂直俯焊角接焊条电弧焊考核评分表（表 2-27）

表 2-27　碳素结构钢管、板垂直俯焊角接焊条电弧焊考核评分表

考核项目	考核内容	考核要求	配分	评分标准	扣分	得分
安全文明生产	能正确执行安全技术操作规程	按达到规定的标准程度评定	4	违反规定扣 1～4 分		
	按有关文明生产的规定，做到工作地面整洁、工件和工具摆放整齐	按达到规定的标准程度评定	3	违反规定扣 1～3 分		
主要项目	焊缝的外形尺寸	焊脚尺寸（壁厚 δ + 3～6mm）	10	超差 1mm 扣 5 分		
		焊缝凹凸度 ≤ 1.5mm	5	超差 0.5mm 扣 2 分		
	焊缝的外观质量	焊缝表面无气孔、夹渣	10	焊缝表面有气孔、夹渣扣 10 分		
		焊缝表面无凹坑	10	凹坑深度 ≤ 1mm，每长 5mm，扣 1 分；凹坑深度 > 1mm，每长 5mm，扣 2 分		
		焊缝表面无咬边	16	咬边深度 ≤ 0.5mm，每长 2mm 扣 1 分；咬边深度 > 0.5mm，每长 2mm 扣 2 分		
		焊缝隙未焊透深度 < 0.8mm	10	超差 0.1mm 扣 2 分		

（续）

考核项目	考核内容	考核要求	配分	评分标准	扣分	得分
主要项目	焊缝的金相宏观检查（3 个检查面）	断面无气孔	12	气孔直径≤0.5mm，每个气孔扣 4 分；气孔直径＞0.5mm，每个气孔扣 6 分		
		断面无夹渣	12	夹渣长度≤0.5mm，每个夹渣扣 4 分；夹渣长度＞0.5mm，每个夹渣扣 6 分		
一般项目	通球检验（球径为管内径 85%）	通过	4	通不过扣 4 分		
工时定额	40min	按时完成		超工时定额 5%～20%，扣 2～10 分		

（二）水平固定全位置焊

水平固定全位置焊的操作是非常难的。焊接时不准改变焊件的位置，因此必须掌握平焊、立焊、仰焊操作技能，才能操作好水平固定全位置焊。

为了便于说明焊接要求，我们规定从管子正前方正视管板处，按时钟位置将焊件分为 12 等分，最上方为 0 点，如图 2-57 所示。

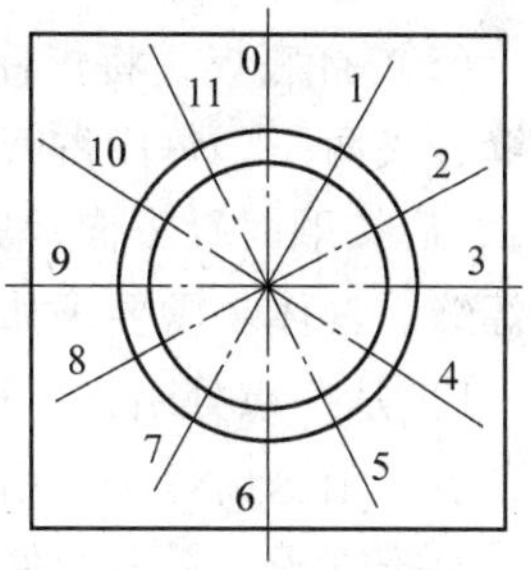

图 2-57　管板的分区

1. 装配与定位焊

装配要求见表 2-28。

表 2-28　水平固定全位置骑坐式管板装配要求

坡口角度/（°）	装配间隙/mm	钝边/mm	错边量/mm
45±5	6 点处 2.7 0 点处 3.2	0	≤1

2. 焊件位置

将焊件固定好，使管子轴线在水平面内，0 点处在最上方。

3. 焊接要点

管板水平固定焊接包括仰焊、立焊、平焊等几种焊接位置。焊接时焊条角度要随着各种位置的变化而不断地变化。如图 2-58 所示每条焊道焊接前，必须把前一层焊道的焊渣及飞溅清理干净，焊道接头处打磨平整，避免咬边等缺陷产生。

（1）焊道分布　焊道为三层 3 道。

（2）焊接参数　见表 2-29。

表 2-29　焊接参数

焊接层次	焊条直径/mm	焊接电流/A
打底焊	2.5	60～80
填充焊		70～90
盖面焊		70～80

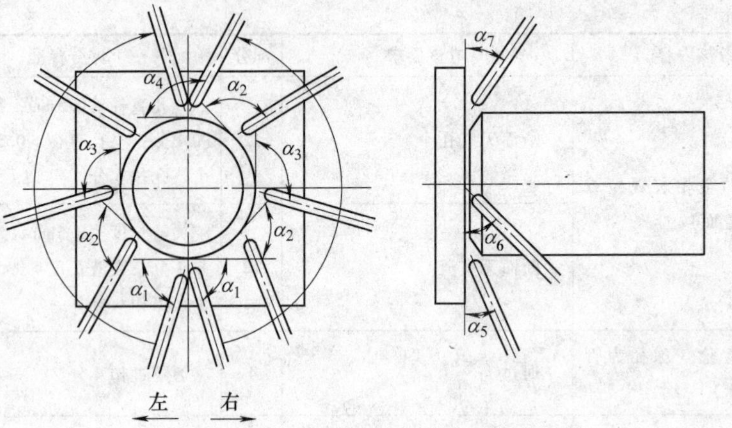

图 2-58　全位置焊时的焊条角度

$\alpha_1 = 80° \sim 85°$　$\alpha_2 = 100° \sim 105°$　$\alpha_3 = 100° \sim 110°$　$\alpha_4 = 120°$　$\alpha_5 = 30°$　$\alpha_6 = 45°$　$\alpha_7 = 35°$

（3）打底焊　将焊件管子分上下两半周进行焊接，先焊下半周，后焊上半周。每一半焊缝分成两段。每段占管子周长的 1/4，先按逆时针方向焊完右边的 1/4，（即 7 点 ~3 点处），后按顺时针方向焊完左边的 1/4（7 点 ~9 点处）。然后再按顺、逆时针顺序焊完上半段焊缝。具体步骤要求如下：

1）从 7 点处引弧，稍预热后，向上顶送焊条，待孔板边缘与管子坡口根部熔化并形成熔孔后，稍退出焊条，用短弧作小幅度锯齿形横向摆动，沿逆时针方向继续施焊。

由于管子与板两焊件的厚度不同，所需热量也不一样，打底焊时应使电弧的热量偏向孔板，当焊条横向摆到板的一侧时应稍作停顿，以保证板孔边缘熔合好，防止板件一侧产生未熔合等现象。

在仰焊位置焊接时，焊条向焊件中面顶送深些，横向摆动幅度小些，向上运条的间距要均匀不宜过大，幅度和间距过大易使背面焊缝产生咬边和内凹。

在立焊位置焊接时，焊条向焊件中面顶送得比仰焊位置浅些，平焊位置面顶送焊条应比立焊浅些，防止熔化金属由于重力作用而造成背面焊缝过高和产生焊瘤。

焊完一根焊条要收弧时，将电弧往下焊件下方回带约 10mm，焊条逐渐慢慢地提高并熄弧，避免弧坑出现缩孔。

可采用热接法和冷接法进行焊缝接头。

热接法时更换焊条要迅速，熔池还没有完全冷却呈红热状态时，在熔池前方约 10mm 处引弧，焊条稍横向摆动，填满弧坑至熔孔处，焊条向管子里压，并稍停留，待听到击穿声形成新熔孔时，再进行横向摆动向上施焊。冷接法在施焊前，先将收弧处焊道打磨成缓坡状，然后按热接法的引弧位置，用相同操作方法进行焊接。

逆时针方向焊至 3 点处收弧。

2）将 7 点处打磨成斜面。

3）在 7 点左侧 10mm 处引燃电弧，退到 7 点处接好头，待新熔孔形成后，再小幅度横向摆动，沿顺时针方向焊至 1 点处收弧。所有操作要领同前。

焊接过程中经过正式定位焊缝时，要把焊条稍微向里压送，以较快速度焊过定位焊缝过渡到前方坡口，然后正常焊接。

4）将 3 点和 1 点处打磨成斜面。

5）从 3 点前 10mm 处引弧，退至 3 点处，待形成熔孔后，继续焊到 0 点处结束。

（4）填充焊　填充焊的焊条角度与焊接步骤与打底焊相同。但焊条摆动幅度比打底层大些，因外侧焊缝圆周较长，故摆动间距稍大些。填充的焊道要薄些，管子一侧坡口要填满，板一侧要比管子坡口一侧宽出约 2mm，使焊道形成一个斜面，保证盖面焊道焊后能够圆滑过渡。

（5）盖面焊　盖面焊的焊接顺序、焊条角度、运条方法与填充层相同。但摆幅要均匀，在两侧稍停留，保证焊缝焊脚均匀，无咬边。

注意：因焊缝两侧是两个直径不同的同心圆，管子侧圆周短，孔板侧圆周长，因此焊接时，焊条摆动两侧的间距是不同的，焊接时要特别注意。

4. 焊接时易出现的缺陷及排除方法（表 2-30）

表 2-30　焊接时易出现的缺陷及排除方法

缺陷名称	产生原因	排除方法
打底焊仰焊部位产生内凹	焊条送进坡口内深度不够	焊条送进坡口内一定深度，使整个电弧在坡口内燃烧，短弧焊接
立焊部位熔池下坠，焊缝成形不好	电弧在两侧停留时间不够	增加电弧在两侧停留时间

（三）管板垂直固定仰焊

1. 装配与定位焊

装配要求见表 2-31。

表 2-31　装配要求

坡口角度/（°）	装配间隙/mm	钝边/mm	错边量/mm
$45 \pm ^{5}_{0}$	2.7～3.2	0	≤1

2. 焊件位置

将焊件固定好，管子垂直朝下，孔板在水平面位置。

3. 焊接要点

垂直固定管板仰焊难度并不太大，因为打底层熔池被管子坡口面托着，实际上与横焊类似，焊接过程中要尽量压低电弧，利用电弧吹力将熔敷金属吹入熔池。

（1）焊道分布　三层 4 道，仰焊焊道分布如图 2-59 所示。

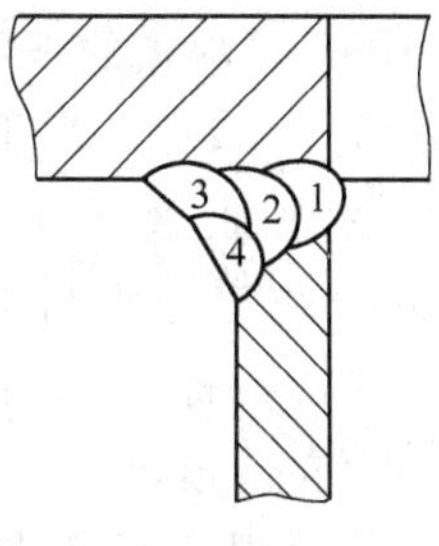

图 2-59　仰焊焊道分布

（2）焊接参数　见表 2-32。

表 2-32　焊接参数

焊接层次	焊条直径/mm	焊接电流/A
打底焊	2.5	60～80
填充焊		70～90
盖面焊		70～80

（3）打底焊　必须保证焊根熔合好，背面焊道美观。

在左侧定位焊缝上引弧，稍预热后，将焊条向背部下压，形成熔孔后，开始小幅度锯齿形横向摆动，转入正常焊接。仰焊打底时的焊条角度如图 2-60 所示。

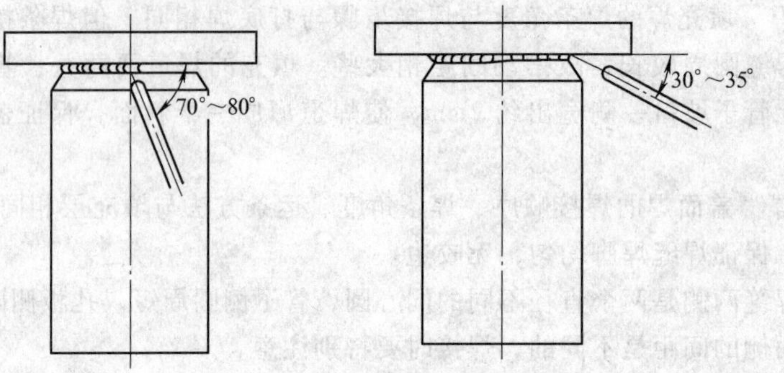

图 2-60 仰焊打底时的焊条角度

焊接时，电弧尽可能地短，电弧在两侧稍停留，必须看到孔板与管子坡口根部熔合在一起后才能继续施焊。电弧稍偏向孔板，以免烧穿小管。

焊缝接头和收弧要点同前，必须注意在熔池前面引弧，回烧一段后再转入正常焊接，这样操作可将引弧时在焊缝表面留下的小气孔熔化掉，提高焊件的合格率。焊最后一段封闭焊缝前，最好将已焊好的焊缝两端磨成斜面，以便接头。

(4) 填充焊　填充焊的焊条角度、操作要领与打底焊相同，但焊条摆幅和焊接速度都稍大些，必须保证焊道两侧熔合好，表面平整。

开始填充前，先除净打底焊道上的飞溅和熔渣，并将局部凸出的焊道磨平。

(5) 盖面焊　盖面焊有两条焊道，先焊上面的焊道，后焊下面的焊道。盖面焊时的焊条角度如图 2-61 所示。

焊上面的盖面焊道时，摆动幅度和间距都较大，保证孔板处焊脚达到 9～10mm。焊道的下沿能压住填充焊道的 1/2～2/3。焊下面的盖面焊道时，要保证管子上焊脚达到 9～10mm，焊道上沿与上面的焊道熔合好，并将斜面补平，防止表面出现环形凹槽或凸起。

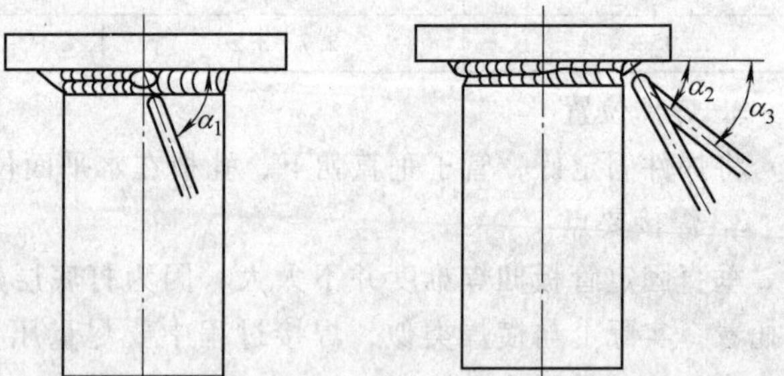

图 2-61 盖面焊时的焊条角度

$\alpha_1=70°\sim85°$　$\alpha_2=60°\sim70°$　$\alpha_3=50°\sim60°$

盖面焊道的焊接顺序、摆动方法、收弧与焊缝接头的方法与打底焊相同。

想一想

1. 管板装配的技术要求是什么？
2. 管板焊接时，试件的焊脚尺寸与管壁厚度之间的关系是多少？

项目五　管子对接

一、技能训练的目标

管子对接技能训练检验的项目及标准见表 2-33。

表 2-33　管子对接技能训练检验的项目及标准

检验项目		标准/mm
焊缝外观检查	焊缝高度 h	$0 \leqslant h \leqslant 2$
	焊缝高低差 h_1	$0 \leqslant h_1 \leqslant 1$
	焊缝每侧增宽	0.5～2.5
	焊缝宽度差 c_1	$0 \leqslant c_1 \leqslant 1$
	咬边	$F \leqslant 0.5$　$0 \leqslant L \leqslant 10$
	气孔、裂纹、夹渣、焊瘤	无
	通球（管内径 85%）	通过
冲击试验		按 GB/T 2650—2008《焊接接头冲击试验方法》规定
弯曲试验		按 GB/T 2653—2008《焊接接头弯曲及压扁试验方法》规定

注：表中"F"为缺陷深度，"L"为缺陷长度，累计计算。

二、技能训练的准备

1. 焊件的准备

1）管料 2 个，材料为 20 钢，尺寸如图 2-62 所示。

2）坡口面应与管同轴。

3）焊前清理待焊处，清理方法不限，但必须将指定范围内的油污、铁锈及氧化物清理干净，直至呈现金属光泽为止。

2. 焊件装配技术要求

1）装配齐平，保证同轴，如图 2-63 所示。开单边 V 形坡口，钝边 p 和间隙 b 自定。

2）单面焊双面成形。

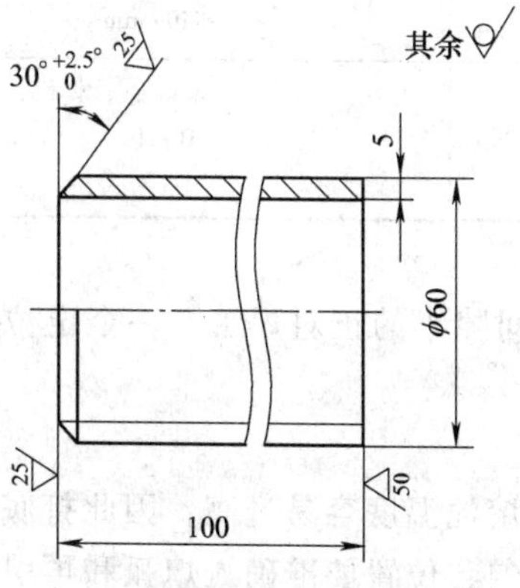

图 2-62　焊件备料图

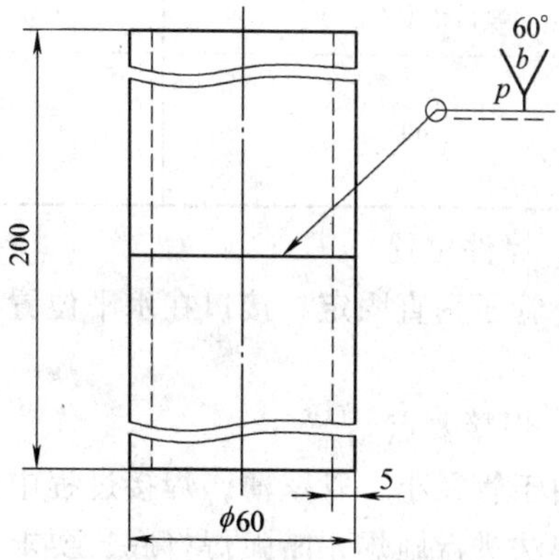

图 2-63　焊件装配图

3. 焊条的选择与烘干

尽可能选用碱性焊条，焊前经350~400℃烘干2h；若选用酸性焊条，则在150~250℃烘干2h。

4. 装配与定位焊

1）焊件装配定位焊所用的焊条应与正式焊接所使用的焊条相同，按圆周方向大管子可焊2~3处，小管子可焊1~2处。每处定位焊缝长10~15mm。装焊好的管子应预留间隙，并保证同心。

2）定位焊除在管子坡口内直接进行外，也可用连接板在坡口外进行装配定位焊。焊件装配定位可采用下述三种形式中的任意一种。如图2-64所示。

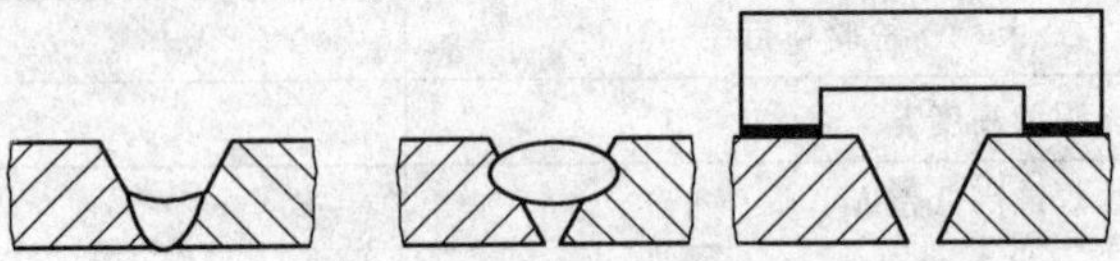

图2-64 定位焊缝的三种方式

a）正式定位焊缝 b）非正式定位焊缝 c）连接板定位焊缝

直接在管子坡口内进行定位焊，定位焊缝为正式焊缝的一部分，因此定位焊缝应保证焊透、无缺陷。焊件固定好后，将定位焊缝的两端打磨成缓坡形。待正式焊接时，焊至定位焊处，只需将焊条稍向坡口内给送，以较快的速度通过定位焊缝，过渡到前面的坡口处，继续向前施焊。

非正式定位焊，焊接时应保持焊件坡口根部的棱边不被破坏，待正式焊缝焊至定位焊缝处，将非正式定位焊缝打磨掉，继续向前施焊。

采用定位板进行焊件的装配固定，这种方法不破坏焊件的坡口，待焊至定位板处将定位板打掉，继续向前施焊。

无论采用哪种定位焊，都不允许在仰焊位置进行定位。

三、技能训练的任务

（一）垂直固定小径管的对接

1. 装配

装配要求见表2-34。

表2-34 装配要求

坡口角度/(°)	装配间隙/mm	钝边/mm
60	前2.5 后3.2	0~1

2. 焊件位置

小管子垂直固定，接口在水平位置（横焊位置）。间隙小的正对焊工，一个定位焊缝在左侧。

3. 焊接要点

由于管径小，管壁薄，焊接过程中温度上升较快，熔池温度容易过高，因此打底焊采用断弧焊法进行施焊，断弧焊打底，要求熔滴的送给要均匀，位置要准确，熄弧和再引弧时间灵活和果断。

(1) 焊道分布　焊道为两层3道，如图2-65所示。

(2) 焊接参数　见表2-35。

表2-35　小径管横焊参数

焊接层次	焊条直径/mm	焊接电流/A
打底焊	2.5	60～80
盖面焊		70～80

(3) 打底焊　其关键是保证焊透，焊件不能烧穿焊漏。

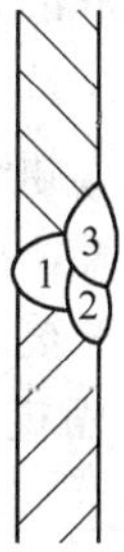

图2-65　小径管横焊焊道分布

打底层施焊时，焊条与焊件之间的角度如图2-66所示。起焊时采用划擦法将电弧在坡口内引燃，待看到坡口两侧金属局部熔化时，焊条向坡口根部压送，熔化并击穿坡口根部，将熔滴送至坡口背面，此时可听见背面电弧的穿透声，这时便形成了第一个熔池，第一个熔池形成后，即将焊条向焊接的反方向作划跳动作迅速灭弧，使熔池降温，待熔池变暗时，在距离熔池前沿约5mm左右的位置重新将电弧引燃，压低电弧向前施焊至熔池前沿，焊条继续向背面压，并稍作停顿，同时即听见电弧击穿声，这时便形成了第二个熔池，熔池形成后，立即灭弧。如此反复，均匀地采用这种一点击穿法向前施焊。

熔池形成后，熔池的前沿应能看到熔孔，使上坡口面熔化掉1～1.5mm，下坡口面略小，施焊时要注意把握住三个要领，即一"看"、二"听"、三"准"。"看"就是要观察熔池的形状和熔孔的大小，使熔池形状基本保持一致，熔孔大小均匀。并要保持熔池清晰、明亮、熔渣和铁液分清。"听"就是听清电弧击穿焊件坡口根部"噗噗"声。"准"就是要求每次引弧的位置与焊至熔池前沿的位置准确，既不能超前，又不能拖后，后一个熔池搭接前一个熔池的2/3左右。

更换焊条收弧时，将焊条断续地向熔池后方点二至三下，缓降熔池的温度，将收弧的缩孔消除或带到焊缝表面，以便在下一根焊条进行焊接时将其熔化掉。

打底层焊缝的接头方法有两种，即热接法和冷接法。

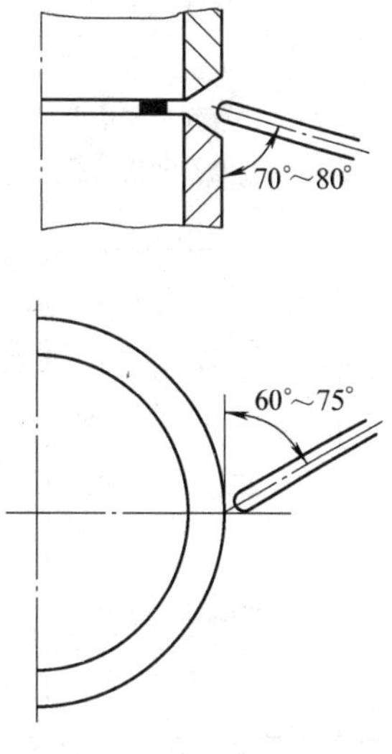

图2-66　打底焊时的焊条角度

热接法是更换焊条的速度要快，在前一根焊条焊完收弧，熔池尚未冷下来，呈红热状态时，立即在熔池前面5～10mm的地方引弧，退至收弧处的后沿，焊条向坡口根部压送，并稍作停顿，当听见电弧击穿焊件根部的声音时，即可熄弧，然后进行焊接。冷接法在施焊前，先将收弧处焊道打磨成缓坡状，然后按热接法的引弧位置、操作方法进行焊接。

焊接封闭接头前，先将焊缝端部打磨成缓坡形，然后再焊，焊到缓坡前沿时，电弧向坡口根部压送并稍作停顿，然后焊过缓坡，直至超过正式焊缝约5～10mm，填满弧坑后熄弧。

（4）盖面焊　保证表面平整、尺寸合格。

焊前，将上一层焊缝的焊渣及飞溅清理干净，将焊缝接头处打磨平整。然后进行焊接。盖面层分上、下两道进行焊接，焊接时由下至上进行施焊，焊条与焊件间的角度如图 2-67 所示。

盖面层焊接时，运条要均匀，采用较短电弧，焊下面的焊道时，电弧应对准填充焊道的下沿，稍作横向摆动，使熔池下沿稍超出坡口下棱边（≤2mm），应使熔化金属覆盖住打底焊道的 1/2 ~ 2/3，为焊上面的盖面焊道时防止咬边和铁液下淌现象，要适当增大焊接速度或减小焊接电流，调整焊条角度，以保证整个焊缝外观均匀、整齐及平整。

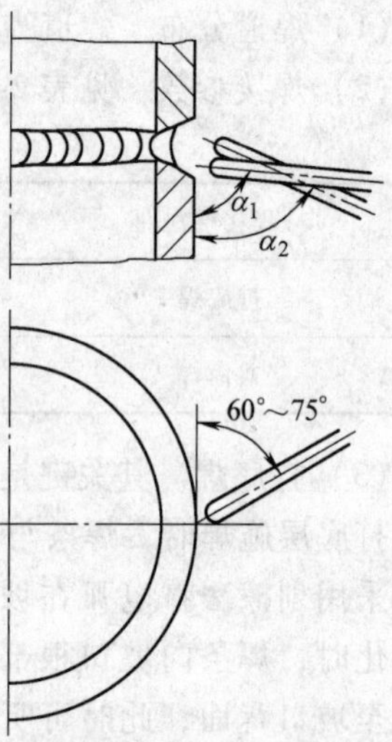

图 2-67　盖面焊时的焊条角度

$\alpha_1 = 70° \sim 80°$　$\alpha_2 = 60° \sim 70°$

4. 垂直固定小径管的对接焊条电弧焊考核评分表（表 2-36）

表 2-36　垂直固定小径管的对接焊条电弧焊考核评分表

考核项目	考核内容	考核要求	配分	评分要求	得分
安全文明生产	能正确执行安全技术操作规程	按达到规定的标准程度评定	4	违反规定扣 1 ~ 4 分	
	按有关文明生产的规定，做到工作地面整洁、工件和工具摆放整齐	按达到规定的标准程度评定	3	违反规定扣 1 ~ 3 分	
主要项目	焊缝的外形尺寸	焊缝余高 0 ~ 4mm	6	超差 0.5mm 扣 3 分	
		焊缝余高≤2mm	2	超差 1mm 扣 1 分	
		焊缝比坡口每侧增宽 0.5 ~ 2mm	8	超差 0.5mm 扣 2 分	
		焊缝宽度差≤2mm	4	超差 0.5mm 扣 1 分	
	焊缝的外观质量	焊缝表面无气孔、夹渣	5	焊缝表面有气孔、夹渣得 0 分	
		焊缝表面无咬边	8	咬边深度≤0.5mm，每长 2mm 扣 1 分 咬边深度 >0.5mm，每长 2mm 扣 2 分	
		背面凹坑≤1mm	6	超差 0.5mm 扣 3 分	
	焊缝的断口检验	断口上无气孔	8	气孔直径≤0.5mm，每个扣 1 分 气孔直径 >0.5mm，每个扣 2 分	
		断口上无夹渣	8	夹渣长度≤0.5mm，每个扣 1 分 夹渣长度 >0.5mm，每个扣 2 分	
		断口上无裂纹、未熔合、未焊透		断口上如发现裂纹、未熔合、未焊透，则断口检验为 0 分	
	焊缝的 X 射线探伤	不低于Ⅱ级片	20	Ⅰ级片不扣分，Ⅱ级片扣 10 分，Ⅲ级片不得分	

（续）

考核项目	考核内容	考核要求	配分	评分要求	得分
一般项目	焊接接头的弯曲试验	面弯、背弯各1件，弯曲角50°	13	面弯不合格扣5分 背弯不合格扣8分	
	通球试验	球径为管内径的85%	5	通不过得0分	
工时定额	60min	按时完成		超工时定额5%～20%扣2～10分	

（二）水平固定小径管对接

水平固定小管子对接是小径管全位置焊，也是所有操作中最难掌握的项目。

1. 装配

装配要求见表2-37。

表2-37　装配要求

坡口角度/（°）	装配间隙/mm	钝边/mm
60	0点处3.0 6点处2.5	0～1

2. 焊件位置

小管子水平固定，接口在垂直面内，0点处在正上方。

3. 焊接要点

例如 ϕ60mm×5mm 管的对接焊，由于管径小、管壁薄，焊接过程中温度上升较快，焊缝容易过高。打底焊必须采用断弧焊法。在焊接过程中需经平焊、立焊和仰焊三种位置的焊接。由于焊缝位置的变化，改变了熔池所处的空间位置，操作比较困难，焊接时焊条角度应随着焊接位置的不断变化而随时调整，如图2-68所示。

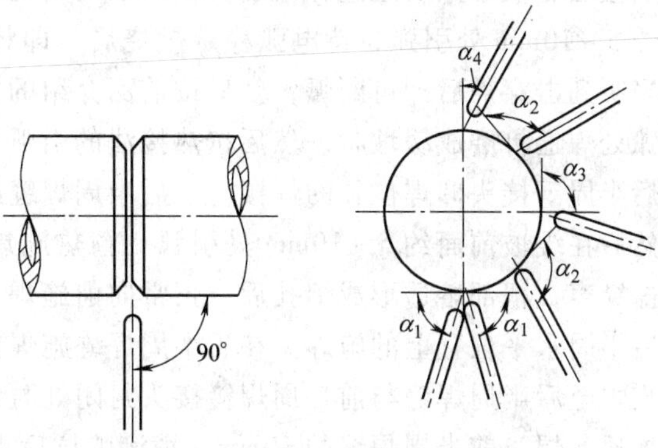

图2-68　小径管打底层焊条角度

$\alpha_1=80°\sim85°$　$\alpha_2=100°\sim105°$　$\alpha_3=100°\sim110°$　$\alpha_4=110°\sim120°$

（1）焊道分布　焊道为二层2道。

（2）焊接参数　见表2-38。

表2-38　小径管全位置焊参数

焊接层次	焊条直径/mm	焊接电流/A
打底焊	2.5	75～85
盖面焊		70～80

（3）打底焊　打底层焊接时为叙述方便，假定沿垂直中心线将管子分成前后两半周，如图2-69所示。

先焊前半周，引弧和收弧部位要超过中心线5～10mm。

焊接从仰焊位置开始，起焊时采用划擦法在坡口内引弧，待形成局部焊缝，并看到坡口两侧金属即将熔化时，焊条向坡口根部压送，使弧柱透过内壁1/2，熔化并击穿坡口的根部，此时可听到背面电弧的击穿声，并形成了第一个熔池，第一个熔池形成后，立即将焊条抬起熄弧，使熔池降温，待熔池变暗时，重新引弧并压低电弧向上送给，形成第二个熔池，均匀地点射给送熔滴，向前施焊，如此反复。

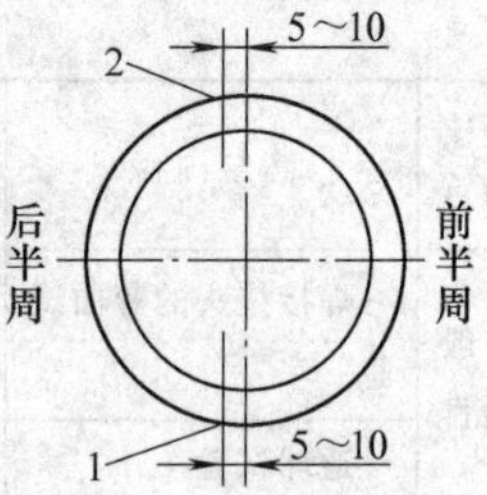

图2-69　前半周焊缝引弧与收弧位置

1—引弧处　2—收弧处

在焊接仰焊位置时，焊条应向上顶送得深些，电弧尽量压低，防止产生内凹、未熔合、夹渣等缺陷；焊接平焊及立焊位置时焊条向焊件坡口里面的压送深度应比仰焊时浅些，弧柱透过内壁约1/3，熔化穿透根部钝边，防止因温度过高，液态金属在重力的作用下，造成背面焊缝超高、产生焊瘤、气孔等缺陷。

收弧方法，当焊完一根焊条收弧时，应使焊条向管壁左或右侧回拉电弧约10mm，或沿着熔池向后稍快点焊2～3下，以防止突然熄弧造成弧坑处产生缩孔、裂纹等缺陷。同时也能使收尾处形成缓坡，有利于下一根焊条的接头。

在更换焊条进行中间焊缝接头时，有热接和冷接两种方法。

热接法更换焊条要迅速，在前一根焊条的熔池还没有完全冷却，呈红热状态时，在熔池前面约5～10mm处引弧，待电弧稳定燃烧后，即将焊条施焊于熔孔，将焊条稍向坡口里压送，当听到击穿声后即可断弧，然后按前面介绍的方法继续向前施焊。冷焊法在施焊前，先将收弧处焊道打磨成缓坡状，然后按热接法的引弧位置、操作方法进行焊接。

后半周下接头仰焊位置的焊接。在后半周焊缝施焊前，先将前半周焊缝起头处打磨成缓坡，然后在缓坡前面约5～10mm处引弧，预热施焊，焊至缓坡末端时将焊条向上顶送，待听到击穿声，根部熔透形成熔孔后，正常向前施焊，其他位置焊法均同前半周。

后半周水平位置上的施焊。在后半周焊缝施焊前先把前半周焊缝收尾熄弧处打磨成缓坡状，当焊至后半周焊缝与前半周焊缝接头封闭处时，将电弧略向坡口里压送并稍作停顿，待根部焊透，焊过前半周焊缝的10mm，填满弧坑后再熄弧。

施焊过程中经过正式定位焊缝时，将电弧稍向里压送，以较快的速度经过定位焊缝，过渡到前方坡口处进行施焊。

(4) 盖面焊　要求焊缝外形美观、无缺陷。

盖面层施焊前，应将前层的焊渣和飞溅清除干净，焊缝接头处打磨平整。前半周焊缝起头和后半周焊缝收尾部位同打底层，都要超过管子中心线5～10mm，采用锯齿形或月牙形运条方法连续施焊，但横向摆动的幅度要小，在坡口两侧略作停顿稳弧，防止产生咬边。在焊接过程中，要严格控制弧长，保持短弧施焊以保证质量。

4. 焊接时易出现的缺陷及排除方法（表2-39）

表2-39　焊接时易出现的缺陷及排除方法

缺陷名称	产生原因	排除方法
打底焊仰焊部位背面产生内凹	焊条送进坡口内深度不够	焊条送进坡口内一定深度，使整个电弧在坡口内燃烧，短弧焊接
盖面层产生咬边	运条摆动动作和前进速度不当	采用横向锯齿形或月牙形摆动，摆动速度适当加快，但前进速度不变，摆动到坡口两边稍作停留

(三) 垂直固定大径管对接

垂直大径管对接又称为大径管横焊。

1. 装配（表 2-40）

表 2-40　装配尺寸

坡口角度/(°)	装配间隙/mm	钝边/mm
60	前 2.5 后 3.0	0～1

2. 焊件位置

大径管垂直固定，接口在水平面内，间隙小的一侧正对焊工，一个定位焊缝在左侧。

3. 焊接要点

大径管横焊要领与板对接横焊基本相同，由于管子有弧度，焊接电弧应沿大径管圆周均匀转动。

(1) 焊道分布　焊道为四层 7 道，如图 2-70 所示。

(2) 焊接参数　见表 2-41。

表 2-41　大径管横焊参数

焊接层次	焊条直径/mm	焊接电流/A
打底焊	2.5	70～80
填充焊	3.2	110～130
盖面焊		110～115

(3) 打底焊　要求焊透并保证背面焊道成形美观，无缺陷。

大径管打底层横焊焊条角度如图 2-71 所示。

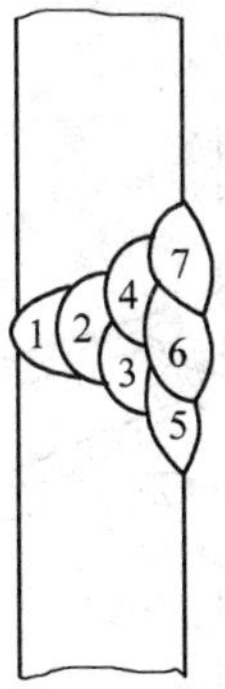

图 2-70　大径管横焊道分布焊

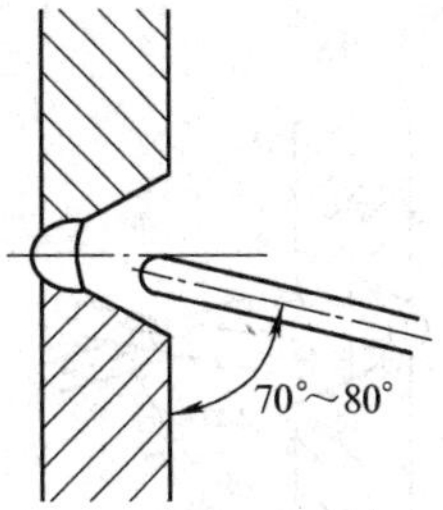

图 2-71　大径管打底层的焊条角度

打底层在管子的上坡口上引弧，然后向管子的下坡口移动，待坡口两侧熔合后，焊条向坡口里压，同时稍作停顿，这时可以看到管子坡口根部已被熔化并被击穿，形成熔孔。此时焊条上下摆动，作锯齿形运条连续向右施焊。

打底层施焊时为得到优质的焊缝和良好的背面焊缝成形，电弧要控制短些，焊条摆动向前移动的间距不宜过大，焊至坡口两侧停留时，要注意在上坡口停留时间比在下坡口停留的时间稍长。电弧的 1/3 保持在熔池前，用来熔化和击穿坡口的根部，电弧的 2/3 覆盖在熔池上，并保持熔池的形状和大小基本一致。

在焊接过程中，还要控制熔孔的大小，使上坡口面熔化掉约 1～15mm，下坡口略小些。施焊时若发现下坡口出现较大的熔孔时，焊件背面易产生下坠或焊瘤。当焊条即将焊完，更换焊条收弧时，将焊条向焊接的反方向拉回约 10～15mm。使电弧拉长，直到熄弧。这样可以把收弧缩孔消除或带到焊道表面，以便在下一根焊条进行焊接时，将其熔化掉。

打底层焊缝的接头方法有热接法和冷接法两种。

热接法要求更换焊条速度要快。在熔池尚未冷却下来之前，呈红热状态时，立即在熔池后面约 10mm 处引弧，焊条作上下摆动向前施焊，焊至收弧的前沿时，将焊条向坡口根部压送，并稍作停顿。然后将焊条渐渐地抬起至正常焊接的位置，并向前施焊。采用冷接法时，先将收弧处焊道打磨成缓坡状，然后按热接法的引弧位置、操作方法进行焊接。

焊件的打底层即将焊完，需要进行接头封闭时，应事先将始焊处的焊缝端部打磨成缓坡状，然后再施焊，焊至缓坡处前端，焊条向里压，并稍作停顿，然后继续向前焊过缓坡约 10mm，待填满弧坑后，即可熄弧。

（4）填充焊　保证坡口两侧熔合好，焊道表面平整。

填充层施焊前，将前一层焊道的焊渣、飞溅清理干净，并将打底层焊缝接头处打磨平整，再进行填充层施焊。填充层为上下两道焊缝的焊接，焊接时由下至上施焊。焊条与焊件间的角度如图 2-72 所示。

下道填充层焊接时，应注意观察下坡口及打底层焊缝与管子的下坡口之间夹角处的熔化情况，焊上一道焊缝时，要注意打底层焊缝与管子上坡口之间夹角处的熔化情况。同时上道焊缝应覆盖住下道焊缝的 1/3～1/2，避免填充层焊缝表面出现凹槽或凸起。填充层焊完后，下坡口应留出约 2mm，上坡口应留出约 0.5mm，坡口两侧的边缘棱边不要被破坏，为盖面层施焊打下基础。

（5）盖面焊　盖面层分三道由下至上焊接，施焊时的焊条与焊件间的角度如图 2-73 所示。

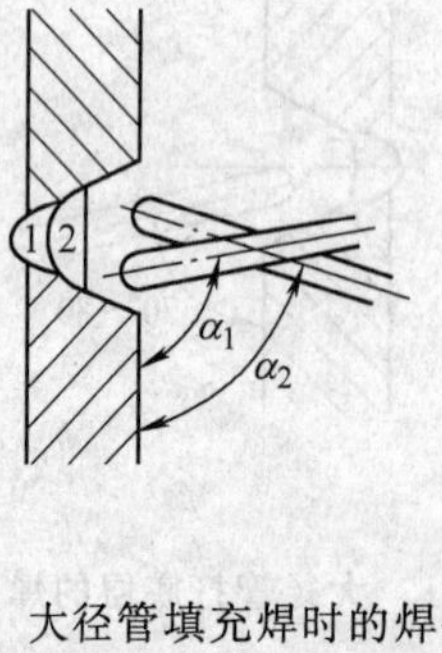

图 2-72　大径管填充焊时的焊条角度

$\alpha_1 = 0° \sim 10°$　$\alpha_2 = 60° \sim 70°$

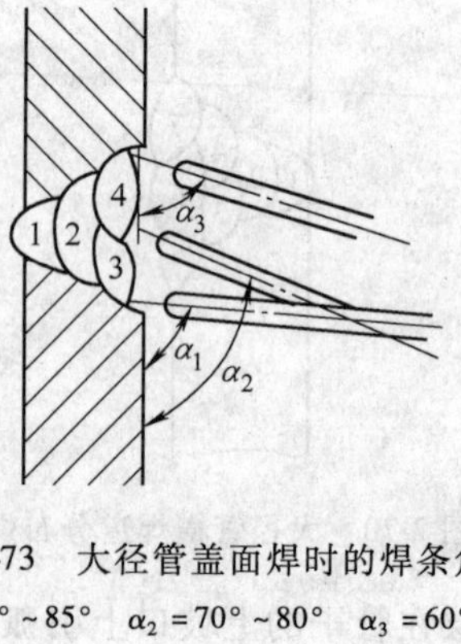

图 2-73　大径管盖面焊时的焊条角度

$\alpha_1 = 75° \sim 85°$　$\alpha_2 = 70° \sim 80°$　$\alpha_3 = 60° \sim 70°$

（四）水平固定大径管子对接

水平固定大径管的对接称为大径管全位置焊。

1. 装配

装配要求见表 2-42。

表 2-42　大径管子全位置焊装配要求

坡口角度/(°)	装配间隙/mm	钝边/mm	错边量/mm
60	0 点处 3.2 6 点处 2.5	0	≤1

2. 焊件位置

大管子水平固定，接口在垂直面内，0 点处位于最上方。

3. 焊接要点

(1) 焊道分布　焊道为四层 4 道。

(2) 焊接参数　见表 2-43。

表 2-43　大径管全位置焊参数

焊接层次	焊条直径/mm	焊接电流/A
打底焊	2.5	60 ~ 80
填充焊	3.2	90 ~ 110
盖面焊		90 ~ 100

(3) 打底层　要求根部焊透，背面焊缝成形好。

打底层焊缝的焊接，沿垂直中心线将管件分为两半周，称为前半周和后半周，各分别进行焊接，仰焊-立焊-平焊。在焊接前半周焊缝时，在仰焊位置的起焊点和平焊位置的终焊点都必须超过焊件的半周（超越中心线约 5 ~ 10mm）。焊条角度如图 2-74 所示。

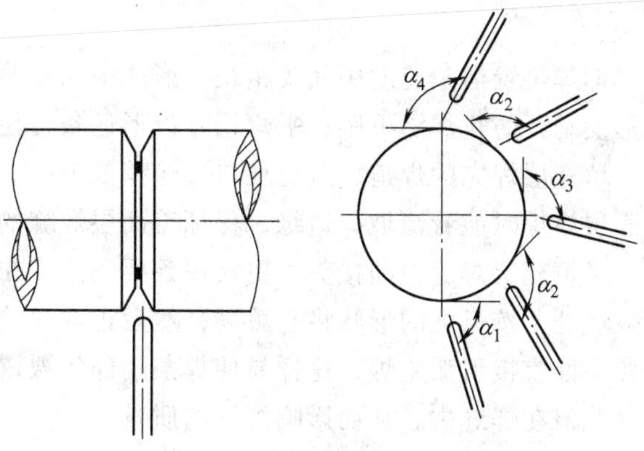

图 2-74　大管径全位置焊的焊条角度

$\alpha_1 = 80° \sim 85°$　$\alpha_2 = 100° \sim 105°$

$\alpha_3 = 100° \sim 110°$　$\alpha_4 = 110° \sim 120°$

前半周从仰焊位置开始，在 7 点处引弧后将焊条送到坡口根部的一侧预热施焊并形成局部焊缝，然后将焊条向另一侧坡口进行搭接焊，待连上后将焊条向上顶送，当坡口根部边缘熔化形成熔孔后，压低电弧作锯齿形运动向上连续施焊。横向摆动到坡口两侧时稍作停顿，以保证焊缝与母材根部熔合良好。

焊接仰焊位置时，易产生内凹、未焊透、夹渣等缺陷。因此焊接时焊条应向上顶送深些，尽量压低电弧，弧柱透过内壁约 1/2，熔化坡口根部边缘两侧形成熔孔。焊条横向摆动幅度小，向上运条速度要均匀，不宜过大，并且要随时调整焊条角度，以防止熔池金属下坠而造成焊缝背面产生内凹和正面焊缝出现焊瘤、气孔等缺陷。

更换焊条进行中间接头时，采用热接法和冷接法均可。

热接法更换焊条要迅速，在熔池尚没有完全冷却，呈红热状态时，在熔池前方约 10mm

处引弧，电弧引燃后，退至原弧坑处焊条稍作横向摆动待填满弧坑并焊至熔孔时，将焊条向焊件坡口内压，并稍作停顿，当听到击穿声形成新熔孔时，焊条再进行横向摆动向上正常施焊。采用冷接法时，在接头施焊前，先将收弧处打磨成缓坡状，然后按热接法的引弧位置、操作方法进行施焊。

后半周焊缝下接头仰焊位置的施焊。在后半周焊缝施焊前，先将前半周焊缝起焊处的各种缺陷清除掉，然后打磨成缓坡。施焊前在前半周约 10mm 处引弧、预热、施焊，焊至缓坡末端时将焊条向上顶送，待听到击穿声根部熔透形成熔孔时，即可正常运条向前焊接。其他位置焊法均同前半周。

焊缝上接头水平位置的施焊。在后半周焊缝施焊前，应将前半周焊缝在水平位置的收弧处打磨成缓坡状，当后半周焊缝与前半周焊缝接头封闭时，要将电弧稍向坡口内压送，并稍作停顿，待根部熔透超过前半周焊缝约 10mm，填满弧坑后再熄弧。

在整周焊缝焊接过程中，经过正式定位焊缝时，只要将电弧稍向坡口内压送，以较快的速度通过定位焊缝，过渡到前方坡口处进行施焊即可。

(4) 填充焊　要求坡口两侧熔合好，填充焊道表面平整。

填充层施焊前应将打底层的熔渣、飞溅等清理干净，并将焊缝接头处的焊瘤等打磨平整。施焊时的焊条角度与打底焊时相同，采用锯齿形运条法，焊条摆动的幅度较打底层大，电弧要控制短些，两侧稍作停顿稳弧，但焊接时应注意不能损坏坡口边缘的棱边。

仰焊位置运条速度中间要稍快，形成中间较薄的凹形焊缝；立焊位置运条采用上凸的月牙形摆动，防止焊缝下坠；平焊用锯齿形运条，使填充焊道表面平整或稍凸起。

填充层焊完的焊道，应比坡口边缘稍低 1～1.5mm，保持坡口边缘的原始状态，以便于盖面层施焊时能看清坡口边缘，保证盖面层焊缝的外形美观，无缺陷。

对填充层焊缝中间接头，更换焊条要迅速，在弧坑上方约 10mm 处引弧，然后把焊条拉至弧坑处，按弧坑的形状将它填满，然后正常焊接。进行中间焊缝接头时，切不可直接在焊缝接头处直接引弧施焊，这样易使焊条端部的裸露焊芯在引弧时，因无药皮的保护而产生密集气孔留在焊缝中，从而影响焊缝的质量。

(5) 盖面焊　要求保证焊缝尺寸、外形美观、熔合好、无缺陷。

盖面层施焊前应将填充层的焊渣、飞溅清除干净。清净后施焊时的焊条角度与运条方法均同填充焊，但焊条水平横向摆动的幅度比填充焊更大一些，当摆至坡口两侧时，电弧应进一步地缩短，并要稍作停顿以避免产生咬边。从一侧摆至另一侧时应稍快一些，以防止熔池金属下坠而产生焊瘤。

处理好盖面层焊缝中间接头是焊好盖面层焊缝的重要一环。当接头位置偏下时，接头处过高，偏上时，则造成焊缝脱节。焊缝接头方法如填充层。

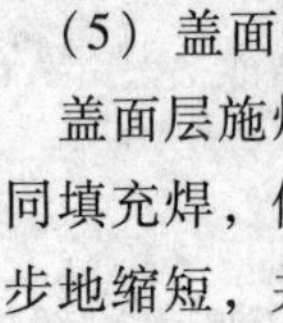

想一想

1. 管子对接装配的技术要求有哪些？
2. 管子对接的定位焊的焊点应如何确定？

项目六 T形接头焊接

一、技能训练的目标

T形接头技能训练检验的项目及标准见表2-44。

表2-44 T形接头技能训练的目标及标准

检验项目		标准/mm
焊缝外观检查	焊脚尺寸	6～9
	两板之间夹角	88°～92°
	焊接接头脱节	≤2
	弧坑	填满
	咬边	$F \leqslant 0.5$ $0 \leqslant L \leqslant 15$
	焊脚两边尺寸	≤2
焊缝金相宏观检查		5个面无缺陷

注：表中“F”为缺陷深度；“L”为缺陷长度，累计计算。

二、T形接头技能训练的准备

1. 焊件的准备

两块试板，板厚、板宽、板长自定。

2. 焊条的选择

尽可能选用碱性焊条，焊前经350～400℃烘干2h；若选用酸性焊条，则在150～250℃烘干2h。

3. 焊前清理

焊前清理待焊处，清理方法不限，但必须将指定范围内的油污、铁锈及氧化物清理干净，直至呈现金属光泽为止。

三、技能训练的任务

（一）T形接头的横角焊

1. 焊接参数（表2-45）

表2-45 T形接头的横角焊参数

焊接层次	焊条直径/mm	焊接电流/A
打底焊	4	140～150
盖面焊		120～130

2. 焊接要点

（1）焊道分布 焊道为二层3道，如图2-75所示。

（2）打底焊 横角焊打底焊条角度，如图2-76所示。

采用直线运条，压低电弧，必须保证顶角处焊透，为此焊接电流可稍大些，电弧始终对准顶角，焊接过程中要注意观察熔池，使熔池的下沿与底板熔合好，熔池的上沿与立板熔合好，使焊脚对称。

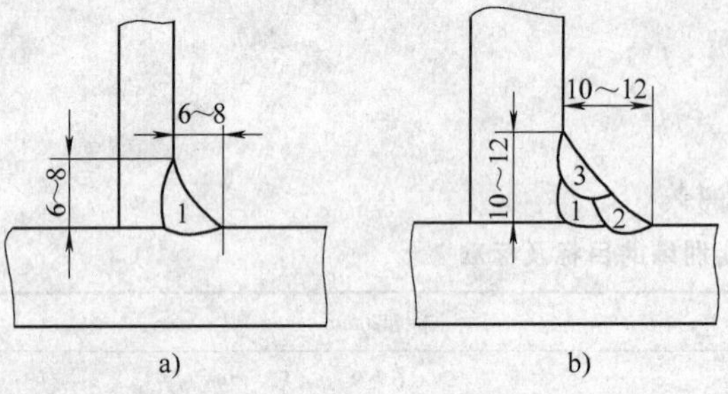

图 2-75　焊道分布

a）单层焊　b）多层焊

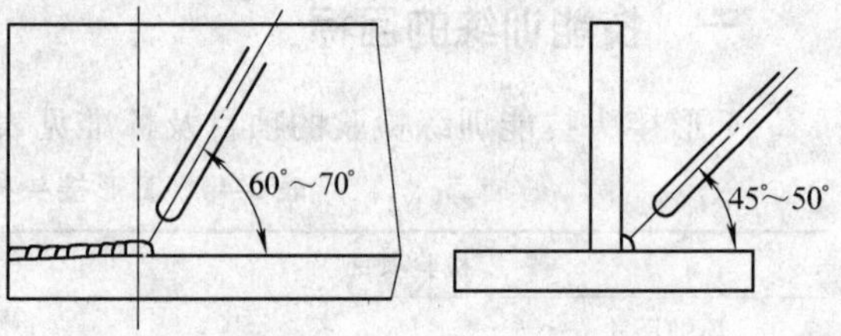

图 2-76　横角焊打底焊条角度

在始焊端和终焊端处，焊接时有磁偏吹现象，因此在焊件两端要适当调整焊条的角度。如图 2-77 所示。

如果是单层角焊缝，则打底时要特别注意保证顶角处焊透和焊脚对称。如果要求焊脚较大，可适当摆动焊条，如锯齿形、斜圆圈形运条均可以。

（3）盖面焊　盖面焊前应将打底层上熔渣、飞溅等清理干净。

盖面焊的焊条角度如图 2-78 所示。

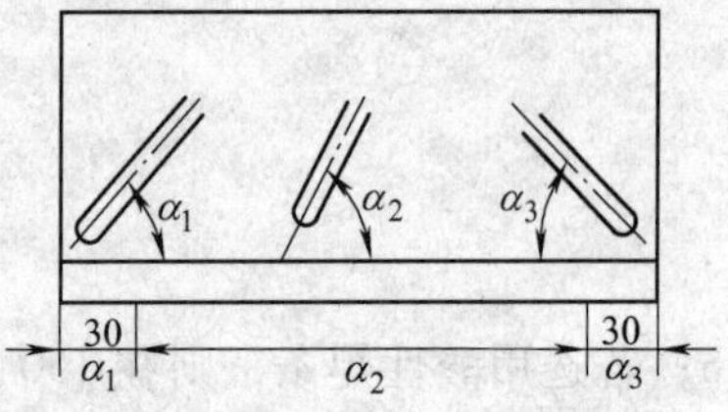

图 2-77　为防止磁偏吹焊条角度的变化

$\alpha_1 = 40° \sim 50°$　$\alpha_2 = 60° \sim 70°$　$\alpha_3 = 40° \sim 50°$

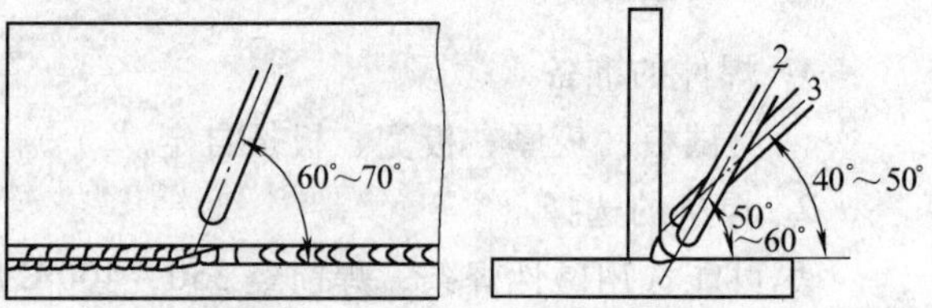

图 2-78　盖面焊的焊条角度

焊盖面层下面的焊道时，电弧应对准打底焊道的下沿，直线运条。

焊盖面层上面的焊道时，电弧应对准打底焊道的上沿，焊条稍横向摆动，使熔池上沿与立板平滑过渡，熔池下沿与下面的焊道均匀过渡。焊接速度要均匀，以便焊成一条表面较平滑且略带凹形的焊缝。

在焊件最下端引弧，按三角形运条法进行从下往上焊接，注意在三角形的顶点稍作停顿，保证熔合好，防止两侧咬边。

（二）T 形接头的立焊

1. 焊接参数（表 2-46）

表 2-46　T 形接头的立焊参数

焊接层次	焊条直径/mm	焊接电流/A
打底焊	4	120 ~ 140
盖面焊		110 ~ 130

2. 焊接要点

（1）焊道分布　二层 2 道。

（2）打底焊　立焊焊条角度如图 2-79 所示。

采用三角形运条法，以保证顶角处焊透。三角形运条法示意图如图 2-80 所示。

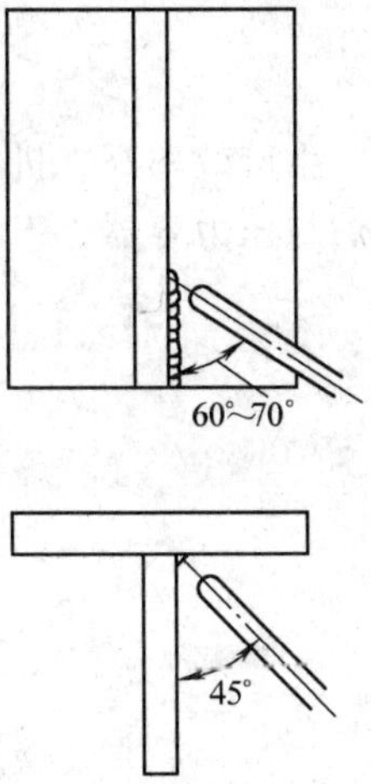

图 2-79　T 形接头立焊的焊条角度

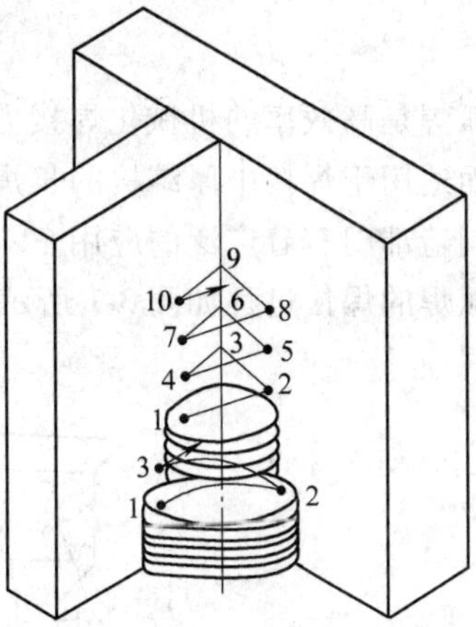

图 2-80　三角形运条法示意图

第三单元　埋弧焊技能训练

埋弧焊是高效率的机械化焊接方法之一。由于其熔深大、生产效率高、机械化操作程度高，因而适用于焊接中厚结构的长焊缝。在造船、桥梁、锅炉与压力容器、工程机械、铁路车辆等制造部门有着广泛的应用。

埋弧焊的焊接过程如图 3-1 所示。

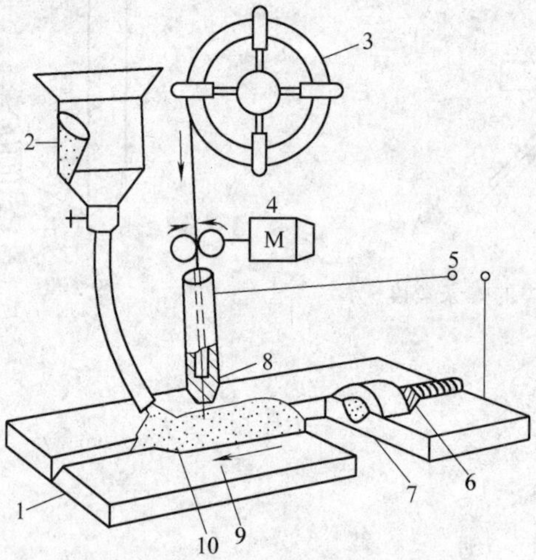

图 3-1　埋弧焊的焊接过程示意图

1—焊件　2—焊剂漏斗　3—焊丝　4—送丝装置　5—焊接电源
6—熔渣　7—熔敷金属　8—导电嘴　9—焊接方向　10—焊剂

项目一　埋弧焊机的基本操作

一、埋弧焊焊接参数

埋弧焊焊接参数主要包括焊接电流、电弧电压、焊接速度、焊丝倾角、焊件倾斜角度、坡口尺寸、焊剂层厚度、焊丝伸长度等。

1. 焊接电流

焊接电流决定了焊丝的熔化速度和焊缝的熔深。当焊接电流增大时，焊丝熔化速度增加，焊缝的熔深显著增大。焊丝直径与适应的电流范围见表 3-1。

表 3-1　焊丝直径与适应的电流范围

焊丝直径/mm	2	3	4	5	6
电流密度/（A/mm^2）	63 ~ 125	50 ~ 85	40 ~ 63	35 ~ 50	28 ~ 42
焊接电流/A	200 ~ 400	350 ~ 600	500 ~ 800	700 ~ 1000	800 ~ 1200

焊接电流对熔深的影响，如图 3-2 所示。

2. 电弧电压

电弧电压增加，焊缝熔宽 B 增加，而熔深 H 和余高 a 则略有减小，其变化趋势如图 3-3 所示。应当指出电弧电压的调节范围是不大的，它要随焊接电流的调节而相应的调节，即当电流增加时，要适当增加电弧电压，这样才能保证焊缝成形系数 B/H 在良好的范围内。其焊接电流与电弧电压的对应关系见表3-2。

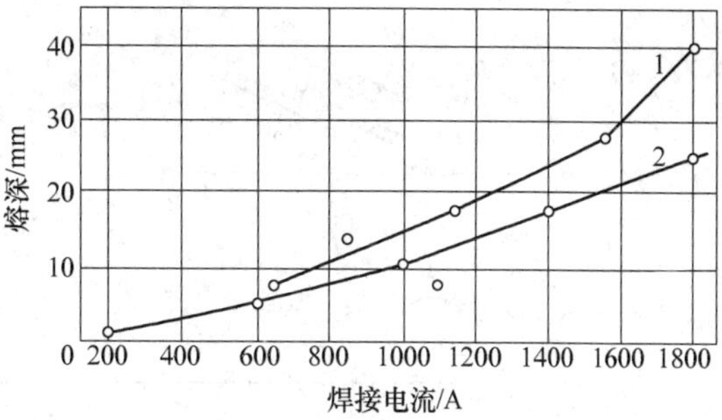

图 3-2　焊接电流对熔深的影响

1—Y 形坡口　2—I 形坡口

表 3-2　焊接电流与电弧电压的对应关系

焊接电流/A	600 ~ 850	850 ~ 1200
焊接电压/V	34 ~ 38	42 ~ 44

3. 焊接速度

焊接速度对熔深、熔宽的影响如图 3-4 所示。

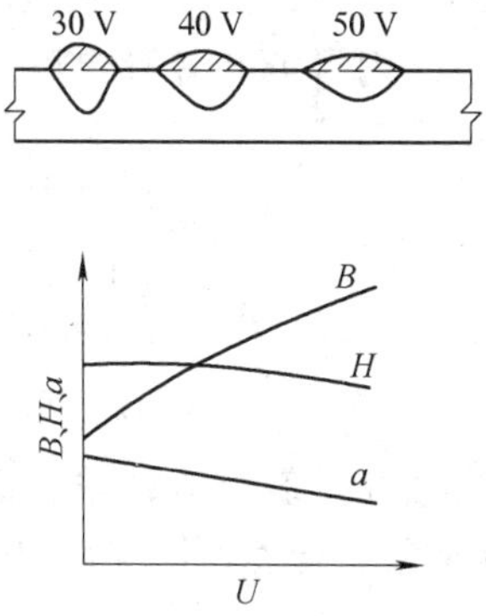

图 3-3　电弧电压对焊缝的影响

H—熔深　*B*—熔宽　*a*—余高

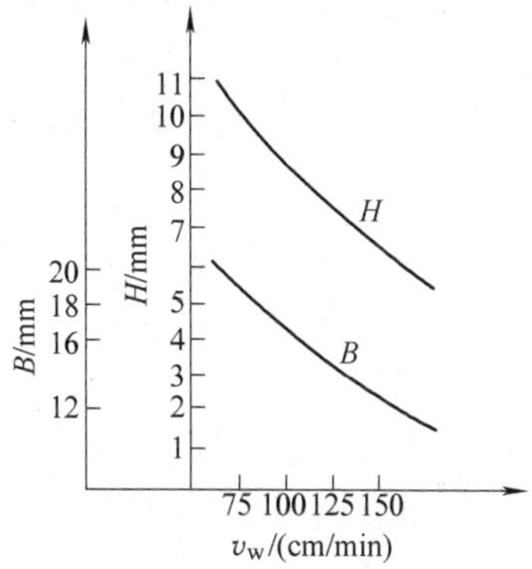

图 3-4　焊接速度对焊缝成形的影响

H—熔深　*B*—熔宽

4. 焊丝倾斜角度

埋弧焊焊丝在运动的平面内与焊件垂直的夹角称为焊丝倾斜角 α。前倾角如图 3-5a 所示，后倾角如图 3-5b 所示，图 3-5c 是焊丝后倾时，倾角 α 从 0° ~ 60°焊缝形状的变化情况。前倾角的情况很少应用。

5. 焊件倾斜角度

焊件与水平面的倾斜度 β 称为焊件倾斜角。当焊件倾斜时，使焊接方向有下坡焊和上坡焊之分，合理的倾角为 6° ~ 8°。β 角对焊缝成形的影响如图 3-6 所示。

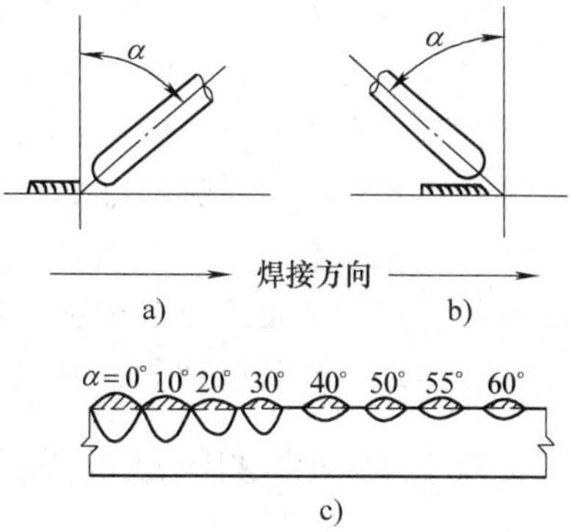

图 3-5　焊丝倾角对焊缝成形的影响

a）前倾　b）后倾　c）焊丝后倾角度的影响

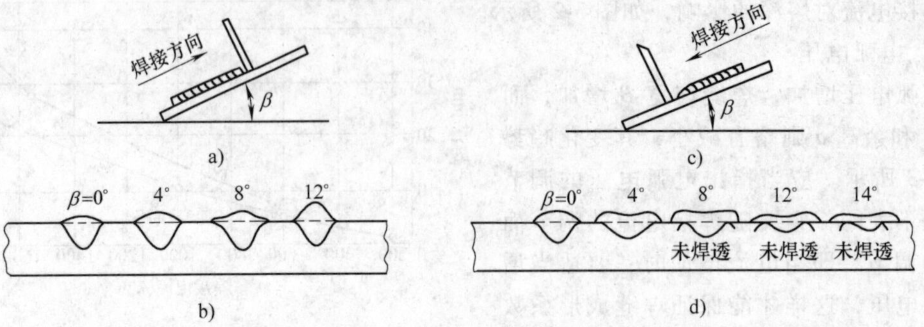

图 3-6 焊件倾角对焊缝成形的影响

a）上坡焊 b）上坡焊时焊件倾斜角对焊缝成形的影响 c）下坡焊 d）下坡焊时焊件倾斜角对焊缝成形的影响

6. 坡口对焊缝成形的影响

增加坡口的深度和宽度，焊缝熔深增加，熔宽减小，余高和熔合比则显著减少，可用图 3-7 所用方法调节余高和熔合比。

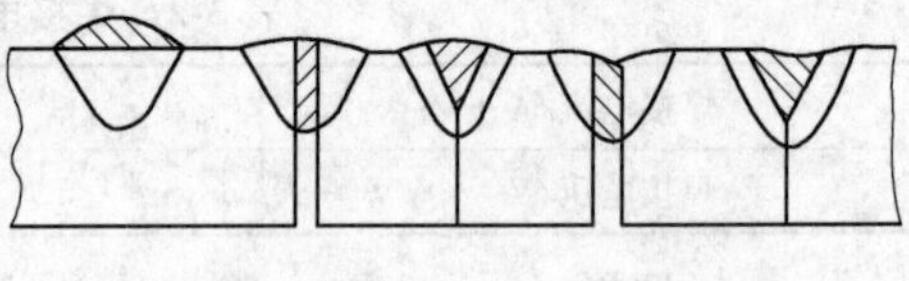

图 3-7 坡口形状对焊缝成形的影响

7. 焊丝伸出长度

焊丝伸出长度是从导电嘴端算起的。若伸出导电嘴外的焊丝长度太长，则电阻增加，焊丝熔化速度加快，使焊缝余高增加。反之，若伸出长度短，则可能烧坏导电嘴。在细焊丝时，其伸出长度 L_{sa} 与焊丝直径 d 的关系按下式计算：

$$L_{sa} = (6 \sim 10)\ d$$

式中 L_{sa}——焊丝伸出长度（mm）；

d——焊丝直径（mm）。

8. 焊剂层厚度

焊剂层太薄会出现电弧外露，失去保护作用，易形成气孔、裂纹等缺陷，而且熔深变浅。焊剂层太厚会出现熔透过深，焊道变窄，余高加大等现象。合理厚度应为 20 ~ 30mm。

二、埋弧焊参数的选择原则和方法

埋弧焊选择焊接参数的原则是应保证电弧稳定燃烧，保证焊缝良好的成形及形状尺寸符合要求；焊缝内部无气孔、裂纹、夹渣、未焊透等缺陷；焊缝及接头性能满足技术要求。为此应合理地选择热输入，并充分考虑到焊缝成形系数和熔合比的影响。在保证质量的前提下，力求较高的生产率，消耗较低的电能和焊接材料。

常用下列方法选择和确定焊接参数：

（1）试验法 在与焊件材质相同的试板上试焊，以确定焊接参数。

（2）经验法 根据积累的经验初步确定焊接参数，然后在生产中修正。此法较为普遍。

（3）查表法 查阅类似焊件的焊接参数，以此为依据，并在施焊中修正。

三、埋弧焊设备的组成及操作

（一）埋弧焊设备的组成

埋弧焊设备包括主要设备和辅助设备。主要设备是埋弧焊机，辅助设备有埋弧焊焊接操作机、埋弧焊焊件变位装置和埋弧焊焊缝成形装置。

1. 埋弧焊机

埋弧焊机由焊接小车、焊接电源和控制电路等组成。其主要功能是连续不断地向电弧焊焊接区输送焊丝，传输焊接电流，使电弧沿焊缝均匀移动，控制电弧的能量参数，控制焊接起动和停止，向焊接区铺撒焊剂，焊前调节焊丝末端位置，预置有关焊接参数等。

2. 埋弧焊辅助设备

（1）埋弧焊焊接操作机　焊接操作机，常称之为焊机变位装置，主要功能是将焊机机头准确地送到待焊部位上；以给定的速度均匀地移动焊机；它与焊件变位装置配合使用可以完成各种位置焊件的焊接。常用的变位装置有平台式、悬臂式和龙门式等几种。

（2）埋弧焊焊件变位装置　焊件变位装置主要有滚轮架和翻转机。它的作用是灵活、准确的旋转、倾斜、翻转焊件，使焊缝处于最佳位置，以达到提高劳动生产率和改善焊接接头质量的目的。

3. 埋弧焊焊缝成形装置

焊缝成形装置有多种，如铜垫板、焊剂衬垫、焊剂-铜垫等。

（二）MZ—1000 焊机操作步骤

1. 准备

1）首先检查焊机的外部接线是否正确。

2）调整好轨道位置，将焊接小车放在轨道上。

3）将装好焊丝的焊丝盘卡在固定位置上，然后将准备好的焊剂装入焊剂漏斗内。

4）合上焊接电源上的刀开关和控制线路上的电源开关。

5）调整焊丝位置，并按动控制盘上的焊丝向下或焊丝向上按钮，如图 3-8 所示，使焊丝对准待焊处中心，并与待焊面轻轻接触。

6）调整导电嘴到焊件间的距离，使焊丝的伸出长度适中。

7）开关转到焊接的位置。

8）按照焊接方向，将焊接小车的换向开关转到向前或向后的位置上。

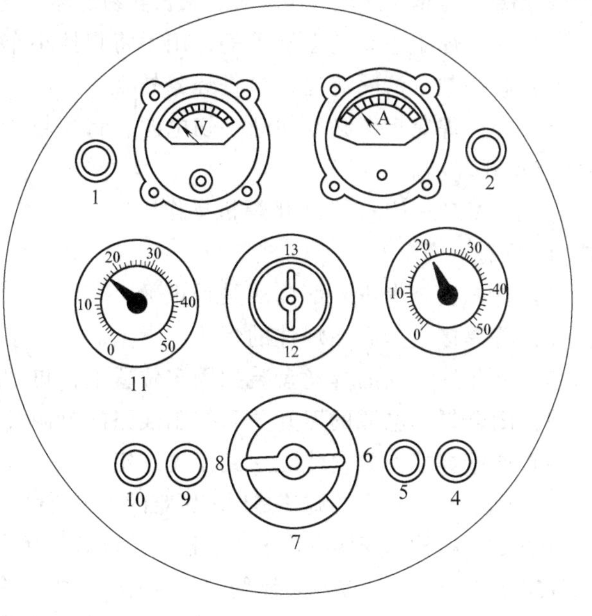

图 3-8　控制盘

1—起动　2—停止　3—焊接速度调整器　4—电流减小　5—电流增大　6—小车向后　7—小车停止　8—小车向前　9—焊丝向下　10—焊丝向上　11—电弧电压调整器　12—焊接　13—空载

9）调节焊接参数，使之达到预定值。通过电弧电压调整器调节电弧电压；通过焊接速度；通过电流增大或减小按钮来调节电流。在焊接过程中，电弧电压和焊接电流两者需要配合调节，以得到工艺规定的焊接参数。

10）焊接小车的离合器手柄向上扳使主动轮与焊接小车的减速器相连接。

11）打开焊剂漏斗闸门，使焊剂堆放在引弧部位。

2. 焊接

按下起动按钮，自动接通焊接电源，同时将焊丝向上提起，随即焊丝与焊件之间产生电弧，并不断的被拉长，当电弧电压达到给定值时，焊丝开始向下送进。当焊丝送进速度与其熔化速度相等的时候，焊接过程稳定。与此同时，焊车开始沿着轨道移动，焊接过程正常进行。

在焊接过程中，应该注意观察电流表和电压表的读数以及焊接小车的行走路线，随时进行调整，以保证焊接参数的匹配和防止焊偏，并注意焊剂漏斗内的剂量，必要的时候给予添加，以免影响焊接的正常进行，焊接长焊缝时，还要注意观察焊接小车的焊接电源电缆和控制线，防止在焊接过程中被焊件及其他物体挂住，使焊接小车不能按照正确的方向前进，引起烧穿、焊瘤等缺陷。

3. 停止

1）关闭焊剂漏斗的闸门。

2）分两步按下停止按钮：第一步先按下一半，这时候手不要松开，使焊丝停止送进，此时电弧仍然继续燃烧，电弧慢慢拉长，弧坑逐渐填满，待弧坑填满后，再将停止按钮按到底，此时焊接小车自动停止并且切断焊接电源。这步操作要特别注意：按下停止开关一半的时间若太短，焊丝容易粘在熔池中或填不满弧坑；太长容易烧坏导电嘴，需要反复积累经验才能掌握。

3）扳下焊接小车离合器手柄，用手将焊接小车沿着轨道推至适当位置。

4）收焊剂，清除渣壳，检查焊缝外观。

5）焊件焊完后，必须切断一切电源，将现场清理干净，整理好设备，并确认没有暗火后才能离开现场。

（三）MZ1—1000 型埋弧焊机操作

1. 准备

1）首先检查焊机外部接线是否正确。

2）将焊接小车放在焊件的焊接位置上。

3）将装好焊丝的焊丝盘装到固定位置上，再把准备好的焊剂装入焊剂漏斗内。

4）闭合焊接电源的刀开关和控制线路的电源开关。

5）调整焊接参数，使之达到预先选定值。

这种焊机焊接参数的调整是比较困难的。可通过改变焊接小车机构的变换齿轮来调节焊接速度；利用送丝机构的变换齿轮来调节送丝速度和焊接电流；通过调节电源外特性调节电弧电压。但焊接电流和电弧电压是相互制约的。当电源外特性调好后，改变送丝速度，会同时影响焊接电流和电弧电压。若送丝速度增加，电弧变短，电弧静特性曲线下移，焊接电流随之增加，电弧电压稍下降；若送丝速度减小，电弧变长，电弧静特性曲线上移，焊接电流减小，电弧电压稍加。这个结果与保证焊缝成形良好，要求焊接电流增加时电弧电压相应地增加，焊接电流减小时电弧电压相应地减小相矛盾，因此为保证焊接电流与电弧电压相互匹配，要求同时改变送丝速度和电源外特性，但在生产过程中是不能变换送丝齿轮的，只能靠改变电源的外特性，在较小的范围内调整电弧电压，因此焊接前必须通过试预先确定好焊接参数才能开始焊接。

6）打开焊接小车的离合器，将焊接小车推至焊件起焊处，调节焊丝对准焊缝中心。

7）通过按下按钮（向下—停止$_1$ 和按钮向上—停止$_2$），使焊丝轻轻接触焊件表面。

8）扳上焊接小车离合器的手柄，并打开焊剂漏斗闸门堆放焊剂。

2. 焊接

按下起动按钮，接通焊接电源回路，电动机反转，焊丝上抽，电弧引燃。待电弧引燃后，再放开起动按钮，电动机变反转为正转，将焊丝送往电弧空间，焊接小车前进，焊接过程正常进行。

在焊接过程中，应注意观察小车行走路线，随时进行调整保证对中，并要注意焊剂漏斗内的焊剂量，必要时添加，以免影响焊接工作正常进行。

3. 停止

1）关闭焊剂漏斗的闸门。

2）先按下按钮（向下—停止$_1$），电动机停止转动，小车停止行走，焊丝停止送丝，电弧拉长，此时弧坑被逐渐填满，待弧坑填满后，再按下按钮（向上—停止$_2$），焊接电源切断，焊接过程便完全停止。然后放开按钮（向下—停止$_1$）、（向上—停止$_2$）焊接过程结束。应当注意：停止按钮按下时切勿颠倒顺序，也不要只按向上—停止$_2$按钮，否则同样会发生弧坑不满和焊丝末端与焊件粘住现象。若按两个按钮的间隔时间太长则会烧坏导电嘴。

3）扳下小车离合器的手柄，用手将焊接小车推至适当位置。

4）收焊剂，清除渣壳，检查焊缝外观。

5）焊接完必须切断电源，将现场清理干净，确信无暗火后，才能离开现场。

项目二　平板对接

一、技能训练的目标

平板对接技能训练检验的项目及标准见表3-3。

表3-3　平板对接技能训练检验的项目及标准

检验项目		标准/mm
焊缝外观检查	正面焊缝高度 h	$0 \leqslant h \leqslant 4$
	背面焊缝高度 h'	$0 \leqslant h' \leqslant 4$
	正背面焊缝高低差 h_1	$0 \leqslant h_1 \leqslant 2$
	焊缝每侧增宽	0.5~3.0
	焊缝宽度差 c_1	$0 \leqslant c_1 \leqslant 2$
	咬边、未焊透、气孔、裂纹、夹渣、焊瘤、内凹	无
	焊后角变形 θ	$0 \leqslant \theta \leqslant 3°$
焊缝内部质量检查		按GB/T 3323—2005《金属熔化焊焊接接头射线照相》标准

二、技能训练的准备

埋弧焊在焊接前必须作好准备工作，包括焊件的坡口加工、待焊部位的表面清理、焊件的装配，以及焊丝表面的清理、焊剂的烘干等，这些都应给予足够的重视，不然会影响焊接质量。

1. 坡口加工

关于埋弧焊的接头形式与尺寸可查阅国标GB/T 986—1988《埋弧焊焊缝坡口的基本形

式和尺寸》。坡口加工可使用刨边机、车床、气割等设备，也可用碳弧气刨。加工后的坡口尺寸及表面粗糙度等，必须符合设计图样或工艺文件的规定。

2. 待焊部位的表面清理

钢板在长期存放后，表面会生锈。在加工过程中，经常被油污或气割后切口边缘留有的大量的氧化皮，而铁锈和油污等都含有一定的水分，它们是造成焊缝中产生气孔的主要原因，必须予以清除。

在焊前应将坡口及坡口两侧各20mm区域内的表面铁锈、氧化皮、油污等清理干净。对待焊部位的氧化皮及铁锈可采用砂布、风动砂轮、钢丝刷及喷丸处理等清理干净；油污应用丙酮擦净或用氧乙炔焰烘烤等方法去除。

3. 焊件的装配

焊件接头要求装配间隙均匀，高低平整，错边量小，定位焊用的焊条原则上应与焊缝等强度。定位焊缝应平整，不允许有气孔、夹渣等缺陷，长度一般应大于30mm。

对直焊缝焊件的装配，要求在焊缝两端加装引弧板和引出板，待焊后割去，其目的是使焊接接头的始端和末端获得正常尺寸的焊缝截面，同时还可以除去引弧和熄弧时产生的缺陷。

4. 焊接材料的清理

埋弧焊用的焊丝和焊剂，由于直接参加焊接冶金反应，对焊缝金属的成分、组织和性能影响极大。因此，焊前必须清理好焊丝表面和烘干焊剂。

焊丝应妥善保存，做到防锈、防蚀，必要时镀上防锈层。使用前要求焊丝的表面清洁情况良好，不应有氧化皮、铁锈及油污等。焊丝表面的清理，可在焊丝除锈机上进行，在除锈时还可校直焊丝并装盘。现在市场销售普通镀铜的焊丝可以防锈并提高导电性。

为了保证焊接质量，焊剂在保存时应注意防潮，使用前必须按规定的温度烘干并保温。定位焊用的焊条在使用前也应烘干。

三、技能训练的任务

1. 对接接头的单面焊

对接接头埋弧焊时，焊件可以开坡口或不开坡口。开坡口不但是为了保证熔深，有时是为了达到其他的工艺目的。如焊接合金钢时，可以控制熔合比。焊接低碳钢时，可以控制焊缝余高等。在不开坡口的情况下，埋弧焊可以一次焊透20mm以下的焊件，但要求留有5~6mm的装配间隙，否则厚度超过14~16mm板材必须开坡口才能用单面焊一次焊透。

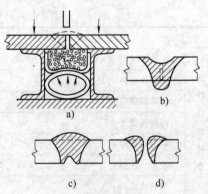

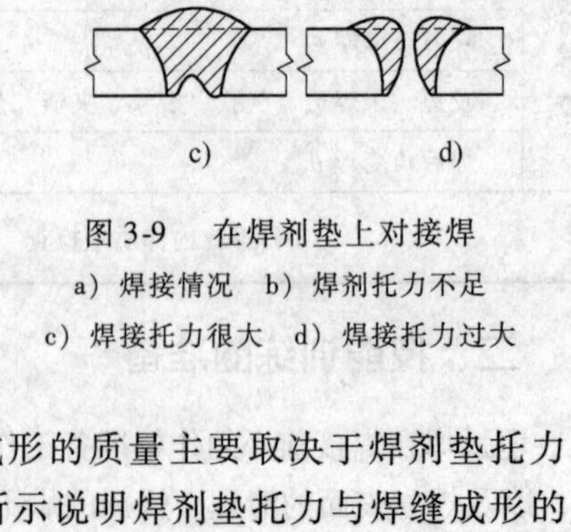

图3-9　在焊剂垫上对接焊

a）焊接情况　b）焊剂托力不足

c）焊接托力很大　d）焊接托力过大

对接接头单面焊可采用以下几种方法：在焊剂垫上焊、在焊剂铜垫板上焊、在永久性垫板或锁底上焊、在临时衬垫上焊和悬空焊，下面分别叙述。

（1）在焊剂垫上焊接　用这种方法焊接时，焊缝成形的质量主要取决于焊剂垫托力的大小和均匀与否，以及装配间隙的均匀与否。如图3-9所示说明焊剂垫托力与焊缝成形的关系。板厚2~8mm的对接接头在具有焊剂垫的电磁平台上焊接所用的参数列于表3-4。电磁平台在焊接中起固定板材的作用。

表 3-4　在电磁平台-焊剂垫上对接接头单面焊的焊接参数

板厚 /mm	装配间隙 /mm	焊丝直径 /mm	焊接电流 /A	电弧电压 /V	焊接速度 /（cm/min）	电流种类	焊剂垫中焊剂颗粒
2	0 ~ 1.0	1.6	120	24 ~ 28	73	直流反接	细小
3	0 ~ 1.5	1.6 2 3	275 ~ 300 275 ~ 300 400 ~ 425	28 ~ 30 28 ~ 30 25 ~ 28	56.7 56.7 117	交流	细小
4	0 ~ 1.5	2 4	375 ~ 400 525 ~ 550	28 ~ 30 28 ~ 30	66.7 83.3	交流	细小
5	0 ~ 2.5	2 4	425 ~ 450 575 ~ 625	32 ~ 34 28 ~ 30	58.3 76.7	交流	细小
6	0 ~ 3.0	2 4	475 ~ 500 600 ~ 650	32 ~ 34 28 ~ 32	50 67.5	交流	正常
7	0 ~ 3.0	4	650 ~ 700	30 ~ 34	61.7	交流	正常
8	0 ~ 3.5	4	725 ~ 775	30 ~ 36	56.7	交流	正常

板厚 10 ~ 20mm 的 I 形坡口对接接头预留装配间隙，并在焊剂垫上进行单面焊的焊接参数列于表 3-5。所用的焊剂应尽可能地选用细颗粒焊剂。

表 3-5　在焊剂垫上对接接头单面焊的焊接参数

板厚 /mm	装配间隙 /mm	焊接电流 /A	电弧电压/V		焊接速度 /（cm/min）
			交流	直流	
10	3 ~ 4	700 ~ 750	34 ~ 36	32 ~ 34	50
12	4 ~ 5	750 ~ 800	36 ~ 40	34 ~ 36	45
14	4 ~ 5	850 ~ 900	36 ~ 40	34 ~ 36	42
16	5 ~ 6	900 ~ 950	38 ~ 42	36 ~ 38	33
18	5 ~ 6	950 ~ 1000	40 ~ 44	36 ~ 40	28
20	5 ~ 6	950 ~ 1000	40 ~ 44	36 ~ 40	25

（2）在焊剂铜垫板上的焊接　这种方法采用带沟槽的铜垫板，沟槽中铺撒焊剂。焊接时这部分焊剂起焊剂垫的作用，同时又保护铜垫板，免受电弧的直接作用，沟槽起焊缝背面成形作用。这种工艺对工件的装配质量、垫板上焊剂托力均匀与否较不敏感。板材可用电磁平台固定，也可用龙门架固定。铜垫板的形状层尺寸见图 3-10 和表 3-6。在龙门架-焊剂铜垫板上焊接的焊接参数见表 3-7。

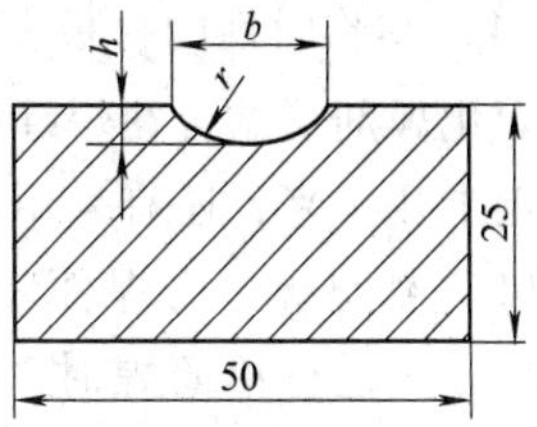

图 3-10　铜垫板尺寸

表 3-6　铜垫板断面尺寸　（单位：mm）

工件厚度	槽　宽	槽　深	沟槽曲率半径
4 ~ 6	10	2.5	7.0
6 ~ 8	12	3.0	7.5
8 ~ 10	14	3.5	9.5
12 ~ 14	18	4.0	12

表 3-7 在龙门架-焊剂铜垫板上单面焊的焊接参数

板厚/mm	装配间隙/mm	焊丝直径/mm	焊接电流/A	电弧电压/V	焊接速度/(cm/min)
3	2	3	380~420	27~29	78.3
4	2~3	4	450~500	29~31	68
5	2~3	4	520~560	31~33	63
6	3	4	550~600	33~35	63
7	3	4	640~680	35~37	58
8	3~4	4	680~720	35~37	53.3
9	3~4	4	720~780	36~38	46
10	4	4	780~820	38~40	46
12	5	4	850~900	39~41	38
14	5	4	880~920	39~41	36

(3) 在永久性垫板或锁底上焊 当焊件结构允许焊后保留永久性垫板时，厚 10mm 以下的焊件可采用永久性垫板单面焊方法。永久性垫板的尺寸如表 3-8 表示。垫板必须紧贴在待焊板边缘上，垫板与焊件间的间隙不得超过 0.5~1mm。

表 3-8 对接焊用的永久性钢垫板 （单位：mm）

板厚 t	垫板厚度	垫板宽度
2~6	$0.5t$	$4t+5$
6~10	$(0.3\sim0.4)\ t$	

厚度大于 10mm 的工件，可采用锁底接头的焊接方法，如图 3-11 所示。此法用于小直径厚壁圆筒形焊件的环焊缝焊接。

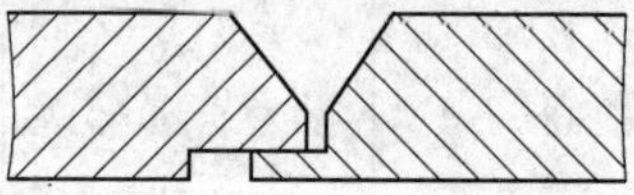

图 3-11 锁底对接接头

(4) 在临时性的衬板上焊接 这种方法可采用柔性的热固化焊剂垫贴合在焊缝背面进行焊接。这种材料需要专门制造或由焊接材料制造部门供应。近十几年来，还有采用陶瓷材料制造的衬垫进行单面焊的方法。

(5) 悬空焊 当焊件装配质量良好并没有间隙的情况下，可采用不加垫托的悬空焊。用这种方法进行单面焊时，焊件不能完全熔透，一般熔深不超过板厚的 2/3，否则容易烧穿，这种方法只用于不要求完全焊透的接头。

2. 对接接头双面焊

焊件厚度超过 12~14mm 的对接接头，通常采用双面焊。这种方法对焊接参数的波动和焊件装配质量都较不敏感，一般都能获得较好的焊接质量。

焊接第一面时，所用技术与单面焊相似，但不要求完全焊透，而是由反面焊接保证完全焊透。焊接第一面的工艺方法有悬空焊、在焊剂垫上焊、在临时垫板上焊等。

(1) 悬空焊 装配时不留间隙或只留较小的间隙（一般不超过 1mm）。第一面焊接达到的熔深一般小于焊件厚度的一半。反面焊接的熔深要求达到焊件厚度的 60%~70%，以保证焊件完全焊透。不开坡口的对接接头悬空双面焊的焊接参数见表 3-9。

表 3-9 不开坡口对接接头悬空双面焊的焊接参数

焊件厚度/mm	焊丝直径/mm	焊接顺序	焊接电流/A	电弧电压/V	焊接速度/（cm/min）
6	4	正 反	380～420 430～470	30 30	58 55
8	4	正 反	440～480 480～530	30 31	50 50
10	4	正 反	530～570 590～640	31 33	46 46
12	4	正 反	620～660 680～720	35 35	42 41
14	4	正 反	680～720 730～770	37 40	41 38
15	5	正 反	800～850 850～900	34～36 36～38	63 43
16	5	正 反	850～900 900～950	35～37 37～39	60 43
18	5	正 反	850～900 900～950	36～38 38～40	60 40
20	5	正 反	850～900 900～1000	36～38 38～40	42 40
22	5	正 反	900～950 1000～1050	37～39 38～40	53 40

注：装配间隙：0～1 mm，焊机型号：MZ1—1000。

（2）在焊剂垫上焊　焊接第一面时，采用预留间隙不开坡口的方法最为经济。第一面的焊接参数应保证熔深超过焊件厚度的 60%～70%。焊完第一面后翻转焊件，进行反面焊接，其参数可以与正面的相同以保证焊件完全焊透。预留间隙双面焊的焊接参数，根据焊件的不同而不同。表 3-10 为对接接头预留间隙双面焊的焊接参数。在预留间隙的 I 形坡口内，焊前均匀塞填焊剂，可减少产生夹渣的可能，并可改善焊缝成形。第一面焊接完后，是否需要清根，视第一道焊缝的质量而定。

如果焊件需要开坡口，坡口形式按焊件厚度决定。焊件坡口形式以及焊接参数见表 3-11。

表 3-10 对接接头预留间隙双面焊的焊接参数

焊件厚度/mm	装配间隙/mm	焊丝直径/mm	焊接电流/A	电弧电压/V	焊接速度/（cm/min）
14	3～4	5	700～750	34～36	50
16	3～4	5	700～750	34～36	45
18	4～5	5	750～800	36～40	45
20	4～5	5	850～900	36～40	45

注：交流电源、HJ431 焊剂。

表 3-11　开坡口双面焊的焊接参数

焊件厚度/mm	坡口形式	焊丝直径/mm	焊接顺序	坡口尺寸 α/(°)	坡口尺寸 b/mm	坡口尺寸 p/mm	焊接电流/A	电弧电压/V	焊接速度/(cm/min)
14	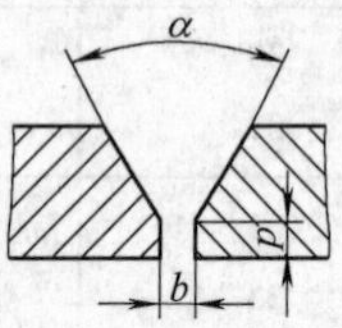	5	正	70	3	3	830~850	36~38	42
		5	反				600~620	36~38	75
16		5	正				830~850	36~38	33
		5	反				600~620	36~38	75
18		5	正				830~850	36~38	33
		5	反				600~620	36~38	75
22		6	正				1050~1150	38~40	30
		5	反				600~620	36~38	75
24	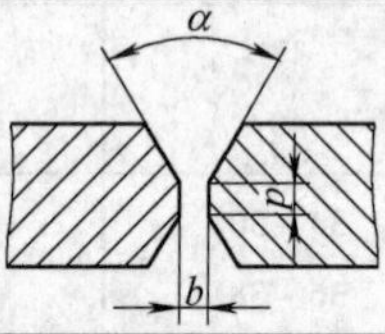	6	正		3	3	1100	38~40	40
		5	反				800	36~38	47
30		6	正				1000	36~40	30
		6	反				900~1000	36~38	33

(3) 在临时衬垫上焊　采用此法焊接第一面时，一般都要求接头处留有间隙，以保证焊剂能填满其中。临时衬垫的作用是托住间隙中的焊剂。平板对接接头的临时衬垫常用厚 3~4mm，宽 30~40mm 的薄钢板；也可采用石棉板，如图 3-12 所示。焊完第一面后，去除临时衬垫及间隙中的焊剂和焊缝根部的渣壳，用同样的参数焊接第二面。要求每面熔深均达到板厚的60%~70%。

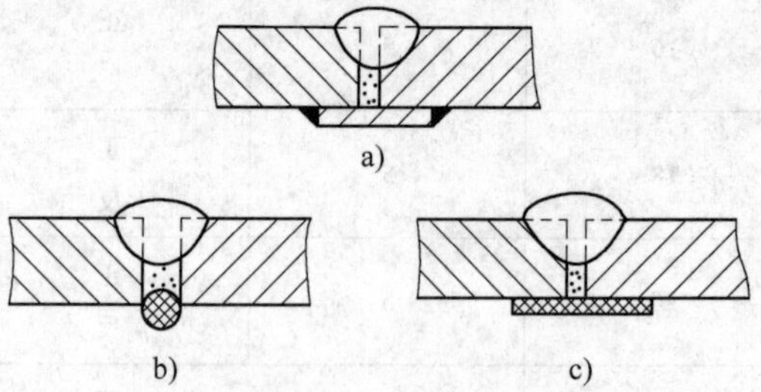

图 3-12　在临时衬垫上的焊接

a）薄钢带垫　b）石棉绳垫　c）石棉板垫

四、典型工艺

(一) 板厚 6mm 的 Q345 (16Mn) 钢带焊剂垫的 I 形坡口对接技能训练

1. 焊前准备

焊丝选用 H08MnA，焊丝直径 ϕ5mm，焊剂先用 HJ431，定位焊用 E5015、ϕ4mm 的焊条。焊前应对待焊部位进行清理，焊条和焊剂要烘干。

装配间隙及定位焊要求如图 3-13 所示。

焊件装配必须保证间隙均匀，焊件的错边量不大于 1.2mm，反变形为 3°左右，在焊件两端加装引弧板和引出板，焊后割掉，尺寸为 6mm×100mm×100mm。定位焊缝焊在焊件的引弧板和引出板及待焊的焊缝处，每段定位焊缝长 20mm，间距为 80~100mm。

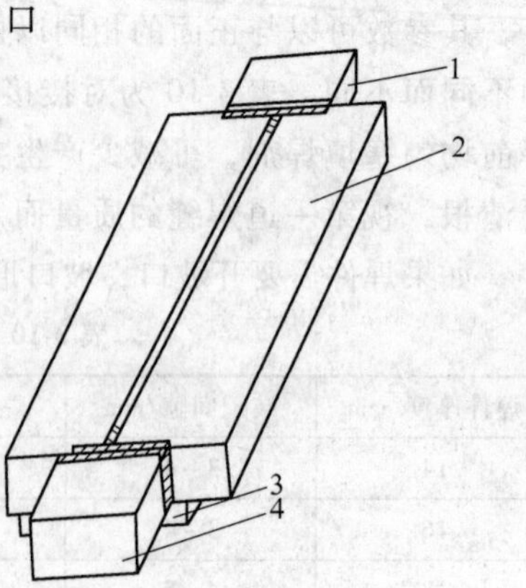

图 3-13　装配要求

1—引弧板　2—焊件　3—垫板　4—引出板

2. 焊接要点

（1）焊接位置　焊件放在水平位置进行平焊。

（2）焊接顺序　单层单道一次焊完。

（3）焊接参数　见表3-12。

表3-12　焊接参数

焊件厚度/mm	装配间隙/mm	焊丝直径/mm	焊接电流/A	电弧电压/V	焊接速度/（cm/min）
6	0~1	4	600~650	33~35	38~40

（4）焊接步骤

1）测试焊接参数。先在废钢板上按表3-12的规定调整好焊接参数。

2）装配好焊件。使焊件间隙与焊接小车轨道平行。

3）焊丝对中。调整好焊丝位置，使焊丝对准焊件间隙位置，但不接触焊件然后往返拉动焊接小车几次，反复调整焊件位置，直到焊丝能在焊件上完全对中间隙为止。

4）准备引弧。将焊接小车引到引弧板处，调整好小车行走方向开关后，锁紧小车的离合器，然后送丝使焊丝与引弧板可靠接触，并撒焊剂。

5）引弧。按起动按钮，引燃电弧，焊接小车沿焊接方向行走，开始焊接。焊接过程中要注意观察，并随时调整焊接参数。

6）收弧。当熔池全部达到引出板上时，准备收弧，结束焊接过程。注意要分两步按停止按钮，才能填满弧坑。

（二）板厚14mm的Q345（16Mn）钢带焊剂垫的I形坡口对接技能训练

1. 焊前准备

同板厚6mm的Q345（16Mn）钢带焊剂垫的I形坡口对接。

2. 焊接要点

（1）焊接位置　将焊件放在水平面上进行平焊，二层二道双面焊。

（2）焊接顺序　先焊背面的焊道，再焊正面的焊道。

（3）焊接参数　见表3-13。

表3-13　焊接参数

板厚/mm	装配间隙/mm	焊缝	焊丝直径/mm	焊接电流/A	电弧电压/V		焊接速度/（m/h）
					交流	直流反接	
14	2~3	背面	5	700~750	36~38	32~34	30
		正面		800~850			

（4）焊背面焊道

1）垫焊剂垫。焊背面焊道时，必须垫好焊剂垫，以防止熔渣和熔池金属的流失。

焊剂垫内的焊剂牌号必须与工艺要求的焊剂相同，焊接时要保证焊件下面被焊剂垫贴紧，在整个焊接过程中，要注意防止因焊件受热变形与焊剂脱开，以致产生焊漏、烧穿等缺陷。特别要注意防止焊缝末端收尾处出现这种焊漏和烧穿。

2）焊丝对中。调整好焊丝位置，使焊丝对准焊缝间隙，但不与焊件接触，往返拉动焊接小车几次，使焊丝在整个焊件上完全对中间隙。

3）准备引弧。将焊接小车拉到引弧板处，调整好小车行走方向的开关位置，锁紧小车行走的离合器，一切工作完成后，按送丝及抽丝按钮，使焊丝端部与引弧板可靠接触。最后将焊剂漏斗闸门打开，让焊剂覆盖住焊丝头。

4）引弧。按起动按钮，引燃电弧，焊接小车沿焊件间隙行走，开始焊接。此时要注意观察控制盘上的电流表和电压表，检查焊接电流与电弧电压是否与规定的参数相符，如果不符则迅速调整相应的按钮，直至参数符合规定为止。在整个焊接过程中，焊工都要始终注意观察电流表及电压表和焊接情况，看小车运行是否均匀，机头上的电缆是否妨碍小车移动，焊剂是否足够，漏出的焊剂是否能埋住焊接区，焊接过程的声音是否正常，直到焊接电弧走到引出板中部，焊接熔池已经全部到了引出板上为止。

5）收弧。当熔池全部到了引出板上后，准备收弧，先将停止按钮按下一半，此时焊接小车停止前进，但电弧仍在燃烧，待熔化了的焊丝将熔池填满后，继续将停止开关按到底，此时电弧熄灭，焊接过程结束。

收弧时要特别注意，要分两步按停止按钮，先按下一半，小车停止前进，但电弧仍在燃烧，熔化了的焊丝用来填满弧坑，若按的时间太短，则弧坑填不满；若按的时间太长，则弧坑填得太高，也不好。要恰到好处，必须不断总结经验才能掌握。估计弧坑已填满后，立即将停止按钮按到底。

6）清渣。待焊缝金属及熔渣完全凝固并冷却后，敲掉焊渣，并检查背面焊道外观质量。要求背面焊道熔深达到焊件厚度的40%～50%，如果熔深不够，则需加大间隙、增加焊接电流或减小焊接速度。

（5）焊正面焊道　经外观检验背面焊道合格后，将焊件正面朝上放好，开始焊正面焊道，焊接步骤与焊背面焊道完全相同，但需要注意以下两点：

1）为了防止未焊透或夹渣，要求焊正面焊道的熔深达到板厚的60%～70%。为此可以用增大焊接电流或减小焊接速度两种办法之一来实现。用增大焊接电流的方法增加熔深更方便些，这就是焊正面时用的焊接电流比较大的原因。

2）焊正面焊道时，因为背面焊道托住熔池，故不用焊剂垫，可直接进行悬空焊接。此时可以观察熔池背面焊接过程中的颜色变化来估计熔深。若熔池背面为红色或淡黄色，表示熔深符合要求，且焊件越薄，颜色越淡；若焊件背面接近白亮时，说明将要烧穿，应立即减小焊接电流或增加焊接速度；若熔池背面看不见颜色或为暗红色，则熔深不够，需增加焊接电流或减小焊接速度。这些经验只适用于双面焊能焊透的情况，当板厚太大，需采用多层多道焊才能焊好，是不能用这个方法估计熔深的。

通常焊正面焊道时也不换地方，仍在焊剂垫上焊接，正面焊道的熔深主要靠焊接参数保证，这些参数都是通过做工艺性实验决定的，因此每次焊接前都要先在钢板上调整好参数后才能焊接。

（三）板厚25mm的Q345（16Mn）钢板V形坡口对接技能训练

1. 焊前准备

焊丝选用H08MnA，ϕ4mm，焊剂选用HJ431。定位焊用E5015、ϕ4mm焊条。焊前焊接材料及焊件待焊部位按焊接要求进行清理。

V形坡口的接头形式如图3-14所示。V形坡口的装配间隙及定位焊缝的要求如图3-15所示。装配间隙不大于2mm，错边量不大于1.5mm，反变形3°～4°。工件两端加装引弧板和引出板，其规格为 10mm × 100mm × 100mm。

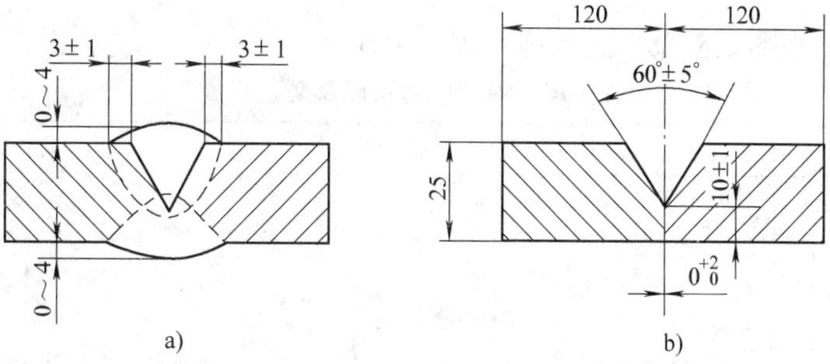

图 3-14　V 形坡口对接接头形式
a）坡口与间隙　b）接头形式

2. 焊接要点

（1）焊接位置　焊件放在水平位置进行平焊，两面多层多道焊。

（2）焊接顺序　先焊 V 形坡口面，焊完清渣后，将焊件翻身，清根后焊封底焊道。

（3）焊接参数　见表 3-14。

（4）焊正面　正面为 V 形坡口，采用多层多道焊，每层的操作步骤相同，每焊一层，重复下述步骤一遍。

焊接开始前先在钢板上调整好焊接参数，按下述步骤焊接：

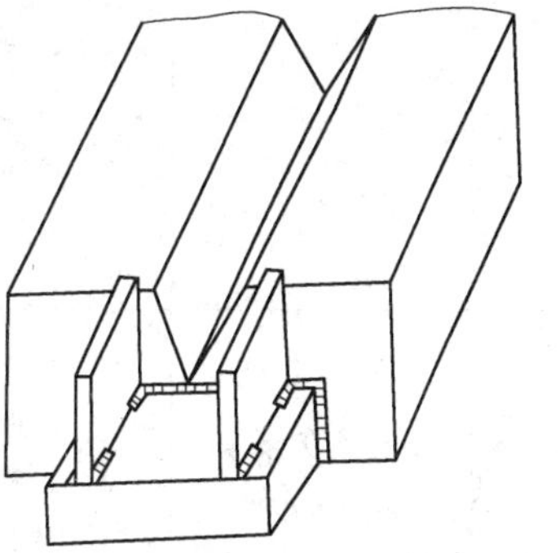

图 3-15　V 形坡口装配间隙及定位焊缝的要求

表 3-14　焊接参数

焊件厚度/mm	装配间隙/mm	焊丝直径/mm	焊接电流/A	电弧电压/V	焊接速度/（m/h）	电流种类极性
25	0～2	4	600～700	34～38	25～30	直流反接

1）焊丝对中。

2）引弧焊接。

3）收弧。

4）清渣。焊完每一层焊道后，必须打掉渣壳，检查焊道，即要求焊道不能有缺陷，同时还要求焊道表面平整或稍下凹，两个坡口面的熔合应均匀，焊道表面不能上凸，特别是两个坡口面处不能有死角，否则容易产生未熔合或夹渣等缺陷。

如果发现层间焊道熔合不好，则应重新对中焊丝，增加焊接电流、电弧电压或减慢焊接速度。下一层施焊时层间温度不高于 200℃。盖面焊道边缘要熔合好。

（5）清根　将焊件翻转后，用碳弧气刨在焊件背面间隙刨一条宽约 8～10mm，深约 4～5mm 的 U 形槽，将未焊透的地方全部清除掉，然后用角向磨光机将 U 形槽内的焊渣及氧化皮全部清除。

（6）封底焊　按焊正面焊道的步骤和要求焊接完封底焊道。

五、焊缝中的缺陷及防止措施

焊缝中容易出现的缺陷及防止措施见表3-15。

表3-15　焊缝中的缺陷及防止措施

缺陷		产生原因	防止
焊缝金属内部	裂纹	1）焊丝和焊剂匹配不当（母材中含碳量高时，熔敷金属中的Mn减少） 2）熔池金属急剧冷却，热影响区的硬化 3）多层焊的第一层裂纹由于焊道无法抗拒收缩应力而造成 4）不正确焊接施工，接头拘束大 5）焊道形状不当，焊道高度比焊道宽度大（梨形焊道的收缩产生的裂纹） 6）冷却方法不当	1）焊丝和焊剂正确匹配，母材含碳量高时要预热 2）焊接电流增加，减少焊接速度，母材预热 3）第一层焊道的数目要多 4）注意施工顺序和方法 5）焊道宽度和深度几乎相当，降低焊接电流，提高电压 6）进行后热
焊缝金属内部	气孔（在熔池内部的气孔）	1）接头表面有污物 2）焊剂的吸潮 3）不干净焊剂（刷子毛的混入）	1）接头的研磨、切削、火焰烤、清扫 2）150～300℃，烘干1h 3）收集焊剂时用钢丝刷
焊缝金属内部	夹渣	1）下坡焊时，焊剂流入 2）多层焊时，在靠前近坡口侧面添加焊丝 3）引弧时产生夹渣（附加引弧时易产生夹渣） 4）电流过小，对于多层堆焊，渣没有完全除去 5）焊丝直径和焊剂选择不当	1）在焊接相反方向，母材水平位置 2）坡口侧面和焊丝之间距离，至少要保证大于焊丝直径 3）引弧板厚度及坡口形状，要与母材保持一样 4）提高电流，保证焊渣充分熔化 5）提高电流，焊接速度
焊缝金属内部	未焊透（熔化不良）	1）电流过小（过大） 2）电压过大（过小） 3）焊速度过大（过小） 4）坡口高度不当 5）直径和焊剂选择不当	1）焊接条件（电流、电压、焊接速度）选适当 2）选择合适的坡口高度 3）选择合适焊丝直径和焊剂的种类

（续）

缺陷		产生原因	防止
焊缝金属表面	咬边	1）焊接速度太快 2）衬垫不合适 3）电流、电压不合适 4）电极位置不当（平角焊场合）	1）减小焊接速度 2）使衬垫和母材贴紧 3）调整电流、电压为适当值 4）调整电极位置
	焊瘤	1）电流过大 2）焊接速度过慢 3）电压太低	1）降低电流 2）加快焊接速度 3）提高电压
	余高过大	1）电流过大 2）电压过低 3）焊接速度太慢 4）采用衬垫时，所留间隙不足 5）被焊物件没有放置水平位置	1）降低电流 2）提高电压 3）提高焊接速度 4）加大间隙 5）被焊物件置于水平位置
	余高过小	1）电流过小 2）电压过高 3）焊接速度过快 4）被焊物件未置于水平位置	1）提高焊接电流 2）减低电压 3）降低焊接速度 4）把被焊物件置于水平位置
	余高过窄	1）焊剂的散布宽度过窄 2）电压过低 3）焊接速度过快	1）焊剂散布宽度加大 2）提高电压 3）降低焊接速度
	焊道表面不光滑	1）焊剂的散布高度过大 2）焊剂粒度选择不当	1）调整散布高度 2）选择适当电流
	表面压坑	1）在坡口面有锈、油、水垢等 2）焊剂吸潮 3）焊剂散布高度过大	1）清理坡口面 2）150～300°C，烘干1h 3）调整焊剂堆敷高度
	人字形压痕	1）坡口面有锈、油、水垢等 2）焊剂的吸潮（烧结型）	1）清理坡口面 2）150～300°C，烘干1h

项目三　环焊缝对接焊

一、技能训练的准备

对于圆筒体焊接结构的对接环焊缝，可以配备辅助装置和可调速的焊接滚轮架，在焊接小车固定、焊件转动的形式来进行埋弧焊，如图3-16所示。常用的坡口形式有I形坡口、V形坡口、X形坡口和VU形组合坡口，可根据不同情况选用，如图3-17所示。

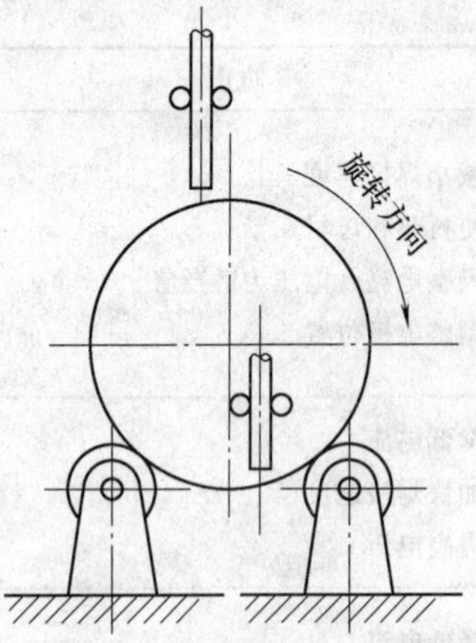

图 3-16　环缝焊接示意图

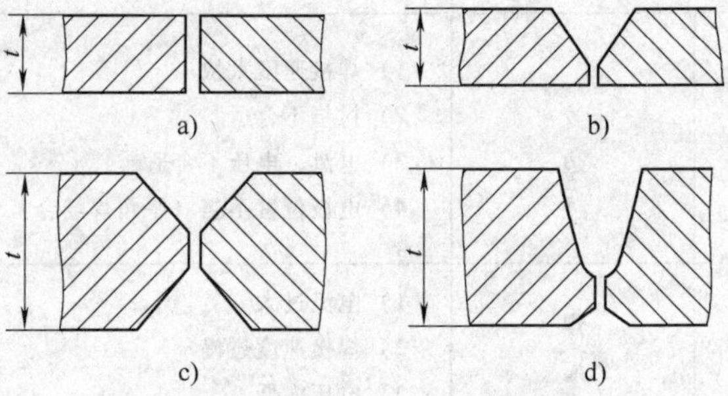

图 3-17　坡口形式

a）I 形坡口（$t=6\sim16$mm）　b）V 形坡口（$t=10\sim24$mm）
c）X 形坡口（$t=24\sim60$mm）　d）VU 形坡口（$t>30$mm）

当筒体壁较薄时（6～16mm），可选用 I 形坡口，正面焊一道，反面清根后再焊一道，这样既能保证质量，又能提高生产率。对于厚度在 18mm 以上的板，为保证焊接质量，应当开坡口。由于装配后的小形容器内部焊接通风条件差，环缝的主要焊接工作应放在外侧进行，应尽量选用 X 形坡口（大开口在外侧）、V 形坡口或 VU 形组合坡口。

为保证焊接质量，环缝坡口的错边量不允许大于板厚的 15% 加 1mm，并且不超过 6mm。

二、技能训练的任务

对于筒体的环缝焊接，可根据焊件厚度，采用双面埋弧焊、氩弧焊打底加埋弧焊焊接、焊条电弧焊打底清根后加埋弧焊焊接。

1. 焊接顺序

筒体内外环缝的焊接顺序一般是先焊内环缝，后焊外环缝。双面埋弧焊焊接内环缝时，焊机可放在筒体底部，配备滚轮架，或使用内伸式焊接小车，配备滚轮架进行焊接，如图 3-18 所示。筒体外侧配备圆盘式焊剂垫、带式焊剂垫或螺旋推进器式焊剂垫。焊接外环缝时，可使用立柱式操作机，平台式操作机或龙门式操作机，配备滚轮架进行焊接。

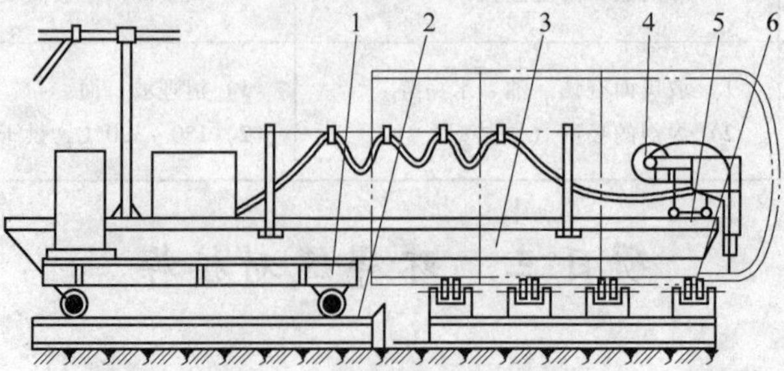

图 3-18　内伸式焊接小车

1—行车　2—行车导轨　3—悬臂梁　4—焊接小车　5—小车导轨　6—滚轮架

2. 偏移量的选择

埋弧焊焊接环缝时，除焊接参数对焊接质量有影响外，焊丝与焊件的相对位置也起着重要作用。当筒体直径大于2m时，若焊丝位置不当，常会造成焊缝成形不良。焊内环缝时，若将焊丝调在环缝的最低点，如图3-19所示焊接过程中，随着焊件的转动，熔池处在电弧的左上方，相当于下坡焊，结果使熔池变浅，焊缝宽度增大而余高减小，严重时将造成焊缝中部下凹。焊接外环缝时，若将焊丝调在环缝的最高点，熔池处在电弧的右下方，相当于上坡焊，结果熔深较大，焊缝余高增加而焊缝宽度减小。环缝直径越小，上述现象越突出。

为避免上述问题的出现，保证焊缝成形良好，在环缝埋弧焊时，焊丝应逆焊件旋转方向相对于焊件中心有一个偏移量，如图3-20所示，所以保证焊接内外环缝时的焊接熔池大致处于水平位置时凝固，从而得到良好的焊缝成形。

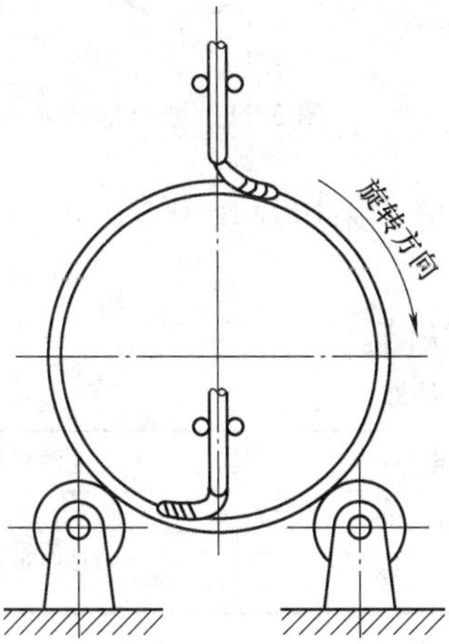

图3-19　焊丝对中心

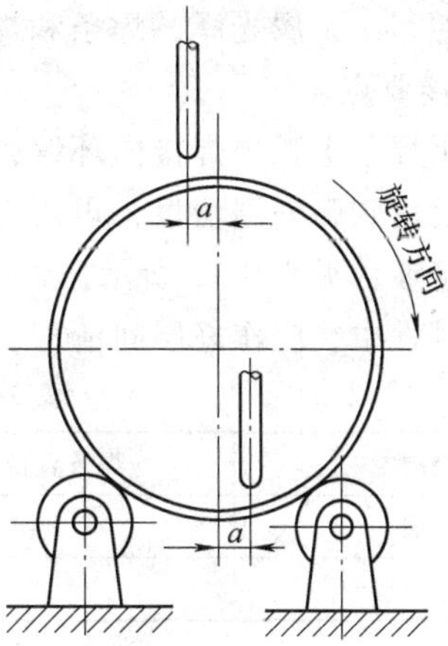

图3-20　焊丝偏移量

偏移量的大小，随着筒体的直径、焊接速度及焊接电流的不同而不同。一般焊接内环缝时，随着焊接层数的增加（即相当于焊件的直径减小），焊丝偏移量的值应由大到小变化，当焊到焊缝表面时，因要求有较大的焊缝宽度。这时偏移量的值可取得小一些。焊接外环缝时，因要求有较大的焊缝宽度，这时偏移量的值可取得大一些。

偏移量的大小可根据筒体直径，参照表3-16进行选择。不过最佳偏移量还应根据焊缝成形的好坏作相应的调整。

表3-16　焊丝偏移量的选用　（单位：mm）

筒体直径	偏移量 a 的值	筒体直径	偏移量 a 的值
800～1000	20～25	<2000	35
<1500	30	<3000	40

3. 层间清渣

埋弧焊操作时，一般要有两人同时进行，一人操作焊机，另一人负责清渣工作。

焊接厚度较大的筒体环缝时，由于坡口较深，焊层较多，所以焊接过程要特别注意，每层焊道的排列应平满均匀，每道焊缝与坡口边缘要熔合好，尽量不出现死角，以防止产生未熔合或夹渣等缺陷，层间的清渣工作往往比较困难，必要时可采用风铲协助清渣。

焊接结束时，环缝的始端与尾端应重合30～50mm。

三、典型工艺

高压除氧器筒体环缝的焊接工艺实例

1. 焊前准备

筒体的材料为Q345（16MnR）钢，厚度25mm，坡口形式及尺寸如图3-21所示。

筒体装配时，应避免十字焊缝，筒节与筒节，筒节与封头，相邻的纵缝应错开，错开距离应大于筒体壁厚的3倍，且不小于100mm。定位焊缝长度为30～40mm，间距为300mm，用E5015焊条。装配间隙要符合要求。

将焊缝坡口及两侧各15mm内的铁锈、氧化皮等清除干净，并露出金属光泽，焊条和焊剂要按规定烘干。

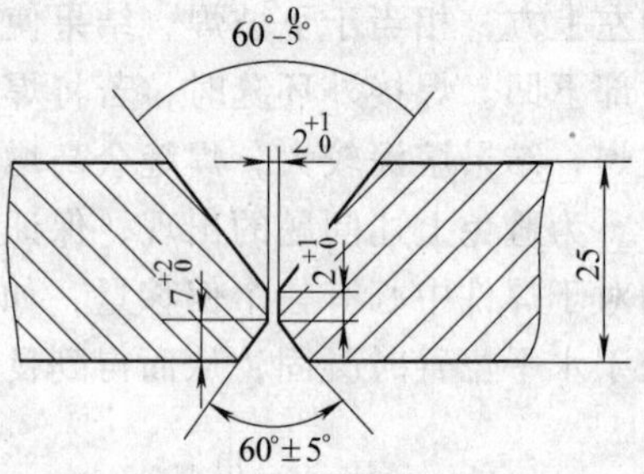

图3-21　坡口形式及尺寸

2. 焊接要点

先采用焊条电弧焊焊接内环缝，焊接参数见表3-17所示。焊后用碳弧气刨清根，再用埋弧焊方法焊接外环缝。采用焊丝为H10Mn2，配HJ431焊剂，焊接参数见表3-18所示。

焊接过程中，应作好层间清理，以防止产生夹渣等缺陷。

表3-17　焊条电弧焊的焊接参数

层次	焊条直径/mm	焊接电流/A	电源极性
首层	4	160～180	直流反接
其他各层	5	210～240	

表3-18　埋弧焊的焊接参数

层次	焊条直径/mm	焊接电流/A	电弧电压/V	焊接速度/（m/h）	电源极性
首层	4	650～700	34～38	25～30	直流反接
其他各层	4	600～700	34～38	25～30	

项目四　角焊缝焊接

角焊缝主要出现在T形接头和搭接接头中，按其焊接位置可分为船形焊和横角焊两种。

一、船形焊

船形焊的焊接形式如图3-22所示。焊接时，由于焊丝处在垂直位置，熔池处在水平位置，熔深对称，焊缝成形好，能保证焊接质量，但易得到凹形焊缝，对于重要的焊接结构，如锅炉钢架，要求此焊缝的计算厚度应不小于焊缝厚度的60%，否则必须补焊。当焊件装配间隙超过1.5mm时，容易发生熔池金属流失和烧穿等现象。因此，对装配质量要求较严格。当装配间隙大于1.5mm时，可在焊缝背面用焊条电弧焊封底，用石棉垫或焊剂垫等来防止熔池金属的流失。在确定焊

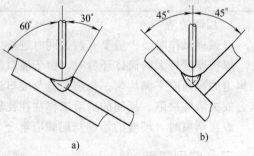

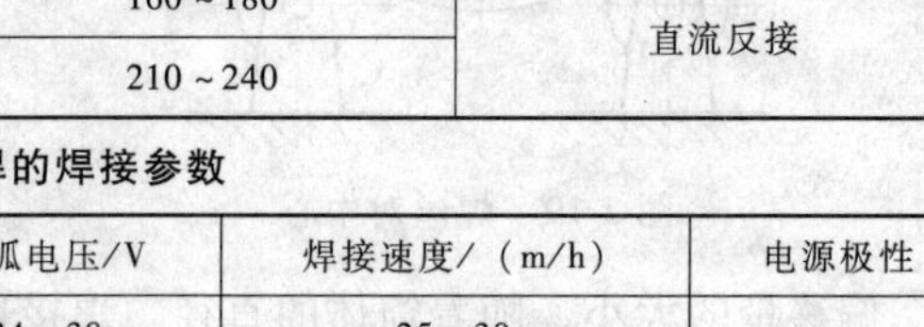

图3-22　船形焊

a）搭接接头船形焊　b）T形接头船形焊

接参数时，电弧电压不能太高，以免焊件两边产生咬边。

船形焊的焊接参数见表 3-19 所示。

表 3-19　船形焊的焊接参数

焊脚尺寸/mm	焊缝层数	焊缝道数	焊丝直径/mm	焊接电流/A	电弧电压/V	焊接速度/(m/h)	焊丝伸出长度/mm	电源种类
8	1	1	4	600～650	36～38	25～30	35～40	交流
10	1	1		650～700	36～38			
12	1	1		700～750	36～39			
		2		650～700	36～38			
14～16	1	1		700～750	37～39			
	2	1		700～750	37～39			
		2		650～700	36～39			

二、横角焊

横角焊的焊接形式，如图 3-23 所示。由于焊件太大，不易翻转或其他原因不能在船形焊位置上进行焊接，才采用横角焊即焊丝倾斜。横角焊的优点是对焊件装配间隙敏感性较小，即使间隙较大，一般也不会产生金属溢流等现象。其缺点是单道焊缝的焊脚最大不能超过 8mm。当焊脚要求大于 8mm 时，必须采用多道焊或多层多道焊。角焊缝的成形与焊丝和焊件的相对位置关系很大，当焊丝位置不当时，易产生咬边、焊偏或未熔合等现象，因此焊丝位置要严格控制，一般焊丝与水平板的夹角 α 应保持在 45°～75°之间，通常为 60°～70°，并选择距垂直面适当的距离。电弧电压不宜太高，这样可使焊剂的熔化量减少，防止熔渣溢流。使用细焊丝能保证电弧稳定，并可以减小熔池的体积，以防止熔池金属溢流，横角焊的焊接参数见表 3-20 所示。

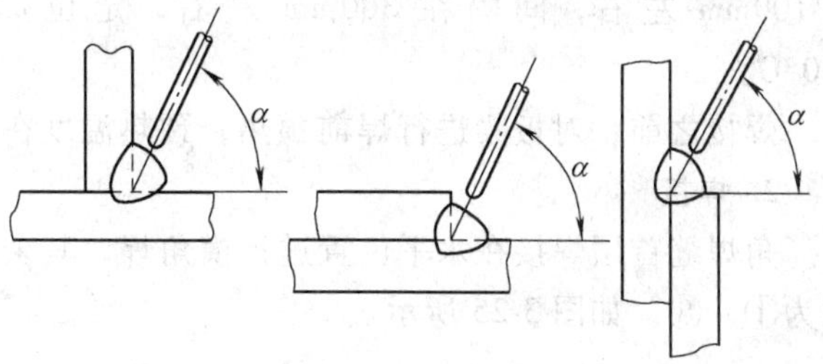

图 3-23　横角焊

表 3-20　横角焊的焊接参数

焊脚尺寸/mm	焊丝直径/mm	焊接电流/A	电弧电压/V	焊接速度/(m/h)
4	3	350～370	28～30	53～55
6	3	450～470		54～58
	4	480～500		58～60
8	3	500～530	30～32	44～46
	4	670～700	32～34	48～50

三、典型工艺

下面介绍板梁的焊接工艺。

1 焊前准备

板梁材料为 Q345（16Mn）钢，板厚 $t \geqslant 60$mm，焊脚为 14mm，板梁外形如图 3-24 所示。

焊接材料选用见表 3-21。

表 3-21　焊接材料选用表

名　称	型号或牌号	规格直径/mm	用　途
焊条	E5015	4	补焊
		5	定位焊
焊丝	H08MnA	4	焊第一层
	H08MnMoA	4	焊第二层
焊剂	HJ431	—	焊第一层
	HJ350	—	焊第二层

焊前应将坡口及两侧 20mm 区域内的油污、氧化皮等清理干净。

焊条、焊剂在使用前必须按规定烘干。装配定位焊缝采用 E5015 焊条，定位焊缝长度在 100mm 左右，间隔在 300mm 左右，定位焊缝的焊脚为 8mm，定位焊之前预热 100°C。

焊接之前，对板梁进行焊前预热，预热温度在 100 ~150°C。

2. 焊接

角焊缝首层焊接在水平位置进行横角焊，其余各层均在船形焊位置进行船形焊。焊接顺序为①~⑧，如图 3-25 所示。

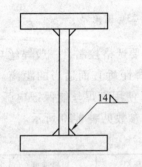

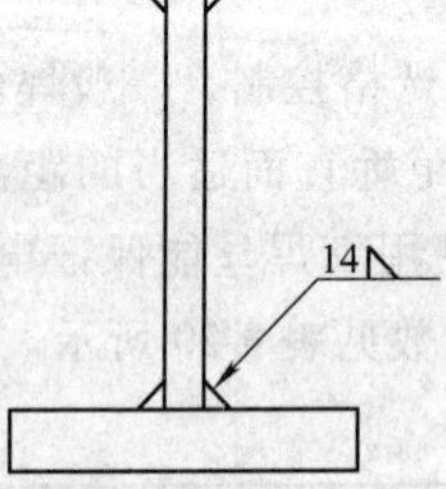

图 3-24　板梁外形结构图

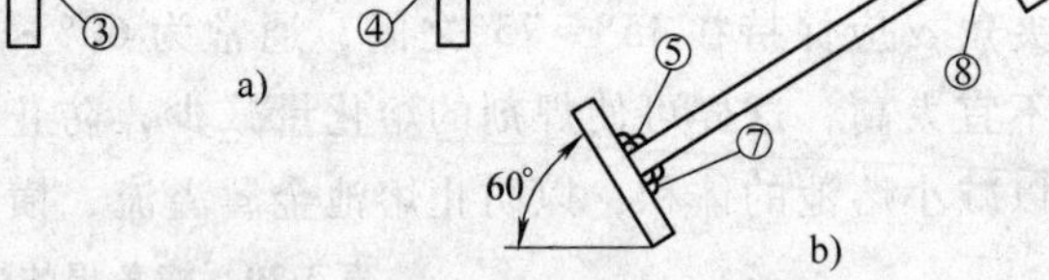

图 3-25　焊接顺序示意图

a）横角焊　b）船形焊

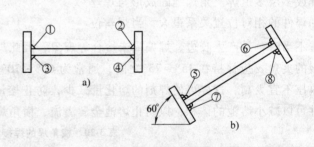

主要焊接参数见表 3-22 所示。在焊接过程中，应控制层间的温度在 100 ~200°C 之间。

表 3-22　焊接参数

焊脚尺寸/mm	层数	道数	焊丝直径/mm	焊接电流/A	电弧电压/V	焊接速度/（m/h）	电源种类
8	1	1	2	350 ~400	30 ~35	20 ~25	交流
14	2	1	4	650 ~700	36 ~38	25 ~30	
		2					

第四单元　CO_2 气体保护焊技能训练

项目一　CO_2 气体保护焊机的基本操作

CO_2 气体保护焊的焊接质量取决于焊接过程的稳定性，而焊接过程的稳定性是由焊接设备、焊接设备的调整（焊接参数的调整）以及焊工的操作技术水平决定的。因此焊工必须掌握焊接参数的选择方法，熟悉 CO_2 气体保护焊的注意事项，并掌握基本操作手法，才能根据实际情况灵活运用这些技能，获得满意的效果。

一、焊接参数的选择及对焊缝成形的影响

合理地选择焊接参数是保证焊接质量、提高焊接效率的重要条件。CO_2 气体保护焊的焊接参数主要包括：焊丝直径、焊接电流、电弧电压、焊接速度、焊丝伸出长度、气体流量、电源极性、焊枪倾角和喷嘴高度等。下面分别介绍每个焊接参数对焊缝成形的影响及焊接参数的选择原则。

1. 焊丝直径

焊丝直径通常根据焊件厚度、施焊位置及生产率等要求来选择。当焊接薄板或是中厚板的立、横、仰焊时，多采用直径为 1.6mm 以下焊丝；在平焊位置焊接中厚板时，可采用直径为 1.2mm 以上的焊丝。焊丝直径的选择可参考表 4-1。

表 4-1　CO_2 气体保护焊焊丝直径的选择　　（单位：mm）

焊丝直径	焊件厚度	焊接位置
0.8	1～3	各种位置
1.0	1.5～6	
1.2	2～12	
1.6	6～25	
≥1.6	中厚	平焊、平角焊

2. 焊接电流

焊接电流是重要的焊接参数之一。应根据焊件厚度、材质、焊丝直径、施焊位置及要求的熔滴过渡形式来选择其大小。每种直径的焊丝都有一个合适的电流范围，只有在这个电流范围内焊接过程才能稳定进行。通常直径 0.8～1.6mm 的焊丝，采用短路过渡方式时焊接电流在 40～230A 范围；细颗粒过渡时焊接电流在 250～500A 范围内。焊丝直径与焊接电流的关系见表 4-2。

表 4-2 焊丝直径与焊接电流的关系

焊丝直径/mm	焊接电流使用范围/A	适应板厚/mm
0.6	40~100	0.6~1.5
0.8	50~150	0.8~2.3
0.9	70~200	1.0~3.2
1.0	90~250	1.2~6.0
1.2	120~350	2.0~10
1.6	300 以上	6.0 以上

一般来说，随着焊接电流的增大，熔深显著增加，而熔宽则略有增加。但应注意：焊接电流过大容易引起烧穿、焊漏和产生裂纹等缺陷，并且焊件的变形较大，焊接过程中飞溅很大；而焊接电流过小时，容易产生未焊透、未熔合、夹渣及焊缝成形不良等缺陷。实际选择焊接电流时通常在保证焊透和成形良好的前提下，尽可能采用大电流，以提高焊接生产率。

3. 电弧电压

电弧电压也是重要的焊接参数之一。一般随着电弧电压的增大，熔宽增大，而熔深则略有减小。

为保证焊缝良好的成形，电弧电压必须与焊接电流配合适当。焊接电流较小时，电弧电压较低，焊接电流大时，电弧电压也较高。电弧电压过高或过低都会影响焊缝的成形、气孔的出现及电弧的稳定性，使飞溅增大。通常采用短路过渡方式时，电弧电压为 16~24V；细颗粒方式过渡时，电弧电压为 25~45V。

4. 焊接速度

焊接速度是重要的焊接参数之一。在焊丝直径、焊接电流和电弧电压确定的条件下，焊接速度增大时熔宽和熔深都减小。如焊接速度过快，除产生咬边、未焊透及未熔合等缺陷外，由于气体保护效果变差，可能会出现气孔；若焊接速度过慢，除了降低生产率以外，还命名焊接变形增大，焊接接头晶粒组织粗大，焊缝成形差。一般半自动焊时，焊接速度在 5~60m/h范围内。

5. 焊丝伸出长度

焊丝伸出长度是指从导电嘴端部到焊件表面的距离，选择合适的焊丝伸出长度并保持不变是保证焊接过程稳定的基本条件之一。对于不同直径、不同材质的焊丝，允许使用的焊丝伸出长度是不同的，可参考表 4-3。

表 4-3 焊丝伸出长度的允许值 （单位：mm）

焊丝直径	H08Mn2SiA	H06Cr19Ni9Ti
0.8	6~12	5~9
1.0	7~13	6~11
1.2	8~15	7~12

焊丝伸出长度过大时，一方面由于预热作用增大，焊丝熔化快，电弧电压高而焊接电流减小，容易引起未焊透、未熔合等缺陷，还可能使焊丝过热而成段熔断；另一方面会使气体

保护效果变差，飞溅大，焊缝成形不好，容易产生焊接缺陷。焊丝伸出长度过小则容易因导电嘴过热夹住焊丝，甚至烧坏导电嘴，同时飞溅容易堵塞喷嘴影响保护效果，还会阻挡焊工视线妨碍操作。

6. 气体流量

CO_2 气体流量应根据对焊接区的保护效果要求选取。焊接电流、电弧电压、焊接速度、接头形式及焊接区工作条件不同对流量都有影响。流量过大或过小都会直接影响气体保护效果，从而容易产生焊接缺陷。通常焊接电流在 200A 以下（细丝）时，气体流量约为 10～15L/min；焊接电流大于 200A 时，气体流量约为 15～25L/min。

7. 电源极性

CO_2 气体保护焊通常都采用直流反接（反极性）：即工件接阴极，焊丝接阳极。焊接过程稳定、飞溅小、熔深大。但在堆焊、铸铁补焊及粗丝大电流高速焊时，也可采用直流正接，焊丝熔化快，熔深浅，堆高大，但飞溅较大。

8. 焊枪倾角

焊枪倾角在焊接操作时也是不可忽视的因素。当焊枪倾角小于 10°时，无论是前倾还是后倾，对焊接过程及焊缝成形都没有明显影响；但倾角过大（如前倾角大于 25°）时，将使熔宽增加熔深减小，还使飞溅增大。

需要指出的是，通常焊工都习惯用右手持焊枪，采用左向焊法（从右向左焊接）。这时采用前倾（焊枪与焊接相反方向倾斜 10°～15°）角，不仅可得到较好的焊缝成形，还能清楚地观察和控制熔池。

9. 喷嘴与焊件间的距离

喷嘴与焊件间的距离可根据焊接电流来选择，焊接电流越大，距离也随之增大。一般当焊接电流小于 200A 时，距离为 10～15mm；焊接电流为 200～350A 时，距离为 15～20mm；焊接电流为 350A 以上时，距离为 20～25mm。

10. 焊接回路电感

焊接回路电感值应根据焊丝直径和电弧电压来选择不同直径焊丝的合适电感值也不同。通常电感值随焊丝直径增大而增加，并通过试焊方法来判断。若焊接过程稳定，飞溅很少，则说明电感值是合适的。

二、CO_2 气体保护焊基本操作

1. 基本操作训练

CO_2 气体保护焊的操作技术与焊条电弧焊一样，也是由引弧、收弧、接头、焊枪摆动等组成。由于没有焊条的送进运动，焊接过程只需维持弧长不变，并根据熔池情况摆动和移动焊枪就可以了。因此，CO_2 气体保护焊的操作比焊条电弧焊容易掌握。

在进行基本操作之前，焊工应检查焊机接线是否牢固正确并操纵焊机，特别是应将送丝机构上的焊丝嵌入滚轮沟槽，使焊丝能顺利伸出导电嘴，同时调整好焊接参数，使焊机处于准备焊接状态。焊接参数的选择必须通过试焊判断，并积累经验判断其是否合适。

下面以低碳钢板平敷焊为例介绍 CO_2 气体保护焊基本操作技术要领。

用 300mm×120mm×8mm 低碳钢板一块，在钢板上长度方向每隔 30mm 用粉笔划一条线，作为焊接时运条轨迹线。焊丝采用直径为 1.2mm 的 H08MnSi。焊机为 NBC—400 半自动焊机。

（1）引弧 CO_2 焊引弧方法与焊条电弧焊稍有不同主要是碰撞引弧而不采用划擦式引弧。引弧时不必抬起焊枪。具体操作步骤如下：

1）引弧前先按遥控盒上的点动开关或按焊枪上的控制开关，点动送出一段焊丝，焊丝伸出长度小于喷嘴与焊件间应保持的距离，超长部分或焊丝端部出现球状时应预先剪去，如图 4-1 所示。

2）将焊枪按要求（保持合适的倾角和喷嘴高度）放在引弧处，焊丝端头与焊件 2～3mm 距离（不要接触），喷嘴高度由焊接电流决定（一般 10～15mm），如图 4-2 所示。

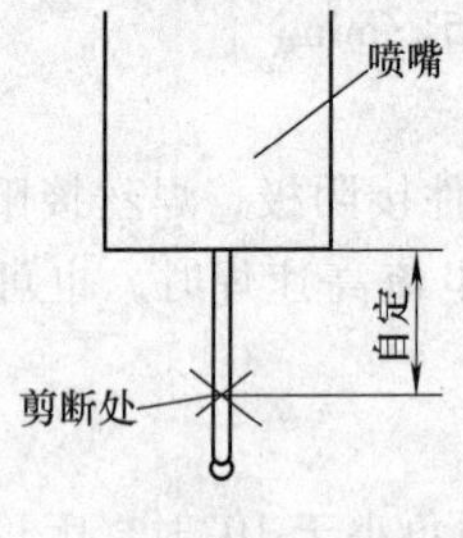

图 4-1 引弧前剪去超长的焊丝

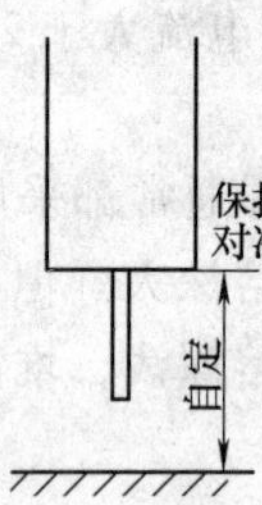

图 4-2 准备引弧

3）按焊枪上的控制开关，焊机自动提前送气，延时接通焊接电源，保持高电压、慢送丝，当焊丝碰撞焊件短路后，自行引燃电弧。此时焊枪有自动顶起的倾向，如图 4-3 所示。所以引弧时要稍用力下压焊枪，防止因焊枪回弹抬起太高导致电弧太长而熄灭。

（2）焊接 电弧引燃后通常采用左向焊法。焊接过程中应保持合适的焊枪倾角和喷嘴高度，沿焊接方向尽可能地均匀移动，当坡口较宽时，为保证两侧熔合好，焊枪还要作横向摆动。

1）直线焊接

直线焊接形成的焊缝宽度较窄，焊缝偏高，熔深浅。操作中往往在始焊端、终焊端和焊缝的连接处产生缺陷，所以要采取特殊措施。

始焊端焊件处于较低的温度，应在引弧之后先将电弧稍微拉长一些，以对焊缝端部适当预热，然后再压低电弧进行焊接，若是重要焊件，可加引弧板，将引弧时容易出现的缺陷留在引弧板上。

焊缝连接的方法是：在原熔池前言 0～20mm 处引弧，然后迅速将电弧引向原熔池中心，待熔化金属与原熔池边缘吻合后，再将电弧引向前方，使焊丝保持一定的高度和角度，并以稳定的速度向前移动。

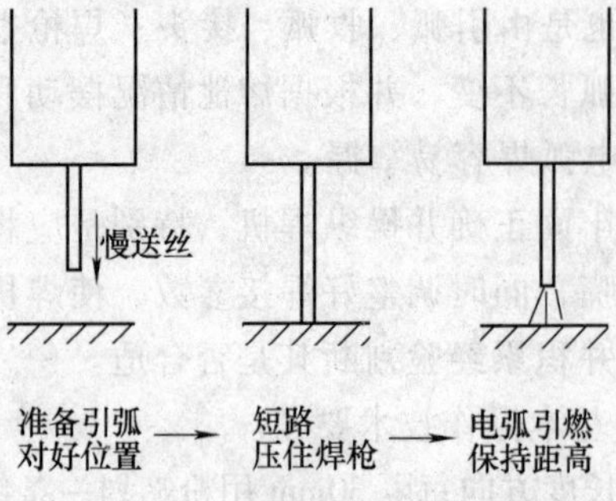

图 4-3 引弧过程

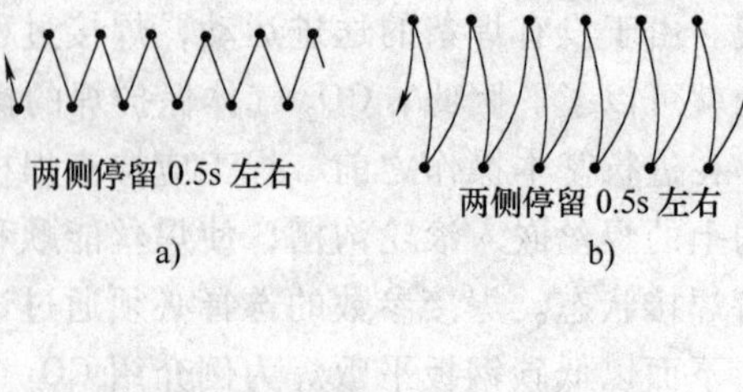

图 4-4 CO_2 半自动焊的横向摆动

a）锯齿形的横向摆动 b）月牙形的横向摆动

2）摆动焊接

在 CO_2 半自动焊时，为了获得较宽的焊缝，往往采用横向摆动运丝方式，常用的摆动方式有锯齿形、弯月形（图 4-4）、正三角形、斜圆圈形等几种。

在横向摆动运丝进应注意掌握以下要领：左右摆动的幅度要一致，摆动到焊缝中心时，速度应稍快，而到两侧时要稍作停顿；摆动的幅度不能过大，否则，熔池温度高的部分不能得到良好的保护作用。一般摆动幅度限制在喷嘴内径的 1.5 倍范围内。

摆动焊缝连接的方法是：在原熔池前方 10～20mm 处引弧，然后以直线方式将电弧引向接头处，在接头中心开始摆动，并在向前移动的同时，逐渐加大摆幅（保持形成的焊缝与原焊缝宽度相同），最后转入正常焊接。

（3）收弧　焊接结束前必须收弧，若收弧不当在焊缝终焊端出现过深的弧坑，会使焊缝收尾处产生裂纹和气孔等缺陷。

若焊机有电流衰减装置，则焊枪在收弧处停止前进，同时接通误差电路，焊接电流与电弧电压自动变小，待熔池填满时断电。细丝 CO_2 焊短路过渡时，因电弧长度短，弧坑较小，一般不需专门处理。

若用直径大于 1.6mm 的粗丝大电流焊接，且焊机没有自动电流衰减装置，则应采用多次断续引弧方式填充弧坑，直至弧坑填满为止，操作时动作要快，否则还可能产生未熔合及气孔等缺陷。

（4）接头　CO_2 气体保护焊不可避免地要接头，为保证接头质量，应按下述步骤操作：

1）将待焊接头处用角向磨光机打磨成斜面，如图 4-5 所示。

2）在斜面顶部引弧，引燃电弧后将电弧移至斜面底部，转一圈返回引弧处后再继续向左焊接，如图 4-6 所示。在此操作过程中要注意观察熔孔，若未形成熔孔则接头处背面焊不透；若熔孔太小，则接头处背面产生缩颈；若熔孔太大，则背面焊缝太宽或出现烧穿。

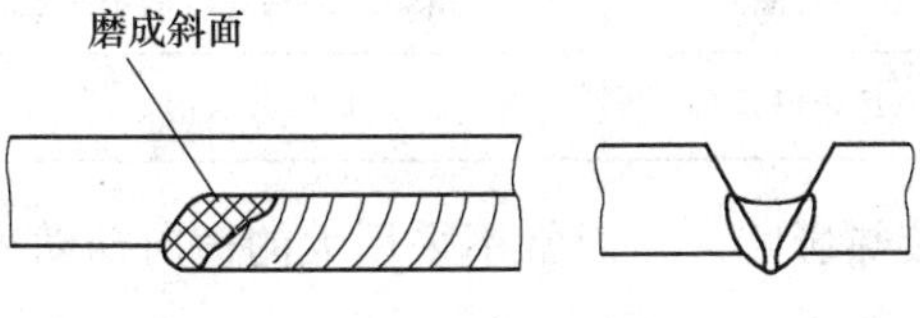

图 4-5　接头处的准备

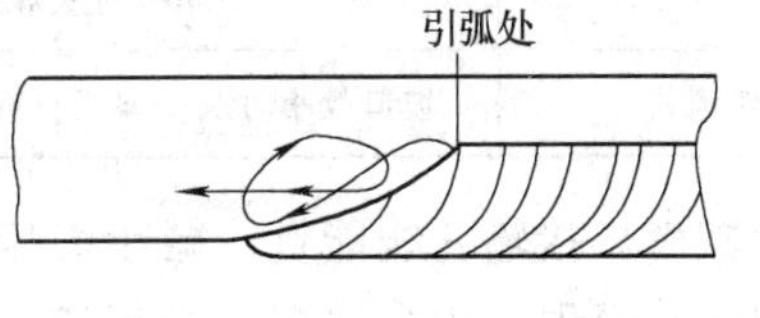

图 4-6　接头处的引弧操作

（5）定位焊　由于 CO_2 气体保护焊电弧的热量较焊条电弧焊大，因此要求定位焊缝有足够的强度。通常定位焊缝都不磨掉，仍保留在焊缝中，在焊接过程中很难全部重熔，所以应保证定位焊缝的质量。定位焊缝既要熔合好，余高又不能太高，还不能有缺陷，焊工应像正式焊接那样焊接定位焊缝。定位焊缝的长度和间距应符合相关规定。

2. 操作注意事项

（1）选择正确的持枪姿势　由于 CO_2 气体保护焊焊枪较重，焊枪后面又拖了一根沉重的送丝导管，焊工只有掌握正确的持枪姿势才能不感到别扭，从而能长时间、稳定地进行焊接操作。不同位置焊缝焊接时的正确持枪姿势如图 4-7 所示，并应满足以下条件：

1）操作时用身体的某个部位承担焊枪的重量，通常手臂都处于自然状态，手腕能灵活带动焊枪平移或转动，以不感到太累为宜。

a) b) c) d) e)

图 4-7 正确持枪姿势

2）焊接过程中，软管电缆最小的曲率半径应大于300mm，以便焊接时可随意拖动焊枪。

3）焊接时，能维持焊枪倾角不变，并能清楚、方便地观察熔池。

4）将送丝机放在合适的地方，以保证焊枪能在需要焊接的范围内自由移动。

（2）保持焊枪与焊件合适的相对位置　保持焊枪与焊件合适的相对位置主要是正确控制焊枪与焊件的倾角和喷嘴高度，使焊工既能方便地观察熔池，控制焊缝成形，又能可靠地保护熔池，防止出现缺陷。合适的相对位置因焊缝的空间位置和接头的形式不同而异。

（3）保持焊枪匀速向前移动　焊工应根据焊接电流大小、熔池的形状、焊件熔合情况、装配间隙和钝边大小等情况，调整并保持焊枪匀速向前移动，才能获得满意的焊缝。

（4）焊枪的横向摆幅应保持一致　为了控制焊缝的熔宽及保证熔合质量，焊枪必须在一定范围内作摆幅一致的横向摆动，焊枪的摆动形式及应用范围见表4-4。

表 4-4 焊枪的摆动形式及应用范围

摆动形式	用途	摆动形式	用途
直线往复式	薄板及中厚板打底焊道	划斜圆圈式	平角焊或多层焊时的第一层
锯齿式	坡口较小时及中厚板打底焊道	月牙形式	坡口较大时

为减少焊接输入线能量，减小焊接变形和焊接热影响区，通常不采用大的横向摆动来获得宽焊缝，提倡采用多层多道细焊道来焊接厚板。

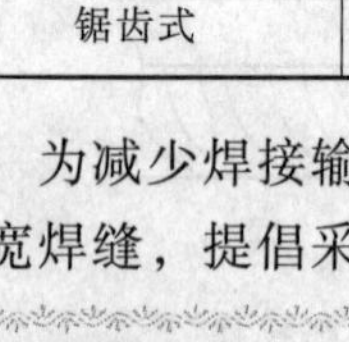

1. 影响 CO_2 气体保护焊焊缝缝成形的焊接参数有哪些？
2. CO_2 气体保护焊引弧、收弧和接头时各应注意哪些问题？

项目二　CO_2 气体保护焊平板对接平焊

一、技能训练的目标

表4-5为平板对接技能训练检验的项目及标准。

表 4-5　技能训练检验的项目及标准

检验项目		标准/mm
外观检查	正面焊缝高度 h	$0 \leqslant h \leqslant 4$
	背面焊缝高度 h'	$0 \leqslant h' \leqslant 2$
	正面焊缝高低差 h_1	$0 \leqslant h_1 \leqslant 2$
	正面焊缝每侧比坡口增宽	1~3
	焊缝宽度差 c_1	$0 \leqslant c_1 \leqslant 2$
	焊缝边缘直线度误差	$\leqslant 3$
	焊后角变形 θ	$0° \leqslant \theta \leqslant 3°$
	咬边	$F \leqslant 0.5$　$L \leqslant 20$
	背面凹坑	$F \leqslant 2$　$0 \leqslant L \leqslant 15$
	未焊透	$F \leqslant 1.5$mm
	错边量	$\leqslant 1.2$mm
	裂纹、焊瘤、未熔合、气孔、烧穿	无
X 射线探伤 GB3323—1987		Ⅰ级片
弯曲试验 GB2653—1989	面弯	合格
	背弯	合格

注：表中“F”为缺陷深度；“L”为缺陷长度，累计计算。

二、技能训练的准备

1. 焊件的准备

1）板料 2 块，材料为 Q235A 钢，每块板件的尺寸为 300mm × 100mm × 12mm，坡口加工角度为 30° ±1°，不留钝边。

2）矫平。

3）清理坡口及坡口两侧各 20mm 范围内的油污、铁锈、水分及其他污染物，用角磨机打磨出金属光泽，并清除毛刺。

2. 焊件装配技术要求

1）装配平整，试板装配尺寸如表 4-6 所示。

表 4-6　试件装配的各项尺寸

坡口角度/（°）	间隙/mm		钝边/mm	反变形角度/（°）	错边量/mm
	始焊端	终焊端			
60 ±1	3.0	4.0	0~0.5	3	≤1.2

2）单面焊双面成形。

3）预留反变形。

3. 焊接材料

定位焊和正式焊接均采用 CO_2 气体保护焊方法施焊，选择 H08Mn2SiA 焊丝，焊丝直径为 $\phi 1.2$mm，注意焊丝使用前对焊丝表面进行清理；CO_2 气体纯度要求达到 99.5%。

4. 焊接设备

NBC—400 半自动焊机。焊接电源极性为直流反极性接法。

三、技能训练的任务

1. 装配与定位焊

（1）装配要求　起始端间隙为 3.0mm，末端间隙为 4.0mm；预留反变形量为 3°；错边量小于 1.2mm。试件对接平焊的反变形如图 4-8 所示。

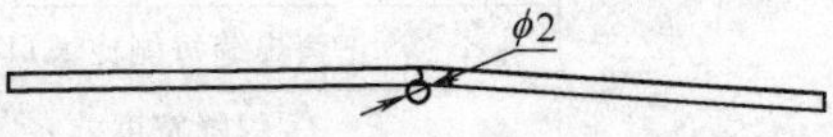

图 4-8　对接平焊的反变形

（2）定位焊　定位焊时，沿坡口内距两端约 20mm 处左右引弧，定位焊缝长度约为 10 ~ 15mm。定位焊时使用的焊丝和工艺参数与正式焊接时相同，定位焊后将定位焊缝两端用角磨机打磨成斜坡状，并将坡口内的飞溅清理干净。

2. 焊接参数

板对接平焊焊接参数的选择见表 4-7。

表 4-7　板对接平焊参数

焊接层数	焊丝伸出长度/mm	焊接电流/A	电弧电压/V	CO_2 气流量/（L/min）
1	20 ~ 25	90 ~ 110	18 ~ 20	10 ~ 15
2	20 ~ 25	230 ~ 250	24 ~ 26	15 ~ 20
3	20 ~ 25	230 ~ 250	24 ~ 26	15 ~ 20

3. 焊接操作

采用左向法焊接，三层 3 道，对接平焊的焊枪角度如图 4-9 所示。

（1）打底焊　焊前先检查装配间隙及反变形是否合适，间隙小的一端应放在右侧。按表 4-7 所示调节好焊接参数后，在焊件右端预焊点左侧约 20mm 处坡口一侧引弧，待电弧引燃后将电弧迅速右移至焊件的右端头，然后向左侧开始打底焊，焊枪沿坡口两侧作小幅度横向摆动，并控制电弧在离坡口底边约 2 ~ 3 mm 处燃烧。当坡口底部熔孔直径达到 3 ~ 4mm 时，即转入正常焊接。

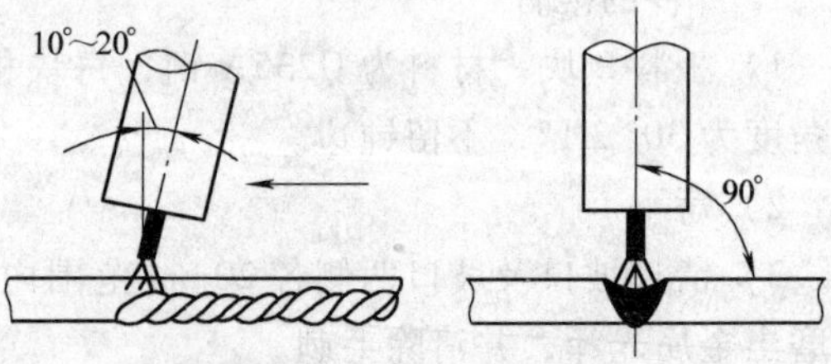

图 4-9　对接平焊焊枪角度

打底焊时应注意以下事项：

1）电弧始终在坡口内作小幅度横向摆动，并在坡口两侧稍微停留，使熔孔走私比间隙大 0.5 ~ 1mm，焊接时要仔细观察熔孔，并根据间隙和熔孔直径的变化调整横向摆动幅度和焊接速度，尽可能地维持熔孔直径不变，以保证获得宽窄和高低均匀的反面焊缝。

2）电弧在坡口两侧停留的时间以保证坡口两侧熔合良好为宜，使打底焊道与坡口结合处稍下凹，焊道表面保持平整，如图 4-10 所示。

3）打底焊时，要严格控制喷嘴的高度，电弧必须在离坡口底部 2 ~ 3mm 处燃烧，保证打底层厚度不超过 4mm。

（2）填充焊　填充焊施焊前应将打底层焊道清理干净，调整好填充层的焊接参数后，在焊件右端开始焊填充层，焊枪角度与打底焊相同，焊枪横向摆动的幅度较打底层焊接时稍大，应注意熔池两侧的熔合情况，保证焊道表面平整并稍向下凹。同时还要掌握好焊道厚度，保证填充层的高度低于表面 1.5～2mm，不允许熔化坡口棱边，以便为盖面焊打好基础。其要求如图 4-11 所示。

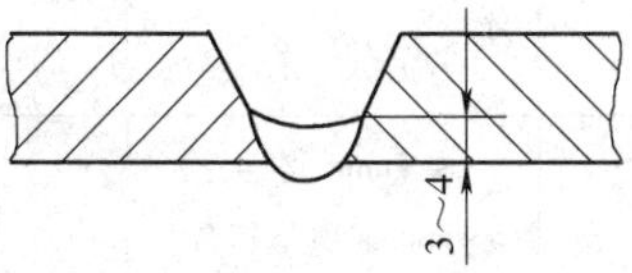

图 4-10　打底焊道

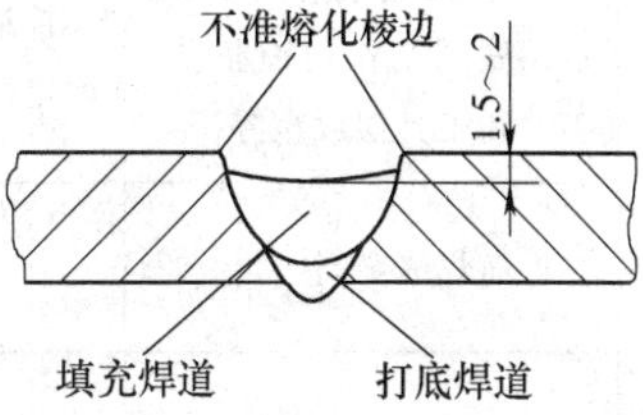

图 4-11　填充焊道

（3）盖面焊　调节好盖面层焊接参数后，从右端开始焊接，焊枪角度与打底焊相同。同时应注意以下几点：

1）保持喷嘴高度，特别注意观察熔池边缘，熔池边缘应超过坡口棱边 0.5～1.5mm，并防止咬边。

2）焊枪横向摆动幅度比填充焊时稍大，尽量保持焊接速度均匀，使焊缝外形美观。

3）收弧时一定要填满弧坑，并且弧坑要短，防止产生弧坑裂纹。

四、焊缝中容易出现的缺陷及防止措施

表 4-8 焊缝中容易出现的缺陷及防止措施。

表 4-8　焊缝中容易出现的缺陷及防止措施

缺陷名称	产生原因	防止措施
气孔	焊丝和焊件表面有氧化物、油、锈等	清理
	CO_2 气体流量低	检查流量低的原因并排除
	焊接场地有风	在避风处进行焊接
	气路中有漏气现象	排除漏气的地方
咬边	电弧长度太长	保持合适的弧长不变
	电流太小	调整焊接电流大小
	焊接速度过快	保持焊接速度均匀
	焊枪位置不当	保持焊枪位置始终对准待焊部位
飞溅	熔滴短路过渡时电感量过大或过小	选择合适的电感值
	焊接电流与电压配合不当	调整电流、电压参数，使其匹配
	焊丝与焊件清理不良	清理

五、考核与评分标准

考核项目、考核要求及评分标准见表 4-9。

表 4-9　CO_2 气体保护焊板对接平焊的评分表

考核项目	考核内容	考核要求	配分	评分要求	扣分	得分
安全文明生产	能正确执行安全技术操作规程	按达到规定的标准程度评定	5	违反规定扣 1 ~ 5 分		
	按有关文明生产的规定，做到工作地面整洁、工件和工具摆放整齐	按达到规定的标准程度评定	5	违反规定扣 1 ~ 5 分		
焊缝的外观质量	正面焊缝余高	0 ~ 4mm	4	≤ 4mm 得 4 分，> 4mm 本项不得分		
	背面焊缝余高	0 ~ 2mm	4	≤ 2mm 得 4 分，> 2mm 本项不得分		
	正面焊缝余高差	0 ~ 2mm	3	≤ 2mm 得 4 分，> 2mm 本项不得分		
	焊缝宽度	≤20mm	4	≤ 20mm 得 4 分，> 20mm 本项不得分		
	焊缝宽度差	1 ~ 2mm	3	≤ 2mm 得 3 分，> 2mm 本项不得分		
	焊缝边缘直线度误差	1 ~ 3mm	2	超差 1mm 扣 2 分		
	未焊透	深度≤1.5mm	4	无未焊透得 4 分，有未焊透，每 5mm 扣 1 分；深度 > 1.5mm 本项不得分		
	错边	≤1.2mm	6	≤1.2mm 得 6 分，> 1.2mm 本项不得分		
	咬边	深度≤0.5mm	10	无咬边得 10 分，有咬边，每长 3mm 扣 1 分；深度 > 0.5mm，本项不得分		
	背面凹坑	深度≤2mm	6	无凹坑得 6 分，有凹坑，每长 5mm 扣 1 分；深度 > 2mm，本项不得分		
	裂纹、烧穿、焊缝低于母材	不允许存在		出现其中任何一种缺陷，试件为 0 分		
	夹渣、气孔	缺陷尺寸≤3mm	倒扣分（扣到 0 分为止）	缺陷尺寸≤1mm，每个扣 5 分；≤2mm，每个扣 10 分；≤3mm，每个扣 20 分；> 3mm 试件为 0 分		

（续）

考核项目	考核内容	考核要求	配分	评分要求	扣分	得分
焊缝的外观质量	焊缝的内部质量	按 GB3323—1987 标准对焊缝进行 X 射线探伤	30	Ⅰ级片无缺陷不扣分； Ⅰ级片有缺陷得 25 分； Ⅱ级片扣 10 分 Ⅲ级片扣 15 分； Ⅳ级片不得分		
一般项目	焊接接头的弯曲试验	面弯、背弯各一件，弯曲角度 90°	10	面弯不合格扣 4 分 背弯不合格扣 6 分		
	角变形	≤3°	4	超过 3° 本项不得分		

1. 平对接打底焊时应注意些什么问题？
2. 试件的装配及定位焊有哪些要求？

项目三　CO_2 气体保护焊板对接立焊

一、技能训练的目标

表 4-10 为 CO_2 气体保护焊板对接立焊技能训练检验的项目及标准。

表 4-10　技能训练检验的项目及标准

检验项目		标准/mm
外观检查	正面焊缝高度 h	$0 \leqslant h \leqslant 4$
	背面焊缝高度 h'	$0 \leqslant h' \leqslant 2$
	正面焊缝高低差 h_1	$0 \leqslant h_1 \leqslant 2$
	正面焊缝每侧比坡口增宽	1 ~ 3
	焊缝宽度差 c_1	$0 \leqslant c_1 \leqslant 2$
	焊缝边缘直线度误差	≤3
	焊后角变形 θ	$0° \leqslant \theta \leqslant 3°$
	咬边	$F \leqslant 0.5 \quad L \leqslant 20$
	背面凹坑	$F \leqslant 2 \quad 0 \leqslant L \leqslant 15$

（续）

检验项目		标准/mm
外观检查	未焊透	$F \leqslant 1.5$mm
	错边量	≤1.2mm
	裂纹、焊瘤、未熔合、气孔、烧穿	无
X 射线探伤 GB3323—2005		Ⅰ级片
弯曲试验 GB2653—1989	面弯	合格
	背弯	合格

注：表中“F”为缺陷深度；“L”为缺陷长度，累计计算。

二、技能训练的准备

1. 焊件的准备

1）板料 2 块，材料为 Q235A 钢，每块板件的尺寸为 300mm × 100mm × 12mm，坡口加工角度为 30° ±1°，不留钝边。

2）矫平。

3）清理坡口及坡口两侧各 20mm 范围内的油污、铁锈、水分及其他污染物，用角磨机打磨出金属光泽，并清除毛刺。

2. 焊件装配技术要求

1）装配平整。

2）单面焊双面成形。

3）预留反变形。

3. 焊接材料

定位焊和正式焊接均采用 CO_2 气体保护焊方法施焊，选择 H08Mn2SiA 焊丝，焊丝直径为 ϕ1.2mm，注意焊丝使用前对焊丝表面进行清理；CO_2 气体纯度要求达到 99.5%。

4. 焊接设备

NBC—400 半自动焊机。焊接电源极性为直流反极性接法。

三、技能训练的任务

1. 装配与定位焊

（1）装配要求　起始端间隙为 0.8 ~ 1.5mm，末端间隙为 1.5 ~ 2.5mm；预留反变形量为 3°；错边量小于 1.2mm。

（2）定位焊　定位焊时，沿坡口内距两端约 20mm 处左右引弧，定位焊缝长度约为 10 ~ 15mm。定位焊时使用的焊丝和工艺参数与正式焊接时相同，定位焊后将定位焊缝两端用角磨机打磨成斜坡状，并将坡口内的飞溅清理干净。

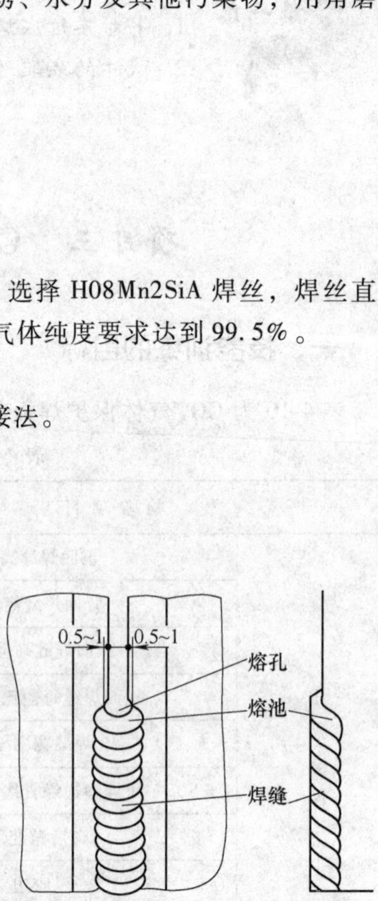

图 4-12　立焊时的熔孔与熔池

平板对接立焊单面焊双面成形比平焊难掌握。焊接时，熔池下部焊道对熔池起到依托作用，采用细焊丝短路过渡形式焊接，有利于焊缝成形。但焊接电流不宜过大，否则会产生液态金属下淌，使焊缝正面和背面出现焊瘤，操作时焊枪的摆动频率应稍快，焊后焊缝要薄而均匀。立焊时的熔池形状如图 4-12 所示。

2. 焊接参数

板对接立焊参数见表 4-11。

表 4-11　板对接立焊参数

焊道层次	焊丝直径/mm	焊丝伸出长度/mm	焊接电流/A	电弧电压/V	CO_2 气流量/（L/min）
1	1.2	15～20	90～110	18～20	12～15
2			130～150	20～22	
3			130～150	20～22	

3. 焊接操作

采用向上立焊方式（由下往上）进行，三层三道，平板对接立焊的焊枪角度如图 4-13 所示。焊前先检查焊件装配间隙及反变形是否合适，把焊件垂直固定好，间隙小的一端放在下面。

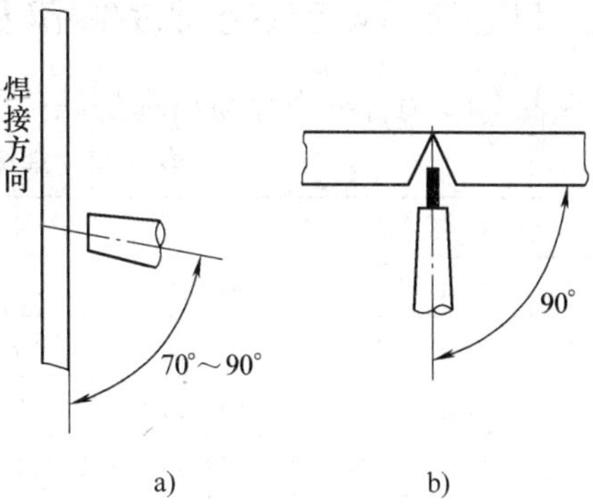

图 4-13　平板对接立焊焊枪角度

（1）打底焊　按表 4-11 所示调节好打底焊的焊接参数后，在焊件下端定位焊缝上引弧，使电弧作锯齿形横向摆动，当电弧超过定位焊缝并形成熔孔时转入正常焊接。

注意焊枪横向摆动的方式必须正确，否则焊肉下坠，成形不好看。小间距锯齿形摆动或间距稍大的上凸的月牙形摆动焊道成形较好，下凹的月牙形摆动，使焊道表面下坠是不正确的，如图 4-14 所示。

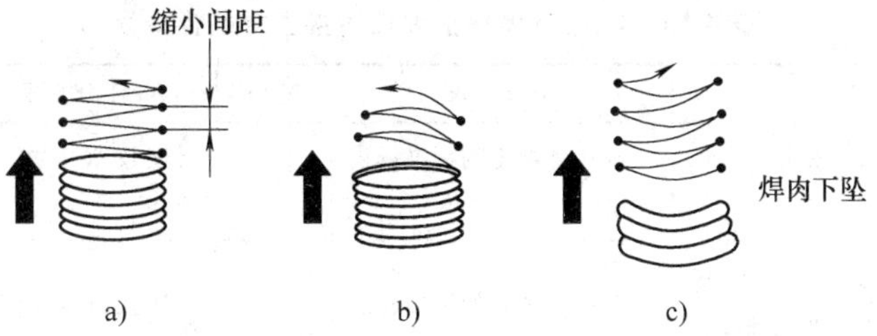

图 4-14　立焊摆动手法

a）小间距锯齿形摆动　b）上凸月牙形摆动　c）下凹月牙形摆动（不正确）

焊接过程中要特别注意熔池和熔孔的变化，不能让熔池太大。焊到焊件最上方收弧时，待电弧熄灭，熔池完全凝固以后，才能移开焊枪，以防收弧区因保护不良产生气孔。

（2）填充焊　调节好填充焊焊接参数后，自下向上焊接填充焊缝，需注意以下几点：

1）焊前先清除打底焊道和坡口表面的飞溅及熔渣，并用角向磨光机将局部凸起的焊道磨平，如图 4-15 所示。

2）焊枪横向摆动幅度比打底焊时稍大，电弧在坡口两侧稍停留，保证焊道两侧熔合好。

3）填充焊道比焊件上表面低 1.5～2mm，不允许熔化坡口的棱边。

（3）盖面焊　调整好盖面焊焊接参数后，按以下顺序焊接盖面焊道。

1）清理填充焊道及坡口上的飞溅、焊渣，打磨掉焊道上局部凸起过高部分的焊肉。

2）在焊件下端引弧，自下而上焊接，摆动幅度较填充焊时稍大，当熔池两侧超过坡口边缘 0.5～1.5mm，匀速锯齿形上升。

3）焊到顶端收弧，待电弧熄灭，熔池凝固后，才能移开焊枪，以免局部产生气孔。

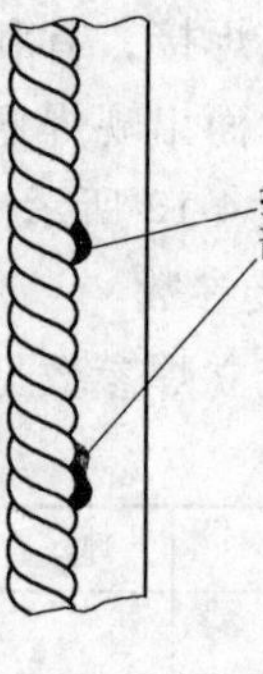

图 4-15　填充焊道前的修磨

四、焊缝中容易出现的缺陷及防止措施

表 4-12 为焊缝中容易出现的缺陷及防止措施。

表 4-12　焊缝中容易出现的缺陷及防止措施

缺陷名称	产生原因	防止措施
气孔	同表 4-8	同表 4-8
咬边	熔滴金属自重下淌	借电弧吹力托住熔滴，防止熔滴下淌
	焊枪位置不当	按给定的焊枪位置操作
	焊枪摆动速度不均匀	摆动速度均匀
飞溅	同表 4-8	同表 4-8

五、CO_2 气体保护焊板对接立焊焊件的评分表

CO_2 气体保护焊板对接立焊的评分见表 4-13。

表 4-13　CO_2 气体保护焊板对接立焊的评分表

考核项目	考核内容	考核要求	配分	评分要求	扣分	得分
安全文明生产	能正确执行安全技术操作规程	按达到规定的标准程度评定	5	违反规定扣 1～5 分		
	按有关文明生产的规定，做到工作地面整洁、工件和工具摆放整齐	按达到规定的标准程度评定	5	违反规定扣 1～5 分		
焊缝的外观质量	正面焊缝余高	0～4mm	4	≤4mm 得 4 分，>4mm 本项不得分		
	背面焊缝余高	0～2mm	4	≤2mm 得 4 分，>2mm 本项不得分		
	正面焊缝余高差	0～2mm	3	≤2mm 得 4 分，>2mm 本项不得分		
	焊缝宽度	≤20mm	4	≤20mm 得 4 分，>20mm 本项不得分		

（续）

考核项目	考核内容	考核要求	配分	评分要求	扣分	得分
焊缝的外观质量	焊缝宽度差	1～2mm	3	≤2mm 得 3 分，>2mm 本项不得分		
	焊缝边缘直线度误差	1～3mm	2	超差 1mm 扣 2 分		
	未焊透	深度≤1.5mm	4	无未焊透得 4 分，有未焊透，每 5mm 扣 1 分；深度 >1.5mm 本项不得分		
	错边	≤1.2mm	6	≤1.2mm 得 6 分，>1.2mm 本项不得分		
	咬边	深度≤0.5mm	10	无咬边得 10 分，有咬边，每长 3mm 扣 1 分；深度 >0.5mm，本项不得分		
	背面凹坑	深度≤2mm	6	无凹坑得 6 分，有凹坑，每长 5mm 扣 1 分；深度 >2mm，本项不得分		
	裂纹、烧穿、焊缝低于母材	不允许存在		出现其中任何一种缺陷，试件为 0 分		
	夹渣、气孔	缺陷尺寸≤3mm	倒扣分（扣到 0 分为止）	缺陷尺寸≤1mm，每个扣 5 分；≤2mm，每个扣 10 分；≤3mm，每个扣 20 分；>3mm 试件为 0 分		

（续）

考核项目	考核内容	考核要求	配分	评分要求	扣分	得分
一般项目	焊缝的内部质量	按 GB/T 3323 —2005 标准对焊缝进行 X 射线探伤	30	Ⅰ级片无缺陷不扣分；Ⅰ级片有缺陷得 25 分；Ⅱ级片扣 10 分；Ⅲ级片扣 15 分；Ⅳ级片不得分		
	焊接接头的弯曲试验	面弯、背弯各一件，弯曲角度 90°	10	面弯不合格扣 4 分 背弯不合格扣 6 分		
	角变形	≤3°	4	超过 3° 本项不得分		

想一想

1. 如何进行向上立焊？
2. 对立焊焊件焊接质量有什么要求？怎样保证焊接质量？

项目四　CO_2 气体保护焊小径管子对接

一、技能训练的目标

表 4-14 为 CO_2 气体保护焊小径管子对接技能训练检验的项目及标准。

表 4-14　技能训练检验的项目及标准

检验项目		标准/mm
外观检查	正面焊缝高度 h	$0 \leq h \leq 2$
	背面焊缝高度 h'	$0 \leq h' \leq 3$
	正面焊缝高低差 h_1	$0 \leq h_1 \leq 2$
	正面焊缝每侧比坡口增宽	1 ~ 3
	焊缝宽度差 c_1	$0 \leq c_1 \leq 2$
	焊缝边缘直线度误差	≤3
	咬边	$F \leq 0.5$　$L \leq 3$
	背面凹坑	$F \leq 1.5$　$0 \leq L \leq 5$
	未焊透	无
	错边量	≤1mm
	裂纹、气孔、烧穿、焊缝低于母材	无
X 射线探伤 GB/T 3323 —2005		Ⅰ级片
弯曲试验 GB2653—1989	冷弯试验	合格

注：表中“F”为缺陷深度；“L”为缺陷长度，累计计算。

二、技能训练的准备

管子对接难度较大，必须在掌握了板对接焊要领后才能进行。对于小径管对接，有水平转动的管子对接、水平固定的管子对接和垂直固定的管子对接三种位置。除了需要掌握单面焊双面成形操作技术，还要根据管子曲率半径不断地转动手腕，随时改变焊枪角度和对中位置，并保证管壁不被烧穿。

1. 焊件的准备

1）钢管2段，材料为Q235A钢，规格为ϕ60mm×5mm×250mm，机械加工V形坡口。

2）清理管子坡口里外边缘20mm范围内的油污、铁锈、水分及其他污染物，使之呈现金属光泽，并清除毛刺。

2. 焊接材料

定位焊和正式焊接均采用CO_2气体保护焊方法进行施焊，选择H08Mn2SiA焊丝，焊丝直径为ϕ1.2mm，注意焊丝使用前对焊丝表面进行清理；CO_2气体纯度要求达到99.5%。

3. 焊接设备

NBC—400半自动焊机。

三、技能训练的任务

（一）水平转动的小径管对接

焊接过程中，允许不断转动小管子，在平焊位置焊接小管对接接头，这是小径管子最容易焊接的项目。

1. 焊接参数（表4-15）

表4-15 焊接参数

焊丝直径/mm	伸出长度/mm	焊接电流/A	电弧电压/V	CO_2气流量/（L/min）
1.2	15～20	90～110	18～20	15

2. 焊接操作

（1）焊枪角度与焊法　采用左向焊法，单层单道焊，小管子水平转动的焊枪角度如图4-16所示。

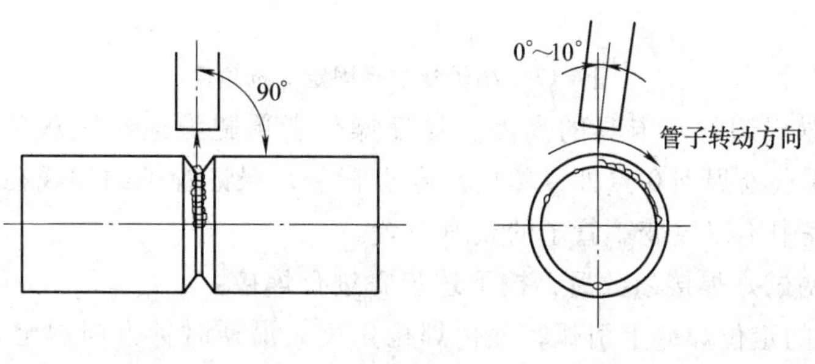

图4-16　小径管水平转动焊枪角度

（2）试件位置　调整好试板架高度，保证操作者坐着或站着能方便地移动焊枪并转动试件。将小管放在试板架上，一个定位焊放在1点处。

（3）焊接　调试好焊接参数后，按下述步骤焊接。

在定位焊缝上引弧，并从右向左焊至11点处灭弧，立即用左手将管子按逆时钟方向转一个角度，将灭弧处转到1点处再焊接。如此不断地转动，直到焊完一圈为止。焊接时要特别注意以下两点：

1）尽可能地右手持枪焊接，左手转动管子，使熔池保持在平焊位置，管子转动速度不能太快，否则熔池金属会流出，焊缝成形不美观。

2）因为焊丝较粗，熔敷效率较高，采用单层单道焊，既要保证焊件背面成形，又要保证正面美观，很难掌握。为防止烧穿，可采用断续焊法，像收弧方法那样，用不断引弧、断弧的办法进行焊接。

（二）水平固定的小径管全位置焊接

焊接过程中，管子轴线固定在水平位置，不准转动，因此必须进行平焊、立焊和仰焊三种位置单面焊双面成形操作，又称小径管全位置焊。

1. 焊接参数

焊接参数同水平转动小径管焊接。

2. 焊接操作

（1）焊枪角度与焊法　采用单层单道焊，焊接过程中小管全位置焊接焊枪的角度变化如图4-17所示。

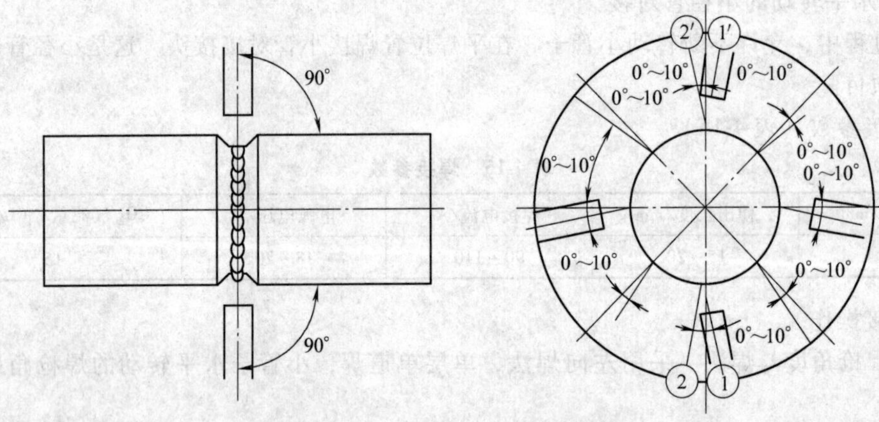

图4-17　小径管水平固定焊枪角度

（2）试件位置　调整好卡具的高度，保证操作者单腿跪地时能从7点处焊到3点处，站着稍弯腰能从3点处焊到0点处，然后固定小管子，保证管子的轴线在水平面内，0点在最上方。焊接过程中不得改变小管子的相对位置。

（3）焊接　调试好焊接参数后，按下述步骤进行焊接：

1）在7点处的定位焊缝上引弧，保持焊枪角度、沿逆时钟方向焊至3点处断弧，不必填弧坑，但断弧后不能立即移开焊枪，要利用余气保护熔池，直到凝固为止。

2）将弧坑处第二个定位焊缝打磨成斜面。

3）在3点处的斜面最高处引弧，沿逆时钟方向焊至11点处断弧。

4）将7点处的焊缝头部磨成斜面，从最高处引燃电弧后迅速接头，并沿顺时钟方向焊至 9 点处断弧。

5）将 9 点和 11 点处的焊缝端部都打磨成斜面，然后从 9 点处引弧，仍沿顺时钟方向焊完封闭段焊缝，在 0 点处收弧，并填满弧坑。

（三）垂直固定的小管焊接

在管对接垂直固定时，焊缝位置与板对接横焊时相似。操作时要依靠不停地转换焊枪角度和调整身体位置来适应焊缝周向的变化；同时熔池金属容易由坡口上侧向坡口下侧堆积，因此在焊接过程中焊丝端部在坡口根部的摆动应以斜锯齿形摆动为主，以控制焊缝良好的成形。

1. 焊接参数（表 4-16）

表 4-16　焊接参数

焊丝直径/mm	伸出长度/mm	焊接电流/A	电弧电压/V	CO_2 气流量/（L/min）
1.2	15～20	110～130	20～22	12～15

2. 焊接操作

（1）焊枪角度与焊法　采用左向焊法，单层单道焊，焊枪角度如图 4-18 所示。

（2）试件位置　调整好试板架的高度，将管子垂直固定好，保证操作者坐着或站着能方便地转动手腕进行焊接，一个定位焊缝位于右侧的准备引弧处。

（3）焊接　调试好焊接参数后，按下述步骤进行焊接：

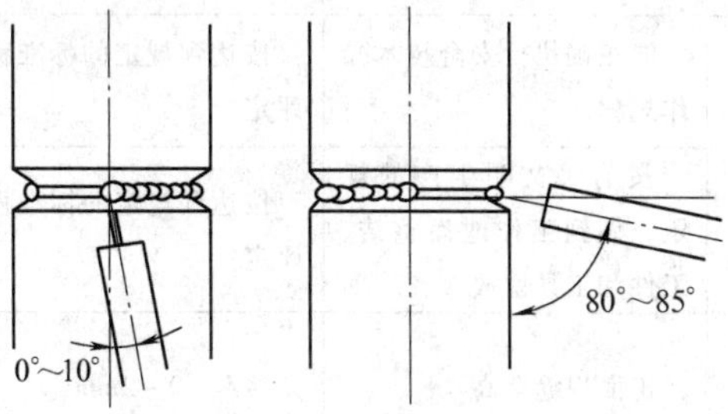

图 4-18　小径管垂直固定焊枪角度

1）在右侧定位焊缝上引弧，焊枪小幅度地作横向摆动，当定位焊缝左侧形成熔孔后，转入正常焊接。

在焊接过程中，尽可能保持熔孔直径不变，熔孔直径比间隙大 0.5～1mm，从右向左焊到不好观察熔池处时断弧，断弧后不能移开焊枪，需利用余气保护熔池直到完全凝固为止，不必填弧坑。

2）将弧坑处磨成斜面后，转到右侧开始引弧处，再从右向左焊接。如此重复直到焊完一圈焊缝。

整个焊接过程中需注意以下几点：

1）尽可能地保持熔孔直径一致，以保证背面焊缝的宽、高均匀。

2）焊枪沿上、下两侧坡口作锯齿形横向摆动，并在坡口面上适当停留，保证焊缝两侧熔合良好。

3）焊接速度不能太慢，防止烧穿、背面焊缝太高或正面焊缝下坠。

四、焊缝中容易出现的缺陷及防止措施

表 4-17 焊缝中容易出现的缺陷及防止措施。

表 4-17　焊缝中容易出现的缺陷及防止措施

缺陷名称	产生原因	防止措施
咬边	焊枪位置不当	按给定的焊枪位置操作
	焊枪摆动速度不均匀	摆动速度均匀
烧穿	焊接电流过大	合理选择焊接参数
	焊接速度太慢	合理选择焊接参数
	装配间隙过大或钝边太薄	调整装配间隙和钝边尺寸
正面焊道下坠或背面焊道凸起	焊接速度慢	合理选择工艺参数
	焊接电流太大	

五、CO_2 气体保护焊小径管对接评分表

CO_2 气体保护焊小径管对接评分见表 4-18。

表 4-18　CO_2 气体保护焊小径管对接评分表

考核项目	考核内容	考核要求	配分	评分要求	扣分	得分
安全文明生产	能正确执行安全技术操作规程	按达到规定的标准程度评定	5	违反规定扣 1 ~ 5 分		
	按有关文明生产的规定，做到工作地面整洁、工件和工具摆放整齐	按达到规定的标准程度评定	5	违反规定扣 1 ~ 5 分		
焊缝的外观质量	正面焊缝余高	0 ~ 2mm	3	≤ 2mm 得 3 分；>2mm 本项为 0 分		
	背面焊缝余高	≤3mm	6	≤ 3mm 得 6 分；>3mm 本项为 0 分		
	正面焊缝余高差	≤2mm	3	≤ 2mm 得 3 分；>2mm 本项为 0 分		
	焊缝宽度差	≤3mm	3	≤ 3mm 得 3 分；>3mm 本项为 0 分		
	焊缝宽度	≤14mm	3	≤ 14mm 得 3 分；>14mm 本项为 0 分		
	裂纹、未焊透、烧穿、焊缝低于母材	不允许存在	1	出现其中任何一种缺陷，试件为 0 分		
	咬边	深度≤0.5mm	12	无咬边得 12 分；有咬边每长 3 mm 扣 1 分；深度 >0.5mm 本项为 0 分		

（续）

考核项目	考核内容	考核要求	配分	评分要求	扣分	得分
焊缝的外观质量	背面凹坑	深度≤1.5mm	7	无凹坑得7分；有凹坑 每长5 mm扣1分； 深度＞1.5mm本项为0分		
	夹渣、气孔	缺陷尺寸≤1.5mm	倒扣分（扣到0分为止）	缺陷尺寸≤0.5mm，每个扣5分；≤1mm，每个扣10分；≤1.5mm，每个扣20分；＞1.5mm试件为0分		
	错边	≤1mm	3	≤1mm得3分，＞1mm本项为0分		
一般项目	焊缝的内部质量	按GB/T 3323—2005标准对焊缝进行X射线探伤	32	Ⅰ级片无缺陷不扣分； Ⅰ级片有缺陷扣4分； Ⅱ级片扣12分； Ⅲ级片0分		
	冷弯试验	按照“锅炉压力容器焊工考试规则”考核	18	每个试样合格得9分； 不合格本项为0分		

1. 小径管子水平固定焊有什么特点？
2. 小径管垂直固定焊要注意哪些问题？

项目五　管板（插入式）T形接头水平固定焊

管板接头是锅炉压力容器焊工的必考项目之一，根据管板接头结构的不同，可分为骑座式与插入式两种，根据管板接头在空间位置的不同，又可分为垂直固定俯位焊接的管板接头（简称为管板平焊）、垂直固定仰位焊接的管板接头（简称为管板仰焊）和水平固定焊接的管板接头（简称为管板全位置焊）。骑座式管板的焊接，需掌握单面焊双面成形技术，难度较大，而插入式管板焊接只需保证焊根有一定的熔深和焊脚尺寸，焊缝内部缺陷在允许范围内就为合格，焊接技术较易掌握。本节主要介绍插入式管板T形接头水平固定焊的技能操作。这种管板焊接位置是插入式管板最难焊的位置，与板板对接焊相比，难点在于焊工必须根据管子的曲率变化连续转动手腕，不断调整焊枪角度和电弧对中位置，同时选择合理的焊接参数，才能保证获得无咬边的对称焊脚。对于初学者，建议在掌握了T形接头焊接技术的基础上，再开始训练管板焊接并反复练习，可收到事半功倍的效果。

一、技能训练的目标

表4-19为管板（插入式）T形接头水平固定焊技能训练检验的项目及标准。

表4-19　技能训练检验的项目及标准

检验项目		标准/mm
外观检查	管侧焊脚尺寸 K	$5 \leqslant K \leqslant 7$
	板侧焊脚尺寸 K'	$5 \leqslant K' \leqslant 7$
	管侧焊脚尺寸差 K_1	$0 \leqslant K_1 \leqslant 2$
	板侧焊脚尺寸 K'_1	$0 \leqslant K'_1 \leqslant 2$
	表面凹凸度 t	$0 \leqslant t \leqslant 1.5$
	夹渣、气孔	$0 \leqslant L \leqslant 3$
	咬边	$F \leqslant 0.5 \quad 0 \leqslant L \leqslant 2$
	裂纹、焊瘤、未熔合	无
	金相宏观检验	按照“锅炉压力容器焊工考试规则”要求

注：表中“F”为缺陷深度；“L”为缺陷长度，累计计算。

二、技能训练的准备

1. 焊件的准备

1）板料及管料各1块，试件尺寸如图4-19所示。

2）试件的清理。在组焊之前，先清除管子焊接端外壁40mm处，孔板内壁及其四周20mm范围内的油污、铁锈、水分及其他污染物，直至露出金属光泽。

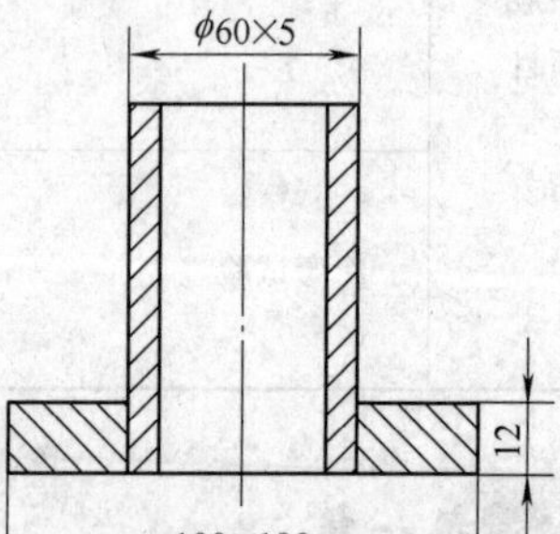

图4-19　插入式管板角接试件尺寸

2. 焊接电源及焊接材料的选用

焊接电源采用NBC—400型焊机，焊接材料的选用见表4-20。

表4-20　焊接材料的选择　（单位：mm）

名　称	牌　号	规　格	要　求
焊丝	H08Mn2SiA	$\phi 1.2$	表面干净整洁，无折丝现象
CO_2气体	—	—	纯度≥99.5%

三、技能训练的任务

1. 装配与定位焊

1）在工作台上将管子按要求插入板孔中，用一点定位。

2）采用与焊接试件相同的焊丝进行定位焊，焊点长度约 10 ~ 15mm，要求焊透，焊脚不能过高。

2. 焊接参数

管板插入式 CO_2 气体保护焊的焊接参数见表 4-21。

表 4-21　管板插入式 CO_2 气体保护焊的焊接参数

焊接层次	焊丝直径/mm	焊丝伸出长度/mm	焊接电流/A	电弧电压/V	CO_2 气流量/（L/min）
打底焊	1.2	15 ~ 20	90 ~ 110	18 ~ 20	10
盖面焊			110 ~ 130	20 ~ 22	15

3. 焊接操作要点

（1）焊枪角度与焊法　管板水平固定焊焊接过程不得改变位置，整个圆周焊缝必须从时钟位置 7 点处开始，按顺、逆时针方向焊接，封闭焊缝收弧处必须在 0 点位置。管板水平固定焊焊枪角度如图 4-20 所示。

（2）试件位置　焊前先调整好卡具的高度，保证焊工单腿跪地时能从 7 点位置处焊到 3 点或 9 点位置，然后站着稍弯腰从 3 点或 9 点位置焊到 0 点，再将管板固定好，保证管子的轴线保持水平，一圈焊缝在垂直面内，0 点位于最上方。

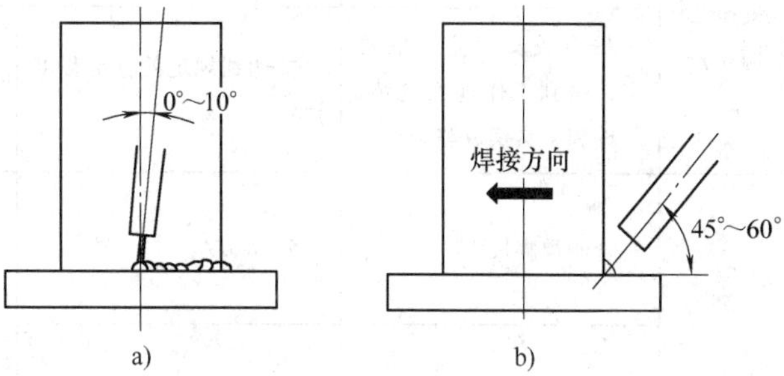

图 4-20　焊枪角度
a）主视图　b）左视图

（3）焊接步骤

1）调整好焊接参数后，在 7 点处引弧，保持焊枪角度沿逆时针方向焊至 3 点处断弧，不必填弧坑，断弧后不能移开焊枪。

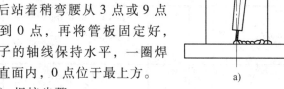

2）迅速改变焊工的体位从 3 点处引弧，仍按逆时针方向由 3 点处焊到 0 点处。

3）将 0 点处的焊缝磨成斜面。

4）从 7 点处引弧，沿顺时针方向焊至 0 点，注意接头要平整，不能凸出太高，并填满弧坑。

如果采用两层两道焊，则按上述要求再焊一次。焊第一层时焊接速度要快，保证根部焊透，焊枪不摆动，保证焊脚较小，盖面焊时焊枪摆动，保证焊缝两侧熔合好，焊脚尺寸符合要求。

需要注意的是，以上步骤实际上是一气完成的，应根据管子的曲率变化，焊工不断地转腕和改变体位连续焊接，按逆、顺时针方向焊完一圈焊缝。

四、焊缝中容易出现的缺陷及防止措施

表 4-22 为焊缝中容易出现的缺陷及防止措施。

表 4-22　焊缝中容易出现的缺陷及防止措施

缺陷名称	产生原因	防止措施
咬边	熔滴金属自重下淌	借电弧吹力托住熔滴，防止熔滴下淌
	焊枪角度不当	按板材和焊脚尺寸控制焊丝角度和电弧偏向
	运条方法不当	采用斜圆圈形摆动运条
未焊透	焊丝角度不正确	调整焊丝角度
	操作姿势不当	根据管子曲率变化不断转腕和改变体位

五、CO_2 气体保护焊插入式管板 T 形接头水平固定焊评分表

CO_2 气体保护焊插入式管板 T 形接头水平固定焊评分见表 4-23。

表 4-23　插入式管板 T 形接头水平固定 CO_2 气体保护焊评分表

考核项目	考核内容	考核要求	配分	评分要求	扣分	得分
安全文明生产	能正确执行安全技术操作规程	按达到规定的标准程度评定	5	违反规定扣 1～5 分		
	按有关文明生产的规定，做到工作地面整洁、工件和工具摆放整齐	按达到规定的标准程度评定	5	违反规定扣 1～5 分		
焊缝的外观质量	管侧焊脚尺寸	$5 \leqslant K \leqslant 7$	6	$5 \leqslant K \leqslant 7$ 得 6 分；$K > 7$mm 或 $K < 5$ 本项为 0 分		
	板侧焊脚尺寸	$5 \leqslant K \leqslant 7$	6	$5 \leqslant K \leqslant 7$ 得 6 分；$K > 7$mm 或 $K < 5$ 本项为 0 分		
	管侧焊脚尺寸差	≤2	6	≤2 得 6 分；>2mm本项为 0 分		
	板侧焊脚尺寸差	≤2	6	≤2 得 6 分；>2mm 本项为 0 分		
	表面凹凸度（t）	≤1.5	6	≤1.5mm 得 6 分；深度 >1.5mm 本项为 0 分		
	夹渣、气孔	缺陷尺寸≤3mm	倒扣分（扣到 0 分为止）	缺陷尺寸≤1mm，每个扣 5 分；≤2mm，每个扣 10 分；≤3mm，每个扣 20 分；>3mm 试件为 0 分		

（续）

考核项目	考核内容	考核要求	配分	评分要求	扣分	得分
焊缝的外观质量	咬边	$F \leq 0.5$	15	无咬边得 15 分；有咬边，每长 2mm 扣 1 分；咬边深度 > 0.5mm 本项为 0 分		
	裂纹、未熔合、焊瘤	不允许存在		出现其中任何一种缺陷，试件为 0 分		
	宏观金相检验	按照“锅炉压力容器焊工考试规则”要求考核	45	每个检查面合格得 15 分；不合格本项为 0 分		

想一想

1. 插入式管板 CO_2 气体保护焊有什么特点？
2. 怎样保证插入式管板 T 形接头水平固定焊的焊接质量？

项目六 CO_2 气体保护焊大径管对接

一、技能训练的目标

表 4-24 为 CO_2 气体保护焊大径管对接技能训练检验的项目及标准。

表 4-24 技能训练检验的项目及标准

检验项目		标准/mm
外观检查	焊缝高度 h	$0 \leq h \leq 4$
	焊缝高低差 h_1	$0 \leq h_1 \leq 3$
	焊缝宽度 c	$c \leq 14$
	焊缝宽度差 c_1	$0 \leq c_1 \leq 2$
	背面焊缝高度 h'	$0 \leq h' \leq 4$
	咬边	$F \leq 0.5$　$L \leq 3$
	背面凹坑	$F \leq 2.0$　$0 \leq L \leq 5$
	错边量 t	$t \leq 1$
	夹渣、气孔	$L \leq 1.5$mm
	裂纹、烧穿、焊缝低于母材	无
X 射线探伤 GB/T 3323—2005		Ⅰ级片
弯曲试验 GB2653—1989	冷弯试验	合格

注：表中“F”为缺陷深度；“L”为缺陷长度，累计计算。

二、技能训练的准备

1. 焊件的准备

1）无缝钢管 2 段，Q345 钢（16Mn），规格为 ϕ133mm × 10mm × 100mm，机械加工 V 形坡口，加工角度为 30° ± 1°，不留钝边。

2）清理管子坡口里外边缘 20mm 范围内的油污、铁锈、水分及其他污染物，使之呈现金属光泽，并清除毛刺。

2. 焊接材料

定位焊和正式焊接均采用 CO_2 气体保护焊方法进行施焊，选择 H08Mn2SiA 焊丝，焊丝直径为 ϕ1.2mm，注意焊丝使用前对焊丝表面进行清理且无折丝现象；CO_2 气体纯度要求达到 99.5%。

3. 焊接设备

NBC—400 半自动焊机。

三、技能训练的任务

（一）水平转动的大径管对接

焊接过程中，允许不断转动大管子，在平焊位置焊接，这是大径管子最容易焊接的位置。

1. 焊接参数（表 4-25）

表 4-25　焊接参数

焊接层数	焊丝直径/mm	伸出长度/mm	焊接电流/A	电弧电压/V	CO_2 气流量/（L/min）
1	1.2	15 ~ 20	110 ~ 130	18 ~ 20	15
2			130 ~ 150	20 ~ 22	
3			130 ~ 140	20 ~ 22	

2. 焊接操作

（1）焊枪角度与焊法　采用左向焊法，三层 3 道，大径管水平转动的焊枪角度如图4-16 所示。

（2）试件位置　调整好试板架高度，保证操作者坐着或站着能方便地移动焊枪并转动试件。将大管放在试板架上，一个定位焊放在 1 点处。

（3）打底焊　调试好打底焊工艺参数后，在 1 点处的定位焊缝上引弧，并从右向左焊至 11 点处断弧，立即用左手将管子按顺时钟方向转一个角度，将灭弧处转到 1 点处再焊接。如此不断地转动，直到焊完一圈为止。如果可能，最好边转边焊，连续焊完一圈打底焊缝，焊接时要特别注意以下几点：

1）尽可能用右手持枪焊接，左手转动管子，使熔池保持在平焊位置，管子转动速度就是焊接速度，不能太快，否则熔池金属会流出，焊缝成形不美观。

2）打底焊道必须保证焊缝的背面成形良好，为此，焊接过程中要控制好熔孔直径，保持熔孔直径比间隙大 0.5 ~ 1mm 较为合适。

3）除尽打底焊道的熔渣、飞溅，并用角向磨光机将打底焊道上的局部凸起处磨平。

(4) 填充焊　调整好填充焊焊接参数后，按打底焊步骤焊完填充焊道。需注意以下问题：

1) 焊枪摆动的幅度应稍大，并在坡口两侧适当停留，保证焊道两侧熔合良好，焊道表面平整，稍下凹。

2) 控制好填充焊道的高度，使焊道表面离管子外圆 2～3mm，不能熔化坡口的上棱，如图 4-11 所示。

(5) 盖面焊　调整好盖在的焊接参数后，焊完盖面焊道，需注意以下几点：

1) 焊枪摆动的幅度应比填充焊时大，并在两侧稍停留，使熔池边缘超过坡口棱边 0.5～1.5mm，保证两侧熔合良好。

2) 转动管子的速度要慢，保持在水平位置焊接，使焊道外形美观。

(二) 水平固定的大径管对接

焊接过程中，管子轴线固定在水平位置，不准转动，因此必须进行平焊、立焊和仰焊三种位置单面焊双面成形操作，焊接难度较人。

1. 焊接参数

焊接参数的选择见表 4-26。

表 4-26　焊接参数

焊接层数	焊丝直径/mm	伸出长度/mm	焊接电流/A	电弧电压/V	CO_2 气流量/（L/min)
1	1.2	15～20	110～130	18～20	12～15
2			130～150	20～22	
3					

2. 焊接操作

(1) 焊枪角度与焊法　焊接三层 3 道，从 7 点处开始按顺、逆时针方向焊接，焊枪的角度如图 4-17 所示。

(2) 试件位置　调整好试板架的高度，将管子水平固定在试板架上，保证操作者单腿跪地时能方便地从 7 点处焊到 3 点处，站着能方便地从 3 点处焊到 0 点。

(3) 打底焊　调整好打底焊的工艺参数后，在 7 点处定位焊缝上引弧，沿逆时针方向作小幅度锯齿形摆动，当定位焊右侧形成熔孔后转入正常焊接。

焊接过程中应控制好熔孔直径，通常熔孔直径比间隙大 0.5～1mm 较为合适，熔孔与间隙两边对称才能保证焊根熔合良好。

焊到不便操作处时可灭弧，不必填弧坑，但焊枪不能离开熔池。应利用余气保护熔池直至完全凝固为止。将灭弧处的弧坑磨成斜面，在此引弧形成熔孔后，仍沿逆时针方向焊至 0 点处。

从 7 点处开始，按顺时针方向焊至 0 点处，除干净熔渣、飞溅，磨掉打底焊道接头局部凸起处。

(4) 填充焊　调试好填充焊接参数后，按打底焊步骤焊完填充焊道。焊接过程中要求焊枪摆动的幅度稍大，在坡口两侧适当停留，保证熔合良好，焊道表面稍下凹，不能熔化管子外表面坡口的棱边。

(5) 盖面焊　按填充焊道的工艺参数和焊接顺序焊完盖面焊道，需注意以下两点：

1）焊枪摆动的幅度应比焊填充焊道时大，保证熔池边缘超出坡口上棱0.5～2.5mm内。

2）焊接速度要均匀，保证焊道外形美观，余高合适。

（三）垂直固定大径管对接

这个项目又称为大径管横焊，相对来说是比较容易掌握的。焊接时的主要问题是焊缝不对称。通常都用多层多道焊来调整焊缝外观形状，焊接时要掌握好焊枪的角度。

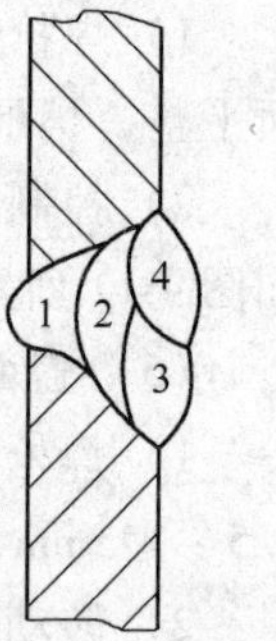

图4-21 大径管横焊焊道

1. 焊接参数（表4-26）

2. 焊接操作

（1）焊枪角度与焊法　采用左向焊法，三层4道焊，大径管的横焊焊道如图4-21所示。

（2）试件位置　调整好试板架的高度，将大径管子垂直放在试板架上，保证操作者站着能方便地摆动和水平移动焊枪。将一个定位焊缝放在右侧的准备引弧处。

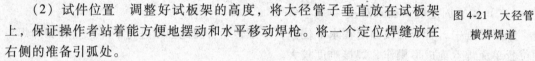

（3）打底焊　调整好打底参数后，在试件右侧定位焊缝上引弧，自右向左开始作小幅度的锯齿形横向摆动，待左侧形成熔孔后，转入正常焊接。打底时的焊枪角度如图4-22所示。

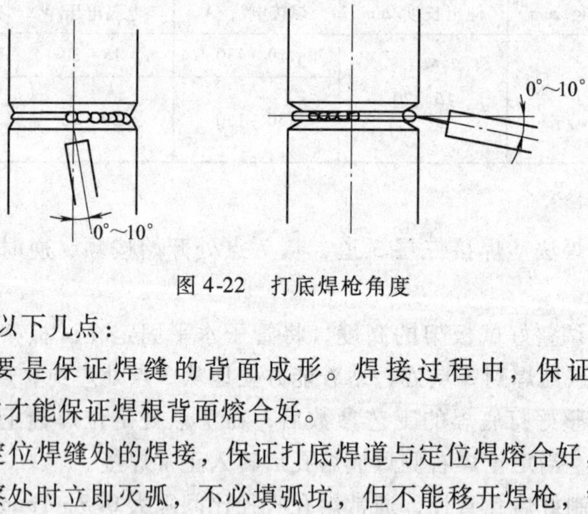

图4-22 打底焊枪角度

打底焊时需注意以下几点：

1）打底焊道主要是保证焊缝的背面成形。焊接过程中，保证熔孔直径比间隙大0.5～1mm，两边对称才能保证焊根背面熔合好。

2）要特别注意定位焊缝处的焊接，保证打底焊道与定位焊熔合好，接头接好。

3）焊到不便观察处时立即灭弧，不必填弧坑，但不能移开焊枪，需利用CO_2气体保护熔池直到完全凝固，然后将试件转过一个角度，将弧坑转到开始引弧处再引弧焊接，直到焊完打底焊道。

4）除净熔渣、飞溅后，用角向磨光机将接头局部凸起处磨掉。

（4）填充焊　调整好填充焊的参数后，自右向左焊完填充焊道，需注意以下几点：

1）适当加大焊枪的横向摆动幅度，保证坡口两侧熔合好，焊枪的角度与打底焊时要求相同。

2）不准熔化坡口的棱边，保证焊缝表面平整并低于管子表面2.5～3mm。

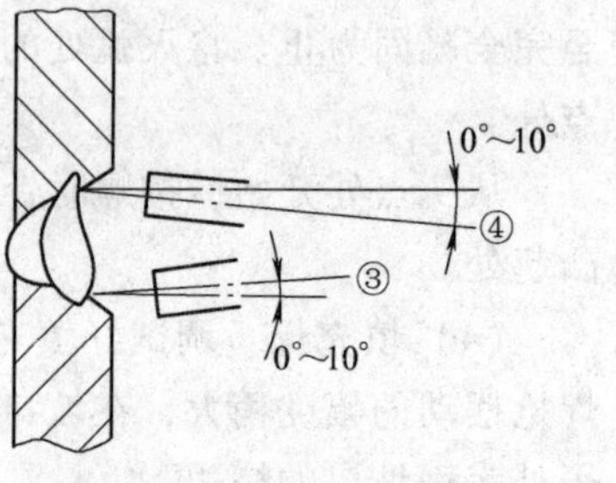

图4-23 盖面焊焊枪角度

3）除净熔渣、飞溅，并打磨掉填充焊道接头的局部凸起处。

（5）盖面焊　用填充焊道的焊接参数和焊接步骤焊完盖面焊道，应注意以下几点：

1）为了保证焊缝余高对称，盖面层焊道分两道，焊枪角度如图 4-23 所示。

2）焊接过程中，要保证焊缝两侧熔合良好，熔池边缘超过坡口棱边 0.5 ~ 2mm。

四、焊缝中容易出现的缺陷及防止措施

焊缝中容易出现的缺陷及防止措施见表 4-27。

表 4-27　焊缝中容易出现的缺陷及防止措施

缺陷名称	产生原因	防止措施
咬边	焊枪位置不当	按给定的焊枪位置操作
	焊枪摆动速度不均匀	摆动速度均匀
烧穿	焊接电流过大	合理选择焊接参数
	焊接速度太慢	合理选择焊接参数
	装配间隙过大或钝边太薄	调整装配间隙和钝边尺寸
正面焊道下坠或背面焊道凸起	焊接速度慢	合理选择工艺参数
	焊接电流太大	

五、CO_2 气体保护焊大径管对接评分表

CO_2 气体保护焊大径管对接评分见表 4-28。

表 4-28　CO_2 气体保护焊大径管对接评分表

考核项目	考核内容	考核要求	配分	评分要求	扣分	得分
安全文明生产	能正确执行安全技术操作规程	按达到规定的标准程度评定	5	违反规定扣 1 ~ 5 分		
	按有关文明生产的规定，做到工作地面整洁、工件和工具摆放整齐	按达到规定的标准程度评定	5	违反规定扣 1 ~ 5 分		
焊缝的外观质量	正面焊缝余高	0 ~ 4mm	3	≤4mm 得 3 分；>4mm 本项为 0 分		
	背面焊缝余高	≤4mm	6	≤4mm 得 6 分；>4mm 本项为 0 分		
	正面焊缝余高差	≤3mm	3	≤3mm 得 3 分；>3mm 本项为 0 分		
	焊缝宽度差	≤2mm	3	≤2mm 得 3 分；>2mm 本项为 0 分		
	焊缝宽度	≤14mm	3	≤14mm 得 3 分；>14mm 本项为 0 分		
	错边	≤1mm	3	≤1mm 得 3 分；>1mm 本项为 0 分		

（续）

考核项目	考核内容	考核要求	配分	评分要求	扣分	得分
焊缝的外观质量	咬边	深度≤0.5mm	12	无咬边得 12 分；有咬边每长 3 mm 扣 1 分；深度 > 0.5mm 本项不得分		
	背面凹坑	深度≤2mm	7	无凹坑得 7 分；有凹坑每长 5mm 扣 1 分；深度 > 2mm 本项为 0 分		
	夹渣、气孔	缺陷尺寸≤1.5mm	倒扣分（扣到 0 分为止）	缺陷尺寸≤0.5mm，每个扣 5 分；≤1mm，每个扣 10 分；≤1.5mm，每个扣 20 分；>1.5mm 试件为 0 分		
	裂纹、烧穿、焊缝低于母材	不允许存在		出现其中任何一种缺陷，试件为 0 分		
	焊缝的内部质量	按 GB/T 3323—2005 标准对焊缝进行 X 射线探伤	32	Ⅰ级片无缺陷不扣分；Ⅰ级片有缺陷扣 4 分；Ⅱ级片扣 12 分；Ⅲ级片 0 分		
	冷弯试验	按照“锅炉压力容器焊工考试规则”考核	18	每个试样合格得 9 分；不合格本项为 0 分		

想一想

1. 大径管对接水平固定焊装配时应如何进行定位焊？
2. 对大径管对接焊接质量有什么要求？怎样保证焊接质量？

第五单元　手工钨极氩弧焊技能训练

项目一　手工钨极氩弧焊机的基本操作

一、技能训练的目标

1. 掌握手工钨极氩弧焊机的外部连接
2. 掌握手工钨极氩弧焊引弧、试焊以及收弧操作方法
3. 掌握右焊法、左焊法、焊丝送进方法，以及焊丝与焊枪协调配合的操作技术

二、技能训练的准备

1. 手工钨极氩弧焊机的外部连接

外部接线如下图 5-1 所示，主要由焊接电源、控制箱、焊枪、供气及冷却系统等部分组成。

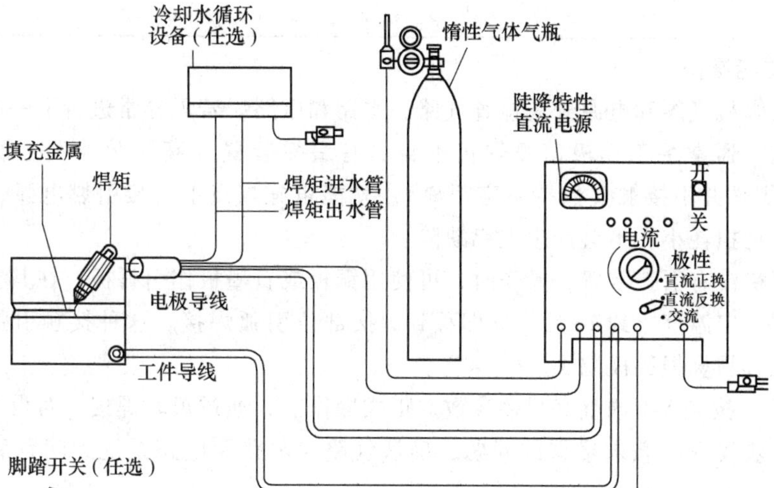

图 5-1　手工钨极氩弧焊机外部接线图

2. 检查电源线路、水路、气路等是否正常

1）采用 Wce—20 铈钨极，直径为 2mm，端头磨成 30°圆锥形，锥端直径 0.5mm，其顶部稍留 0.5～1mm 直径的小圆台为宜，电极的外伸长度为 3～5mm。

2）引弧前应提前 5～10s 输送氩气，借以排除管中及工件被焊处的空气，并调节减压器到所需流量值，若不用流量计则可凭经验，把喷嘴对准手心确定气体流量。

3. 焊件的准备

1）板料1块，材料为Q235板，每块板件的尺寸如图5-2所示。

2）矫平。

3）焊件与焊丝清理：清理板材表面的油污、铁锈、氧化皮、水分及其他污染物，并清除毛刺；焊丝用砂布清除锈蚀及油污。

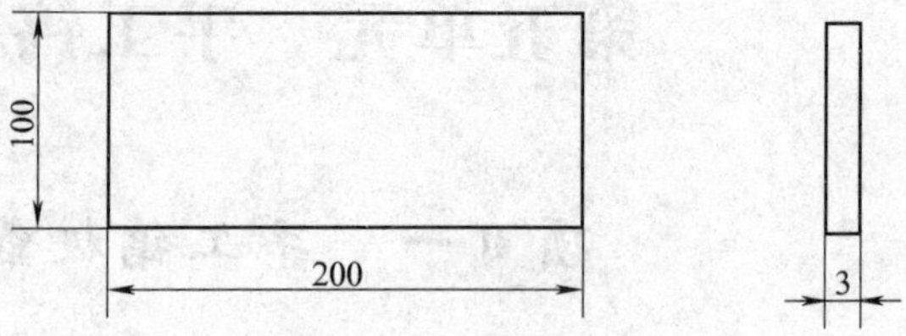

图5-2　板件备料图

4. 焊接材料

H08A焊丝，直径为2mm，注意焊丝使用前对焊丝表面进行清理；Ar气体纯度要求是达到99.6%。

5. 焊接设备

NSA2—250型手工钨极氩弧焊机；AT—15型氩气瓶及氩气流量调节器；水冷式焊枪。

三、技能训练的任务

1. 焊接参数

根据选用的焊丝直径、钨极直径来选定焊接电流、氩气流量，具体如表5-1所示：

表5-1　焊接参数

焊丝牌号	焊丝直径/mm	钨极直径/mm	焊接电流/A	氩气流量/（L/min）
H08A	2	2	70～90	6～7

2. 焊接技能操作

分别开启焊机气阀和电源开关检查气路、水路和电路，若无异常进行下一步工作。

（1）引弧　通常手工钨极氩弧焊机本身具有引弧装置（高压脉冲发生器或高频振荡器），钨极与焊件并不接触（保持一定距离），就能再施焊点上直接引燃电弧，可使钨极端头保持完整，钨损耗小，不会产生夹钨缺陷。

若氩弧焊机没有引弧装置，操作时，可使用铜板或石墨板作引弧板，在其上引弧，使钨极端头受热到一定温度，约1s后，立即移到焊接部位引弧焊接。这种接触引弧产生很大的短路电流，很容易烧损钨极端头。

（2）试焊　按表5-1调整好焊接参数，正式操作前，通过短时焊接，对设备进行一次负载检查，进一步发现空载未暴露的问题，确认气路、水路及电路系统无问题后开始焊接操作。

1）将焊件平放在工作台面上进行试焊，手握焊枪的姿势如图5-3所示，焊道与焊道间距为20～30mm。采用如下图5-4所示的左焊法，焊枪与焊件表面成70°～80°的夹角，填充焊丝与焊件表面成10°～15°。

2）将电弧引燃后，保持喷嘴至焊接处一定距离并稍作停留，使母材形成熔池后再送丝。填充焊丝时，焊丝的端头切勿与钨极接触，否则焊丝会被钨极沾染，熔入熔池后形成夹钨，并且钨极端头沾有焊丝熔液，端头变为球状影响正常焊接。

3）焊丝送入熔池的落点应在熔池的前沿处，被熔化后，将焊丝移出熔池，然后再将焊丝重复地送入熔池，直至将整条焊道焊完。

4）若中途停顿或焊丝用完再继续焊接时，要用电弧把起焊处的熔池金属重新熔化，形成新的熔池后再加入焊丝，并与原焊道重叠5mm左右，在重叠处要少添加焊丝，避免接头过高。

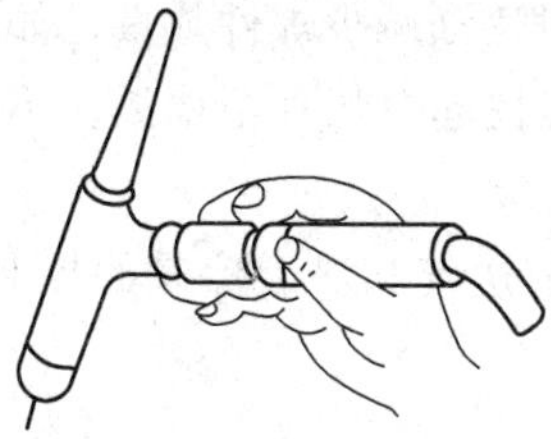

图5-3　手握焊枪的操作姿势

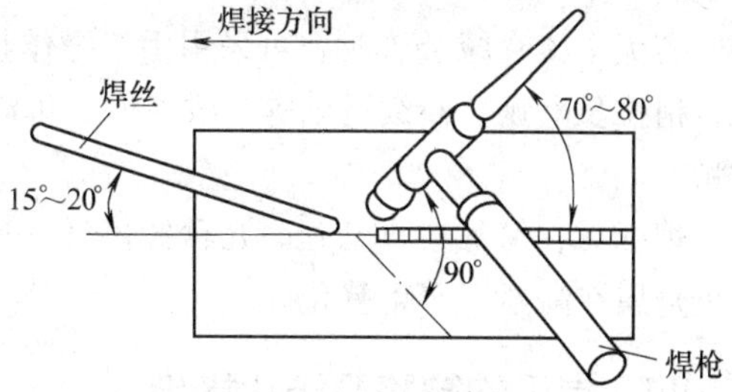

图5-4　焊枪、焊件与焊丝相对位置间的夹角

(3) 右焊法与左焊法　右焊法适用于厚件的焊接，焊枪从左向右移动，电弧指向已焊部分，有利于氩气保护焊缝表面不受高温氧化。

左焊法适用于薄件的焊接，焊枪从右向左移动，电弧指向未焊部分有预热作用，容易观察和控制熔池温度，焊缝成形好，操作容易掌握，一般均采用左焊法。

左焊法和右焊法的操作方法具体如图5-5所示。

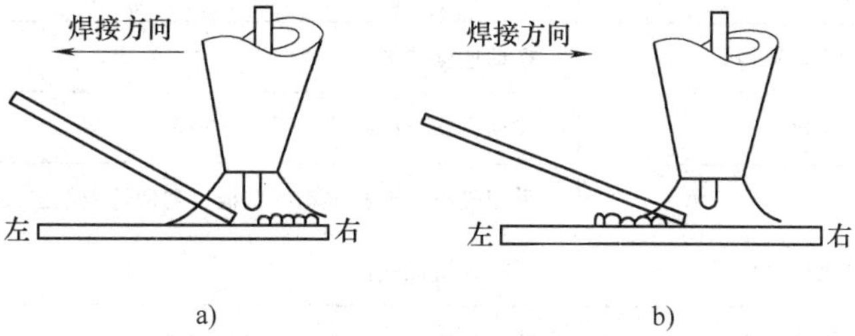

图5-5　焊接操作手法

a）左焊法　b）右焊法

(4) 焊丝送进方法　一种方法是左手捏住焊丝的远端，靠左臂移动送进，由于送丝时手臂易抖动，不推荐采用；另一种是以左手拇指、食指捏住焊丝，并用中指和虎口配合拖住焊丝便于操作的部位，需要送丝时，将捏住焊丝弯曲的拇指和食指伸直，稳稳地将焊丝送入焊接区，然后借助中指和虎口托住焊丝，迅速弯曲拇指、食指，向上倒换捏住焊丝，如此反复完成焊丝填充。

(5) 焊丝与焊枪协调配合

1）焊丝的填加和焊枪的运行动作要配合协调，焊枪要保持一定的弧长且平稳而均匀地前移。

2）焊丝端部位于钨极前下方，不可触及钨极，钨极端部要对准接口，防止焊缝偏移和熔合不良。

3）遇到定位焊缝时，可适当抬高焊枪，并加大焊枪与焊件间的角度，以保证焊透。

4）焊接过程中，若焊件间隙变小时，则应停止填丝，将电弧压低1～2mm，直接进行击穿；当间隙增大时，应快速向熔池填加焊丝，然后向前移动焊枪，以避免产生烧穿和塌陷现象。如果发现由下沉趋向时，必须断电熄弧片刻，再重新引弧继续焊接。

(6) 收弧　收弧方法不正确，容易产生弧坑裂纹、气孔和烧穿等缺陷。因此，应采取衰减电流的方法，即电流由大到小逐渐下降，以填满弧坑。

一般氩弧焊机都配有电流自动衰减装置，收弧时，通过焊枪手柄上的按钮断续送电来填满弧坑。

若无电流衰减装置时，可采用手工操作收弧，其要领时逐渐减少焊件热量，如改变焊枪角度、稍拉长电弧、断续送电等。收弧时，填满弧坑后，慢慢提起电弧直至熄弧，不要突然拉断电弧。

熄弧后，氩气会自动延时几秒钟停气（因焊机具有提前送气和滞后停气的控制装置），以防止金属在高温下产生氧化。

四、常见的缺陷及防止措施

焊缝中容易出现的缺陷及防止措施见表5-2。

表5-2 焊缝中容易出现的缺陷及防止措施

缺陷名称	产生原因	防止措施
气孔	母材上油、锈等污物	焊前用化学或机械方法清理干净工件
	气体保护效果差	勿使喷嘴过高；勿使焊速过大；采用合格的惰性气体
	焊枪摆动速度不均匀	摆动速度均匀
夹钨	接触引弧所致	采用自动引弧装置
	钨极熔化	采用较小电流和较粗的钨极；勿使钨极伸出长度过大
	错用了氧化性气体	更换为惰性气体
	填丝触及热钨极之尖端	熟练操作，勿使填丝与钨极相接触
电弧不稳	母材被污染	焊前仔细清理母材
	电极被污染	磨去被污染的部分
	钨极太粗	选用适宜的较细钨极
	钨极尖端行不合理	重新将钨极断头磨好
	电弧太长	适当压低喷嘴，缩短电弧
电极烧损严重	采用了反极性接法	采用较粗的钨极或改为正极性接法
	气体保护不良	加强保护，即加大气流量；压低喷嘴；减小焊速；清理喷嘴
	钨极直径与所用电流值不匹配	采用较粗的钨极或较小的电流

想一想

1. 简述手工钨极氩弧焊的引弧和收弧的操作要点？
2. 手工钨极氩弧焊的左焊法与右焊法如何操作？
3. 试进行手工钨极氩弧焊机的外部连接？
4. 手工钨极氩弧焊时，焊丝送进方法如何操作？
5. 手工钨极氩弧焊时，焊丝与焊枪如何协调配合进行操作？

项目二　平板对接平焊

一、技能训练的目标

平板对接平焊技能训练检验的项目及标准见表5-3。

表5-3　技能训练检验的项目及标准

检验项目		标准/mm
外观检查	焊缝宽度 c	$4\leqslant c\leqslant 6$
	焊缝宽度差 c'	$0\leqslant c'\leqslant 1$
	焊缝余高 h	$0\leqslant h_1\leqslant 2$
	焊缝余高差 h'	$0\leqslant h'\leqslant 1$
	错边量	无
	焊后角变形 θ	$0°\leqslant\theta\leqslant 3°$
	夹渣	无
	气孔	无
	未焊透	无
	未熔合	无
	咬边	无
	凹陷	无
X射线探伤GB/T 3323—2005		I级片
弯曲试验 GB2653—89	面弯	合格
	背弯	合格

注：表中“F”为缺陷深度；“L”为缺陷长度，累计计算。

二、技能训练的准备

1. 焊件准备

1）板料2块，材料为Q235板，每块板件尺寸100×200mm，厚度为3mm。

2）焊件与焊丝清理：清理板材表面的油污、铁锈、氧化皮、水分及其他污染物，并清除毛刺；焊丝用砂布清除锈蚀及油污。

3）装配及定位焊：定位焊时，先焊焊件两端，然后在中间加定位焊点，待焊件边缘熔化形成熔池后再加入焊丝，且定位焊缝宽度应小于最终焊缝宽度。定位焊也可以不填加焊丝，直接利用母材的熔合进行定位。

4）矫平：定位焊后必须矫正焊件，保证不错边，并做适当的反变形，减小焊后变形。

2. 焊接材料

H08A焊丝，直径为3mm，注意焊丝使用前对焊丝表面进行清理；Ar气体纯度要求是达到99.6%。

3. 焊接设备

NSA2—250 型手工钨极氩弧焊；AT—15 型氩气瓶及氩气流量调节器；水冷式焊枪。

三、技能训练的任务

1. 焊接参数

根据选用的焊丝直径、钨极直径来选定焊接电流、氩气流量，具体如表 5-4 所示。

表 5-4 焊接参数

焊丝牌号	焊丝直径/mm	钨极直径/mm	焊接电流/A	氩气流量/(L/min)
H08A	3	3	100 ~ 120	10 ~ 14

2. 焊接操作技术

(1) 打底焊 采用左焊法。将稳定燃烧的电弧拉向定位焊缝的边缘，用焊丝迅速触及焊接部位进行试探，当感到部位变软开始熔化时，立即填加焊丝。

焊丝的填充：一般采用断续点滴填充法，即焊丝端部在氩气保护区内，向熔池边缘以滴状反复加入，焊枪向前作微微摆动。

(2) 收弧和接头 一根焊丝用完后，焊枪暂不抬起，按下电流衰减开关，左手迅速更换焊丝，将焊丝端头置于熔池边缘后，启动正常焊接电流继续进行焊接。

若条件不允许，则应先使用衰减电流，停止送丝，等待熔池缩小且凝固后再移开焊枪。进行接头时，采用始焊时相同的方法引弧，然后将电弧拉至收弧处，压低电弧直接击穿接口根部，形成新的熔池后再填丝焊接。

(3) 盖面焊 盖面层焊接要相应加大焊接电流，并要选择比打底焊时稍大些的钨极直径及焊丝。操作时，焊丝与焊件间的角度尽量减小，送丝速度相对快些，并且连续均匀。焊枪作小锯齿形横向摆动，其幅度比打底焊时稍大，在接口两侧稍作停留，熔池超过接口棱边 0.5 ~ 1mm，根据焊缝的余高决定填丝速度，保证熔合良好，焊缝均匀平整。

四、焊缝中的缺陷及防止措施

焊缝中容易出现的缺陷及防止措施见表 5-5。

表 5-5 焊缝中容易出现的缺陷及防止措施

缺陷名称	产生原因	防止措施
余高地大	送丝速度过快	适当降低送丝速度
焊缝下凹和咬边	送丝速度过慢	适当增加送丝速度
夹钨	钨极与焊丝或钨极与熔池接触	避免接触

五、评分表

手工氩弧焊平板对接的评分见表 5-6。

表 5-6　手工氩弧焊平板对接的评分表

考核项目	考核内容	考核要求	配分	评分要求	扣分	得分
安全文明生产	能正确执行安全技术操作规程	按达到规定的标准程度评定	5	违反规定扣 1 ~ 5 分		
	按有关文明生产的规定，做到工作地面整洁、工件和工具摆放整齐	按达到规定的标准程度评定	5	违反规定扣 1 ~ 5 分		
土要项目	焊缝的外形尺寸	焊缝宽度 c	8	超过标准不得分		
		焊缝宽度差 c'	6	超过标准不得分		
		焊缝余高 h	8	超过标准不得分		
		焊缝余高差 h'	6	超过标准不得分		
		错边量	6	超过标准不得分		
		焊后角变形 θ	6	超过标准不得分		
	焊缝的外观质量	夹渣	5	出现一处扣 3 分		
		气孔	5	出现一处扣 3 分		
		未焊透	5	出现一处扣 3 分		
		未熔合	5	出现一处扣 3 分		
		咬边	5	出现一处扣 3 分		
		凹陷	5	出现一处扣 3 分		
	焊缝的内部质量	按 GB/T 3323—2005 标准对焊缝进行 X 射线探伤	20	Ⅰ级片不扣分；Ⅱ级片扣 10 分；Ⅲ级片扣 20 分		
一般项目	焊接接头的弯曲试验	面弯、背弯各一件，弯曲角度 90°	10	面弯不合格扣 4 分背弯不合格扣 6 分		

六、典型工艺

1. 产品结构与材料

板料 2 块，材料为 Q235 板，每块板件尺寸如图 5-6 所示。材质为低碳钢 Q235，板厚为 3mm。采用 I 形坡口对接，间隙为 0 ~ 1mm，焊接方法为手工氩弧焊。

焊丝选用 H08A，直径为 2. 5mm、3mm。

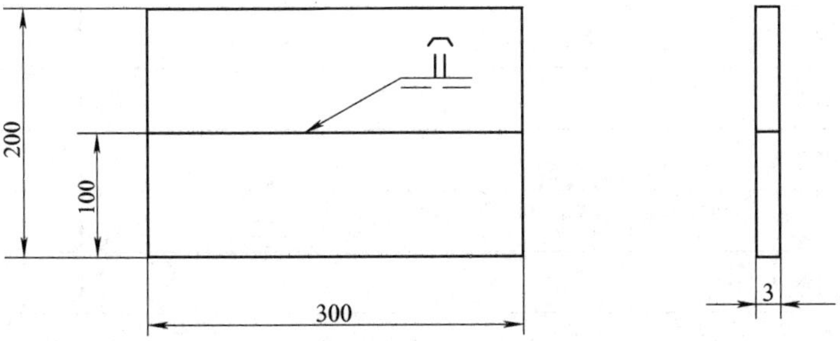

图 5-6　板件备料图

2. 焊接工艺

1）清理钢板坡口和两侧各 20mm 范围内油污、铁锈和氧化物等。

2）对钢板进行装配及定位焊，采用焊丝直径为2.5mm，先焊焊件两端，然后在中间加定位焊点，并进行矫平。

3）打底焊：起焊后采用左焊法，注意焊丝的填充、收弧与接头。选用的焊丝直径、钨极直径来选定焊接电流、氩气流量，具体如表5-7所示：

表5-7　焊接参数

焊接层次	焊丝牌号	焊丝直径/mm	钨极直径/mm	焊接电流/A	氩气流量/（L/min）
1	H08A	2.5	2.5	70~90	8~12
2	H08A	3	3	100~120	10~14

4）盖面焊：焊枪作小锯齿形横向摆动，其幅度比打底焊时稍大，在接口两侧稍作停留，熔池超过接口棱边0.5~1mm。

5）焊后关闭气路和电源：将焊枪连同输气管和控制电缆等盘好挂起，并清理工作现场。

6）清理焊件，检查焊缝表面质量。

7）焊后对焊缝进行超声波探伤。

想一想　1. 手工钨极氩弧焊的操作技能要点有哪些？

2. 手工钨极氩弧焊平板对接常见的缺陷和防止措施是什么？

项目三　平板对接立焊

一、技能训练的目标

平板对接立焊技能训练检验的项目及标准见表5-8。

表5-8　技能训练检验的项目及标准

检验项目		标准/mm
外观检查	焊缝宽度 c	$4 \leqslant c \leqslant 6$
	焊缝宽度差 c'	$0 \leqslant c' \leqslant 1$
	焊缝余高 h	$0 \leqslant h \leqslant 2$
	焊缝余高差 h'	$0 \leqslant h' \leqslant 1$
	错边量	无
	焊后角变形 θ	$0° \leqslant \theta \leqslant 3°$
	夹渣	无
	气孔	无
	未焊透	无

（续）

检验项目		标　准/mm
外观检查	未熔合	无
	咬边	无
	凹陷	无
X 射线探伤 GB/T 3323—2005		I级片
弯曲试验 GB2653—1989	面弯	合格
	背弯	合格

注：表中“F”为缺陷深度；“L”为缺陷长度，累计计算。

二、技能训练的准备

1. 焊件准备

1）板料2块，材料为Q235板，每块板件的尺寸100mm×200mm，厚度为3mm。

2）焊件与焊丝清理：清理板材表面的油污、铁锈、氧化皮、水分及其他污染物，并清除毛刺；焊丝用砂布清除锈蚀及油污。

3）装配及定位焊：定位焊时，先焊焊件两端，然后在中间加定位焊点，待焊件边缘熔化形成熔池后再加入焊丝，且定位焊缝宽度应小于最终焊缝宽度。

4）矫平：定位焊后必须矫正焊件，保证不错边，并做适当的反变形，减小焊后变形。

2. 焊接材料

H08A焊丝，直径为2.5mm，注意焊丝使用前对焊丝表面进行清理；氩气纯度要求达到99.6%。

3. 焊接设备

NSA2—250型手工钨极氩弧焊；AT—15型氩气瓶及氩气流量调节器；水冷式焊枪。

三、技能训练的任务

1. 焊接参数（表5-9）

表5-9　平板对接立焊焊接参数

焊接电流/A	电弧电压/V	焊丝直径/mm	钨极直径/mm	喷嘴直径/mm	钨极伸出长度/mm	钨极至焊件距离/mm	氩气流量/(L/min)
90~100	12~16	2.5	2.5	10	4~8	≤12	7~9

2. 焊接操作

（1）打底焊　在工件最下端的定位焊缝上引弧，先不加丝，待定位焊缝开始熔化，形成熔池和熔孔后，开始填丝向上焊接，焊枪作上凹的月牙形运动，在坡口两侧稍停留，保证两侧熔合好具体焊接操作如图5-7和图5-8所示。应注意焊枪向上移动的速度要合适，特别要控制好熔池的形状，保持熔池外池接近为椭圆形，不能凸出来，否则焊道外凸成形不好。尽可能让已焊好的焊道托住熔池，使熔池表面接近像一个水平面匀速上升，这样焊缝外观较平整。

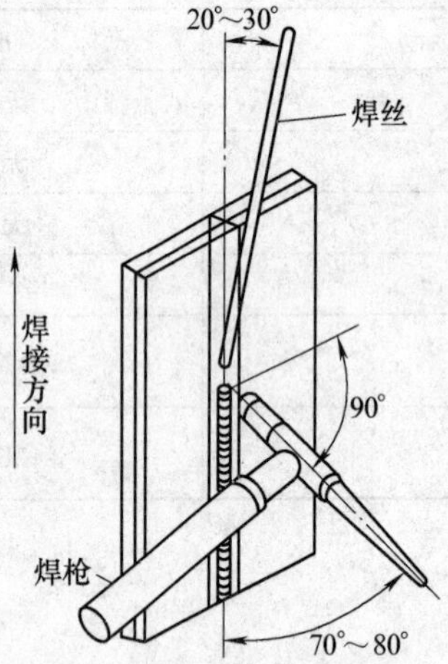

图 5-7　立焊焊枪角度与焊丝位置

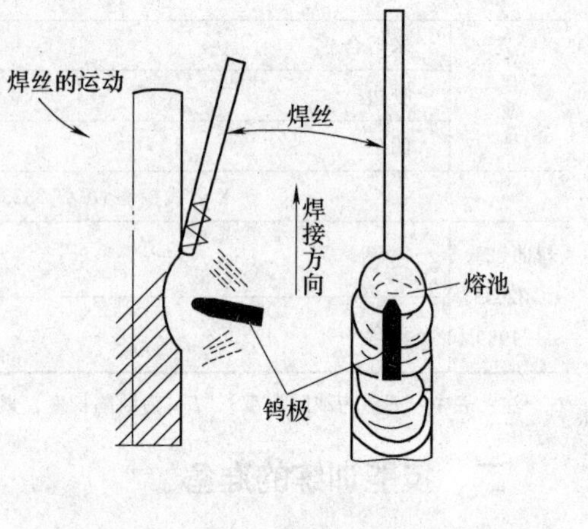

图 5-8　立焊最佳填丝位置

（2）填充焊　焊枪摆动幅度稍大，保证两侧熔合好，焊道表面平整，焊接步骤、焊枪角度、填丝位置与打底焊相同。

（3）盖面焊　除焊枪摆动幅度较大外，其余都与打底焊相同。填充盖面前，最好能将先焊好的焊道表面凸起处磨平。

四、焊缝中的缺陷及防止措施

焊缝中容易出现的缺陷及防止措施见表 5-10。

表 5-10　焊缝中容易出现的缺陷及防止措施

缺陷名称	产生原因	防止措施
焊瘤	熔化金属受重力作用下淌	降低焊接电流
	熔池温度过高	观察熔池变化，调整焊枪角度
咬边	电流太大	降低焊接电流
	焊枪角度不正确	调整焊枪角度

五、考核与评分表

手工氩弧焊平板对接立焊的评分见表 5-11。

表 5-11　手工氩弧焊平板对接立焊的评分表

考核项目	考核内容	考核要求	配分	评分要求	扣分	得分
安全文明生产	能正确执行安全技术操作规程	按达到规定的标准程度评定	5	违反规定扣 1～5 分		
	按有关文明生产的规定，做到工作地面整洁、工件和工具摆放整齐	按达到规定的标准程度评定	5	违反规定扣 1～5 分		

（续）

考核项目	考核内容	考核要求	配分	评分要求	扣分	得分
主要项目	焊缝的外形尺寸	焊缝宽度 c	8	超过标准不得分		
		焊缝宽度差 c'	6	超过标准不得分		
		焊缝余高 h	8	超过标准不得分		
		焊缝余高差 h'	6	超过标准不得分		
		错边量	6	超过标准不得分		
		焊后角变形 θ	6	超过标准不得分		
	焊缝的外观质量	夹渣	5	出现一处扣3分		
		气孔	5	出现一处扣3分		
		未焊透	5	出现一处扣3分		
		未熔合	5	出现一处扣3分		
		咬边	5	出现一处扣3分		
		凹陷	5	出现一处扣3分		
	焊缝的内部质量	按GB/T 3323—2005标准对焊缝进行X射线探伤	20	Ⅰ级片不扣分；Ⅱ级片扣10分；Ⅲ级片扣20分		
一般项目	焊接接头的弯曲试验	面弯、背弯各一件，弯曲角度90°	10	面弯不合格扣4分背弯不合格扣6分		

六、典型工艺

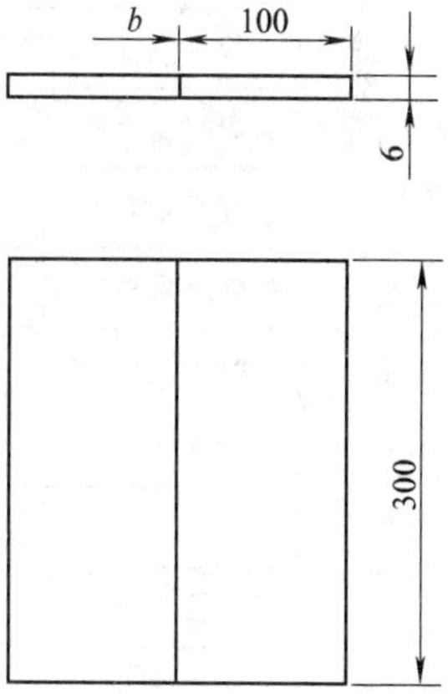

图5-9　板件备料图

1. 产品结构与材料

板料2块，材料为Q235板，每块板件尺寸如图5-9所示。材质为低碳钢Q235，板厚为3mm。采用I形坡口对接，间隙为0～1mm，焊接方法为手工氩弧焊。

焊丝选用H08A，直径为2.5mm。

2. 焊接工艺

1）清理钢板坡口和两侧各20mm范围内油污、铁锈和氧化物等。

2）对钢板进行装配及定位焊，采用焊丝直径为2.5mm，先焊焊件两端，然后在中间加定位焊点，并进行矫平。

3）打底焊：起焊后采用左焊法，注意焊丝的填充、收弧与接头。选用的焊丝直径、钨极直径来选定焊接电流、氩气流量，具体如表5-12。

表5-12　平板对接立焊焊接参数

焊接层次	焊接电流/A	电弧电压/V	焊丝直径/mm	钨极直径/mm	喷嘴直径/mm	钨极伸出长度/mm	钨极至焊件距离/mm	氩气流量/(L/min)
打底焊	80～90	12～16	2.5	2.5	10	4～8	≤12	7～9
填充焊	90～100							
盖面焊	90～100							

4）盖面焊：焊枪作小锯齿形横向摆动，其幅度比打底焊时稍大，在接口两侧稍作停留，熔池超过接口棱边0.5～1mm。

5）焊后关闭气路和电源：将焊枪连同输气管和控制电缆等盘好挂起，并清理工作现场。

6）清理焊件，检查焊缝表面质量。

7）焊后对焊缝进行超声波探伤。

想一想 1. 平板对接立焊的操作要点有哪些？

2. 平板对接立焊时，如何获得良好的焊缝成形？

项目四 管板T形接垂直俯位焊（插入式）

一、技能训练的目标

技能训练检验的项目及标准见表5-13。

表5-13 技能训练检验的项目及标准

检验项目		标准/mm
外观检查	焊缝宽度 c	比坡口两侧增宽0.5～2.5
	焊缝宽度差 c'	$0 \leqslant c' \leqslant 3$
	焊缝余高 h	$0 \leqslant h_1 \leqslant 3$
	焊缝余高差 h'	$0 \leqslant h' \leqslant 2$
	咬边	$F \leqslant 0.5$，焊缝两侧咬边 $L \leqslant 15$
	背面凹坑	$F \leqslant 1$，$L \leqslant 15$
	夹渣	无
	气孔	无
	未焊透	无
	未熔合	无
	焊瘤	无
	裂纹	无
X射线探伤 GB/T 3323—2005		Ⅰ级片
弯曲试验 GB2653—1989	面弯	合格
	背弯	合格

注：表中"F"为缺陷深度；"L"为缺陷长度，累计计算。

二、技能训练的准备

1. 焊件准备

（1）管与管板　材料为 Q235A 低碳钢板，管子直径为 ϕ35mm × 3mm，管子长度为 60mm；板的尺寸为 50mm × 50mm，厚度 3mm。

（2）焊件与焊丝清理　用角向打磨机或钢丝刷，将插入管板孔内管子的管端 20mm 处的油污、铁锈、氧化皮、水分及其他污染物，并清除毛刺，见金属光泽；焊丝用砂布清除锈蚀及油污；用划针在管板坡口正面划于管孔同心圆直径 84mm，并打上样冲眼，作为焊后测量焊缝坡口每侧增宽的基准线。

（3）装配及定位焊　定位焊接采用氩弧焊，定位焊缝为 3 条，每条焊缝相距 120°，定位焊缝长度为 10 ~ 15mm。插入式低碳钢管板垂直固定对接俯位手工钨极氩弧焊定位焊及打底焊。

（4）矫平　定位焊后必须矫正焊件，保证不错边，并做适当的反变形，减小焊后变形。

2. 焊接材料

1）ER50—2 焊丝，直径为 2.5mm，注意焊丝使用前对焊丝表面进行清理；Ar 气体纯度要求是达到 99.6%。

2）焊条：E4303，直径为 3.2mm，焊前经 75 ~ 150℃烘干，保温 2h。焊条在炉外停留时间不得超过 4h，超过 4h 的焊条必须回炉重新烘干，焊条的烘干次数不得超过 3 次，焊条药皮开裂或偏心度超标的不得使用。

3. 焊接设备

WS4—300 直流型手工钨极氩弧焊（直流正接）、BX3—500 交流弧焊变压器各一台；AT—15 型氩气瓶及氩气流量调节器；水冷式焊枪。

4. 辅助工具及量具

焊条保温筒、角向打磨机、钢丝刷、敲渣锤、样冲、划针和焊缝万能量规等。

三、技能训练的任务

1. 焊接参数（表 5-14）

表 5-14　焊接参数

焊接电流/A	电弧电压/V	焊丝直径/mm	钨极直径/mm	喷嘴直径/mm	钨极伸出长度/mm	喷嘴距焊件距离/mm	氩气流量/（L/min）
95 ~ 105	11 ~ 13	2.5	2.5	8	7 ~ 9	≤12	6 ~ 8

2. 打底焊

1）引弧将焊件垂直固定在俯位处，在定位焊缝处引弧，先不加焊丝，电弧在原位置稍加摆动。

2）当焊至定位焊缝时，焊枪应在原地摆动加热，使原定位焊缝熔化，待和熔池连成一体后再送焊丝继续向前焊接。

3）熔孔变大时，适当加大焊枪与孔板间的夹角，或增加焊接速度，或减小电弧在管子破口侧的停留时间，或减小焊接电流等。当发现熔孔变小时，则采取与上述相反的措施，使熔孔变大。

4）收弧时，先停止送焊丝，然后断开控制开关，此时的焊接电流在缩减，焊缝熔池也在逐渐缩小。

5）焊缝进行接头时，起弧点应在弧坑的右侧10～20mm处引弧，并且立即将电弧移至接头处，电弧稍作摆动加热，待接头处出现熔化后再加焊丝。当焊至焊缝首尾相连时，此时稍停送丝，电弧在原地不动加热，等到接头处出现熔化时再加焊丝，保证接头处熔合良好。插入式低碳钢管板垂直固定俯位手工钨极氩弧焊打底焊的焊接参数见表5-8，插入式低碳钢管板垂直固定俯位氩弧焊打底焊时的焊枪、焊丝角度如图5-10所示。

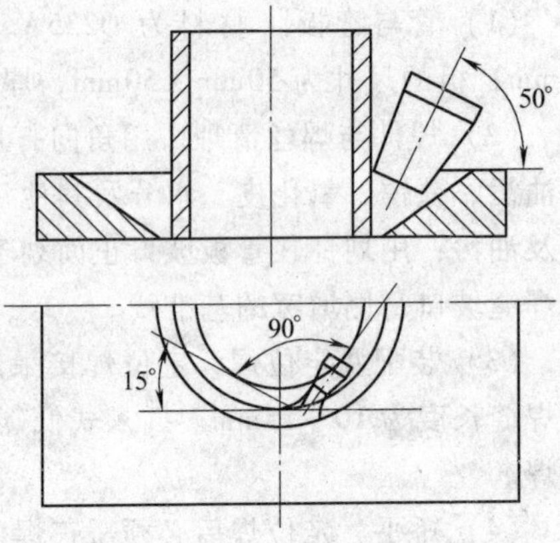

图5-10 打底焊时的焊枪、焊丝角度

3. 盖面焊

焊前将打底焊焊缝凹起部分进行打磨平整，采用焊条电弧焊，直径3.2mm焊条，焊接电弧直指管板坡口表面，将坡口填平。

4. 焊缝清理

焊缝焊完后，用敲渣锤清除焊渣，用钢丝刷进一步将焊渣、焊接飞溅等清除干净，焊缝处于原始状态，在交付专职焊接检验前不得对各种焊接缺陷进行修补。

四、焊缝中的缺陷及防止措施

焊缝中容易出现的缺陷及防止措施见表5-15。

表5-15 焊缝中容易出现的缺陷及防止措施

缺陷名称	产生原因	防止措施
接头处未焊透	接头处厚度增大	先充分加热接头处，再加焊丝
	加热时间短	将接头处打磨成斜坡
焊脚尺寸小，且不对称	电流太小	增加焊接电流，增加填充焊丝
	操作不正确	电弧应以焊脚根部为中心作横向摆动

五、考核与评分表

管板T形接垂直俯位焊（插入式）手工氩弧焊对接的评分见表5-16。

表5-16 手工氩弧焊管板T形接垂直俯位焊（插入式）的评分表

考核项目	考核内容	考核要求	配分	评分要求	扣分	得分
安全文明生产	能正确执行安全技术操作规程	按达到规定的标准程度评定	5	违反规定扣1～5分		
	按有关文明生产的规定，做到工作地面整洁、工件和工具摆放整齐	按达到规定的标准程度评定	5	违反规定扣1～5分		

（续）

考核项目	考核内容	考核要求	配分	评分要求	扣分	得分
主要项目	焊缝的外形尺寸	焊缝宽度 c	8	超过标准不得分		
		焊缝宽度差 c'	6	超过标准不得分		
		焊缝余高 h	8	超过标准不得分		
		焊缝余高差 h'	6	超过标准不得分		
		咬边	6	超过标准不得分		
		背面凹坑	6	超过标准不得分		
	焊缝的外观质量	夹渣	5	出现一处扣 3 分		
		气孔	5	出现一处扣 3 分		
		未焊透	5	出现一处扣 3 分		
		未熔合	5	出现一处扣 3 分		
		焊瘤	5	出现一处扣 3 分		
		裂纹	5	出现一处扣 3 分		
	焊缝的内部质量	按 GB/T 3323—2005 标准对焊缝进行 X 射线探伤	20	Ⅰ级片不扣分； Ⅱ级片扣 10 分； Ⅲ级片扣 20 分		
一般项目	焊接接头的弯曲试验	面弯、背弯各一件，弯曲角度 90°	10	面弯不合格扣 4 分 背弯不合格扣 6 分		

六、典型工艺

1. 产品结构与材料

板料 2 块，材料为 Q235 板，管子与板件尺寸如图 5-11 所示。材质为低碳钢 Q235，焊接方法为手工氩弧焊。

焊丝选用 H08A，直径为 2.5mm。

2. 焊接工艺

1）清理钢板坡口和两侧各 20mm 范围内油污、铁锈和氧化物等。

2）对钢板进行装配及定位焊，采用焊丝直径为 2.5mm，先焊焊件两端，然后在中间加定位焊点，并进行矫平。

3）打底焊：起焊后采用左焊法，注意焊丝的填充、收弧与接头。焊接层次为 3 层，具体如图 5-12 所示。

对于定位焊、打底焊，以及不同的焊接层次，选用的焊丝直径、钨极直径来选定焊接电流、氩气流量，具体见表 5-17、5-18。

4）盖面焊：焊枪作小锯齿形横向摆动，其幅度比打底焊时稍大，在接口两侧稍作停留，熔池超过接口棱边 0.5～1mm。

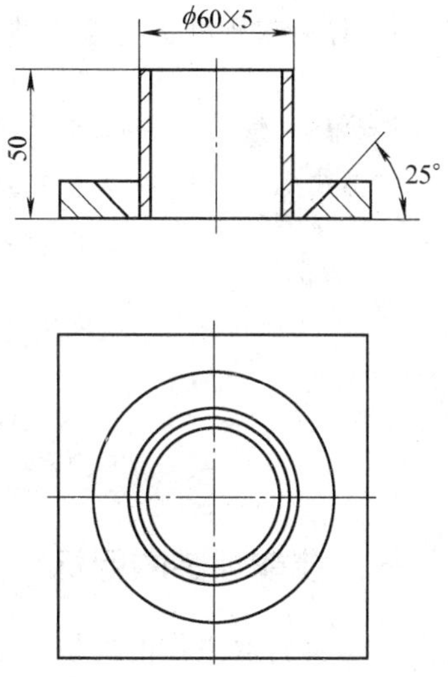

图 5-11　板件备料图

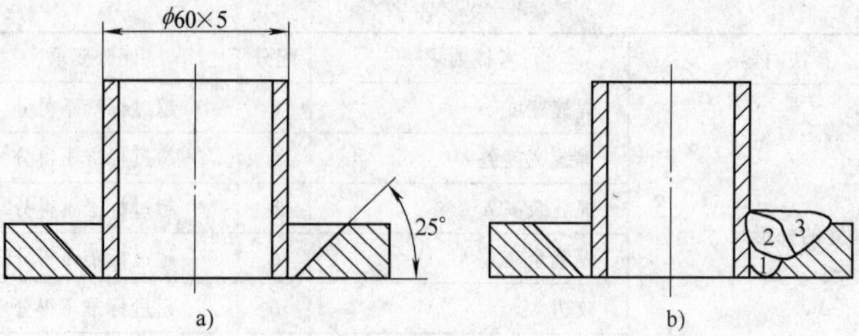

图 5-12　插入式低碳钢板垂直固定对接焊件的装配和焊缝层次

a）管板焊接装配　b）焊接层次

表 5-17　管板 T 形接垂直俯位焊（插入式）手工钨极氩弧焊定位焊及打底焊的焊接参数

焊接层次	焊接电流/A	电弧电压/V	焊丝直径/mm	钨极直径/mm	喷嘴直径/mm	钨极伸出长度/mm	喷嘴距焊件距离/mm	氩气流量/（L/min）
定位焊	90～100	11～13	2.5	2.5	8	7～9	≤12	6～8
打底焊	95～105	11～13	2.5	2.5	8	7～9	≤12	6～8

表 5-18　管板 T 形接垂直俯位焊（插入式）焊条电弧焊盖面焊的焊接参数

焊接层次	焊接电流/A	焊条直径/mm
焊缝 2	90～100	2.5
焊缝 3	95～105	2.5

5）焊后关闭气路和电源：将焊枪连同输气管和控制电缆等盘好挂起，并清理工作现场。

6）清理焊件，检查焊缝表面质量。

7）焊后对焊缝进行超声波探伤。

想一想　1. 手工氩弧焊管板 T 形接垂直俯位焊（插入式）的焊接操作步骤？

2. 手工氩弧焊管板 T 形接垂直俯位焊（插入式）焊接过程中，若发现熔孔变大时，如何来解决？

项目五　小径管对接

一、技能训练的目标

1. 学会打底操作的内填丝法和外填丝法。
2. 掌握小径管对接（全位置）操作技能。
3. 小径管对接技能训练检验的项目及标准见表 5-19。

表 5-19　小径管对接技能训练检验的项目及标准

检验项目		标准/mm
外观检查	焊缝宽度 c	$5 \leqslant c \leqslant 7$
	焊缝宽度差 c'	$0 \leqslant c' \leqslant 2$
	焊缝余高 h	$1 \leqslant h_1 \leqslant 3$
	焊缝余高差 h'	$0 \leqslant h' \leqslant 2$
	错边量	≤0.5
	咬边	$F \leqslant 0.5$，$L \leqslant 15$
	夹钨	无
	气孔	无
	弧坑	无
	焊瘤	无
	未焊透	无
	未熔合	无
X 射线探伤 GB/T 3323—2005		I 级片
弯曲试验 GB 2653—1989	面弯	合格
	背弯	合格

注：表中“F”为缺陷深度；“L”为缺陷长度，累计计算。

二、技能训练的准备

1. 焊件准备

1）管子 2 根，材料为不锈钢，管子直径为 $\phi 35$，厚度为 3mm，管子长度大于 60mm，管子对接一侧加工 30°坡口。

2）焊件与焊丝清理：采用钢丝刷或砂布将焊接处和焊丝表面清理至露出金属光泽。

3）装配及定位焊：将清理好的焊件固定在 V 形槽胎具上，留出所需间隙，保证两管同心，在时钟 10 点处（先逆时针进行焊接）进行一点定位焊。

2. 焊接材料

0Cr18Ni9Ti 不锈钢焊丝，直径为 2.0mm，焊丝剪成 500mm 左右长，并拉直；钨极直径为 2.0mm，端头磨成 30°圆锥形，锥端直径 0.5mm；Ar 气体纯度要求达到 99.6%。

3. 焊接设备

WS—250 型手工钨极氩弧焊机，采用直流正接；氩气瓶及氩气流量调节器；气冷式焊枪。

三、技能训练的任务

1. 焊接参数（表 5-20）

2. 装配定位焊

表 5-20　小径管对接氩弧焊焊接参数

焊枪摆动运条方法	钨极直径/mm	喷嘴直径/mm	钨极伸出长度/mm	氩气流量/(L/min)	焊丝直径/mm	焊接电流/A
月牙形或锯齿形	2	8~12	5~6	8~12	2	55~70

将焊件水平固定在距地面 800~900mm 高度的焊接工位架上，焊件清理后进行装配定位焊。

3. 打底焊

采用内填丝法和外填丝法，分前、后半部进行打底焊。

1）从仰焊位置过管中心线后方 5~10mm 处起焊，按逆时针方向先焊前半部，焊至平焊位置越过管中心线 5~10mm 收尾，之后再按逆时针方向焊接后半部，如图 5-13 所示。

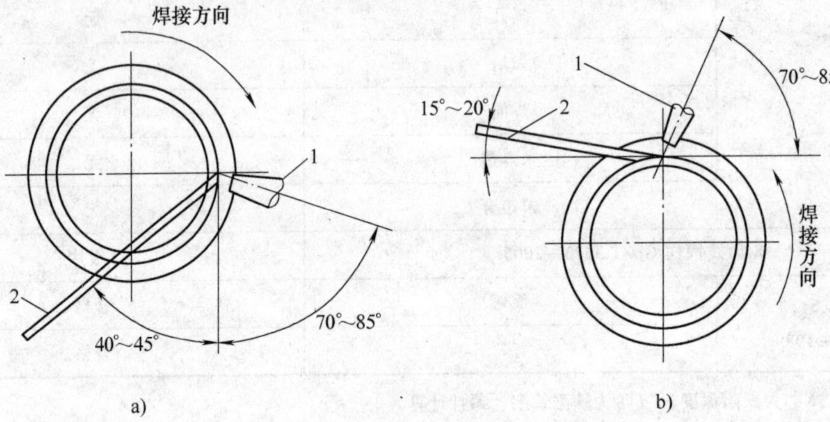

图 5-13　内填丝法与外填丝法

a）内填充焊丝操作法　b）外填充焊丝操作法

1—喷嘴　2—焊丝

2）焊接过程中，焊枪角度和填丝角度要随焊接位置的变化而变化。

① 电弧引燃后，在坡口根部间隙两侧用焊枪划圈预热，待钝边熔化形成熔孔后，将伸入到管子内侧的焊丝紧贴熔孔，在钝边两侧各送一滴熔滴，通过焊枪的横向摆动，使之形成搭桥连接的第一个熔池。此时，焊丝再紧贴熔池前沿中部填充一滴熔滴，使熔滴与母材充分熔合，熔池前方出现熔孔后，再送入另一滴熔滴，依此循环。当焊至立焊位置时，由内填丝法改为外填丝法，直至焊完底层的前半部。

② 后半部为顺时针方向的焊接，操作方法与前半部分相同。当焊至距定位焊缝 3~5mm 时，为保证接头焊透，焊枪应划圈，将定位焊缝熔化，然后填充 2~3 滴熔滴，将焊缝封闭后继续施焊（注意定位焊缝处不填焊丝）。当底层焊道的后半部与前半部在平位还差 3~4mm 即将封口时，停止送丝，先在封口处周围划圈预热，使之呈红热状态，然后将电弧拉回原熔池填丝焊接。封口后停止送丝，继续向前施焊 5~10mm 停弧，待熔池凝固后移开焊枪。打底层焊道厚度一般以 2mm 为宜。具体如图 5-14 所示。

③ 在焊接过程中，根据不同的焊接位置（仰焊、立焊、平焊），焊枪角度和填丝角度发生变化，具体操作如图 5-15 所示。

4. 盖面焊

采用月牙形摆动进行盖面焊，盖面焊焊枪角度与打底焊时相同，填丝采用外填丝法。

在打底层上位于时钟6点处引弧，焊枪作月牙形摆动，在坡口边缘及打底层焊道表面熔化并形成熔池后，开始填丝焊接。焊丝与焊枪同步摆动，在坡口两侧稍加停顿，各加一滴熔滴，并使其与母材良好熔合。如此摆动、填丝进行焊接。在仰焊部位填丝量应适当少一些，以防熔敷金属下坠；在立焊部位时，焊枪的摆动频率要适当加快以防熔滴下淌；到平焊部位时，每次填充的焊丝要多些，以防焊缝不饱满。

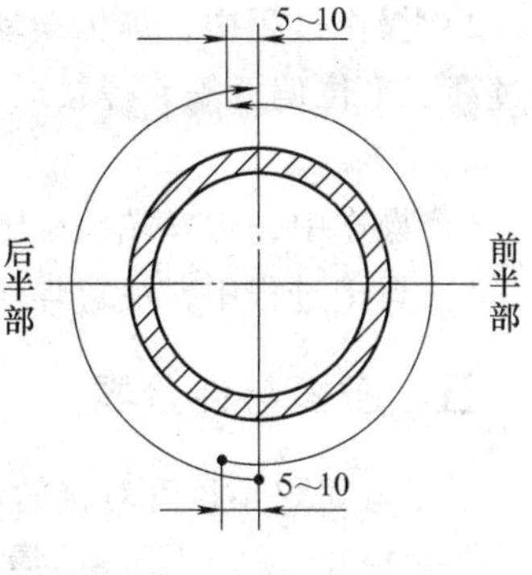

图5-14　水平固定管起弧和收弧操作示意图

整个盖面层焊接运弧要平稳，钨极端部与熔池距离保持在2～3mm之间，熔池的轮廓应对称焊缝的中心线，若发生偏斜，随时调整焊枪角度和电弧在坡口边缘的停留时间。

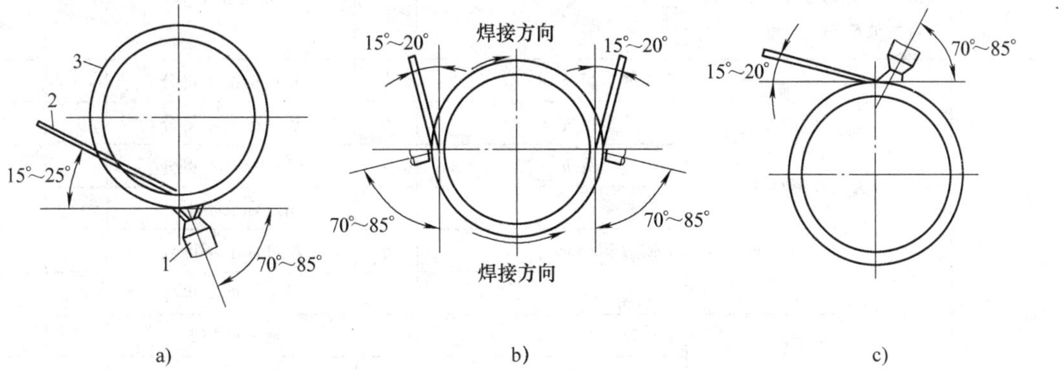

图5-15　焊枪、焊丝随焊接位置而变化

a）仰焊位置　b）立焊位置　c）平焊位置

1—焊枪　2—焊丝　3—固定管

四、焊缝中的缺陷及防止措施

焊缝中容易出现的缺陷及防止措施见表5-21。

表5-21　焊缝中容易出现的缺陷及防止措施

缺陷名称	产生原因	防止措施
焊缝上咬边、下焊瘤	熔化金属受重力下淌	调整焊接电流
	操作技术不正确	调整焊接角度使其能托住熔池
未焊透	未完全熔透时即填加焊丝	掌握焊枪角度，仔细观察熔池变化使其熔透

1）若焊枪角度不正确，未熔透即填加焊丝，很可能出现底层仰焊部位未焊透的缺陷。因此，焊接时要调整好焊枪角度，等待形成熔孔后再填加焊丝。

2）操作过程中，焊枪摆动频率不正确，加之焊丝填入量不妥当，容易出现整体焊缝仰位过高、平位偏低等。焊接时仰位填丝要多些、平位要多些，立位焊枪要快些、平位要慢些。

3）操作中，焊丝端头跟随电弧行走，不得使焊丝与钨极端部接触，以免烧毁钨极。

4）焊接过程中，注意焊丝不要随意出氩气保护区，防止焊丝高温氧化。

五、考核与评分表

手工氩弧焊小径管对接的评分见表5-22。

表5-22　手工氩弧焊小径管对接的评分表

考核项目	考核内容	考核要求	配分	评分要求	扣分	得分
安全文明生产	能正确执行安全技术操作规程	按达到规定的标准程度评定	5	违反规定扣1～5分		
	按有关文明生产的规定，做到工作地面整洁、工件和工具摆放整齐	按达到规定的标准程度评定	5	违反规定扣1～5分		
主要项目	焊缝的外形尺寸	焊缝宽度 c	8	超过标准不得分		
		焊缝宽度差 c'	6	超过标准不得分		
		焊缝余高 h	8	超过标准不得分		
		焊缝余高差 h'	6	超过标准不得分		
		错边量/mm	6	超过标准不得分		
		咬边/mm	6	超过标准不得分		
	焊缝的外观质量	夹钨	5	出现一处扣3分		
		气孔	5	出现一处扣3分		
		弧坑	5	出现一处扣3分		
		焊瘤	5	出现一处扣3分		
		未焊透	5	出现一处扣3分		
		未熔合	5	出现一处扣3分		
	焊缝的内部质量	按GB/T 3323—2005标准对焊缝进行X射线探伤	20	Ⅰ级片不扣分； Ⅱ级片扣10分； Ⅲ级片扣20分		
一般项目	焊接接头的弯曲试验	面弯、背弯各一件，弯曲角度90°	10	面弯不合格扣4分 背弯不合格扣6分		

六、典型工艺

1. 产品结构与材料

板料2块，材料为Q235，管子尺寸如图5-16所示。材质为低碳钢Q235，焊接方法为手工氩弧焊。

焊丝选用 H08A，直径为 2mm。

2. 焊接工艺

1）清理钢板坡口和两侧各 20mm 范围内油污、铁锈和氧化物等。

2）将焊件水平固定在距地面 800～900mm 高度的焊接工位架上，焊件清理后进行装配定位焊，采用焊丝直径为 2mm。焊件装配尺寸见表 5-23。

3）打底焊：采用内填丝法和外填丝法，分前、后半部进行，具体的焊接参数见表 5-24。

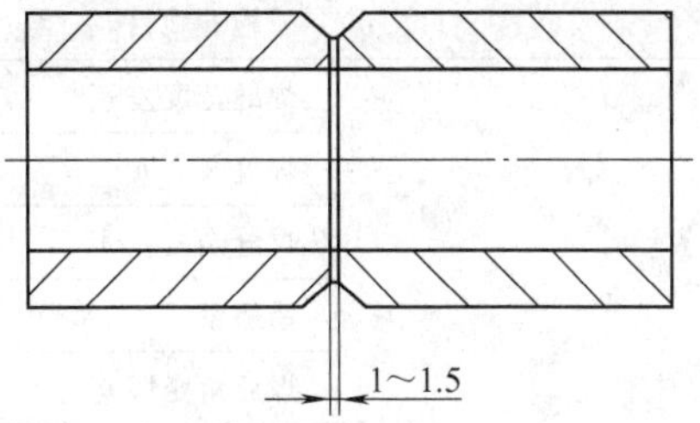

图 5-16　不锈钢管备料图

4）盖面焊：采用月牙形摆动进行盖面焊，盖面焊焊枪角度与打底焊时相同，填丝采用外填丝法。

5）焊后关闭气路和电源：将焊枪连同输气管和控制电缆等盘好挂起，并清理工作现场。

6）清理焊件，检查焊缝表面质量。

7）焊后对焊缝进行超声波探伤

表 5-23　焊件装配尺寸

坡口角度（°）	间隙/mm	钝边/mm	错边量/mm	定位焊缝长度/mm
60	2	0.5～1	≤0.5	5～8

表 5-24　小径管对接氩弧焊焊接参数

焊接层次	焊枪摆动运条方法	钨极直径/mm	喷嘴直径/mm	钨极伸出长度/mm	氩气流量/（L/min）	焊丝直径/mm	焊接电流/A
打底焊	小月牙形	2	8～12	5～6	8～12	2	60～75
盖面焊	月牙形或锯齿形	2	8～12	5～6	8～12	2	55～70

想一想

1. 采用手工钨极氩弧焊，不锈钢管水平固定焊接时易出现哪些问题？如何避免？
2. 对于手工钨极氩弧焊，什么是内填丝法和外填丝法？各适用于哪些焊接部位？
3. 手工钨极氩弧焊水平固定管打底焊和盖面焊有哪些操作要点？

项目六　平板对接横焊

一、技能训练的目标

平板对接横焊技能训练检验的项目及标准见表 5-25。

表 5-25　平板对接横焊技能训练检验的项目及标准

检验项目		标准/mm
外观检查	焊缝宽度差 c'	$0\leqslant c'\leqslant 2$
	焊缝余高 h	$0\leqslant h\leqslant 3$
	焊缝余高差 h'	$0\leqslant h'\leqslant 1$
	错边量	无
	焊后角变形 θ	$0°\leqslant\theta\leqslant 3°$
	夹渣	无
	气孔	无
	未焊透	无
	未熔合	无
	咬边	无
	凹陷	无
X 射线探伤 GB/T 3323—2005		Ⅰ级片
弯曲试验 GB 2653—1989	面弯	合格
	背弯	合格

二、技能训练的准备

1. 焊件的准备

1）板料二块，材料为 LF21，尺寸为 150mm×100mm×2mm。

2）矫平。

3）焊前清理待焊处，直至呈现金属光泽。

2. 焊件装配的技术要求

1）装配齐平。

2）单面焊双面成形。

3. 焊接材料

3A21（LF21），直径 2 mm。

4. 设备

交流氩弧焊机。

三、技能训练的任务

1. 装配与定位焊

1）装配时始焊端预留间隙 1~2mm，终焊端预留间隙 2~3 mm。预留反变形量为 3°左右，错边量小于 0.5mm。

2）定位焊所使用的焊丝与正式焊接时相同，定位焊在焊件的正面，每隔 10~30 mm 对称分布，定位焊缝长度为 6~10 mm，其宽度不得超过正式焊缝的 2/3。

2. 焊接

确定焊接参数（表 5-26）

表 5-26　横焊参数

板厚/mm	焊丝直径/ mm	焊接电流/A	钨极直径/ mm	氩气流量/（L/min）
2	2	80 ~ 100	2	5 ~ 6

3. 焊接操作

（1）起头和接头　先从距焊件右边端部 10 ~ 30 mm 处采用从左至右焊法到端部收尾，然后从起焊处从右至左焊接，直到焊完。接头时应从起焊处引弧，待电弧稳定燃烧后向右移 5 ~ 15 mm，再往左移动焊枪，待起焊处形成熔池后，填充焊丝，进行焊接。接头的地方焊缝不宜过高、过宽，应平滑连接，如图 5-17 所示。

（2）填充焊丝　在氩气保护区内，焊丝向熔池边缘一滴一滴往复进入，焊枪作轻微摆动，摆动到上边沿时间应比到下边沿时间短，这样才能防止液体金属下淌。

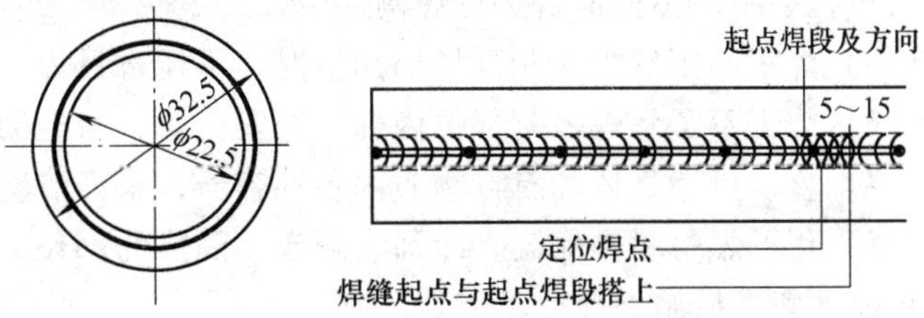

图 5-17　起头与接头处示意图

（3）收尾　收尾时要防止出现弧坑和弧坑裂纹，因此要减慢焊接速度，焊枪向后倾斜增大，多加焊丝填满弧坑，然后缓慢提起电弧。

四、焊接时容易出现的缺陷及防止措施（表 5-27）

表 5-27　板对接横焊时容易出现的缺陷及防止措施

缺陷名称	产生原因	防止措施
夹渣	焊件表面清理不干净	严格清理焊件表面
	氩气保护效果差	加大氩气保护效果
烧穿	难以掌握熔池温度，因铝合金从固态转变为液态无明显颜色变化	焊接时，只要铝合金失去光泽，即已熔化，均可填加焊丝

第六单元　焊接安全知识

一、安全生产的要求

1）焊工应加强防护，严格执行有关安全制度和规定。凡是没有操作证（上岗证），又没有正式焊工在场进行技术指导时，不能进行焊、割作业；凡属应批准动火的范围，未办理动火审批手续，不得擅自进行焊割。

2）焊工不了解焊、割现场周围情况，不能盲目焊、割。

3）焊工不了解焊、割部位内部是否安全时，未经彻底清洗，不能焊、割。

4）盛装可燃气体和有毒物质的各种容器，未经清洗，不能焊、割。

5）用可燃材料作保温、冷却、隔音、隔热的部位，火星能飞溅到的地方，在未采取切实可靠的安全措施之前，不能焊、割。

6）有电流和压力的导管、设备、器具等，在未断电、泄压前不能焊、割。

7）焊、割部位附近堆有易爆物品，在未彻底清理或未采取有效措施之前，不能焊、割。

8）焊、割场所与附近其他工种之间互相有抵触时，不能焊、割。

二、预防触电

1）电焊机外壳必须接地线，与电源连接的导线要有可靠的绝缘，以防漏电造成危险。

2）使用手提行灯，其电压不得超过 36 V。

3）焊工在拉、合电闸，或接触带电物体时，必须单手进行，戴焊工手套。同时焊工的面部要偏斜，避免推拉闸刀时出现电火花灼伤脸部。

4）电焊钳应有可靠的绝缘，特别在场地小的仓库内或容积小的容器内焊接时，不允许采用简易无绝缘外壳的焊钳，以防止发生意外。

5）为了防止焊钳与焊件之间发生短路而烧坏焊机，焊接工作结束前，应先将焊钳放置在可靠的地方，然后再切断电源。

6）更换焊条时，应戴好焊工手套。夏天因身体出汗，衣服潮湿时，切勿靠在钢板上，以防触电。

7）在容积小的舱室内（如锅炉、油罐）或狭小的构件内焊接时，焊工可采用橡皮垫或其他绝缘衬垫，并应穿绝缘底鞋，戴焊工手套，以保护人体与焊件间绝缘，并安排两人轮换工作，以便互相照顾。

8）焊接电缆必须有完好的绝缘，不可将电缆放在焊接电弧附近或炽热的焊件上，以免烧坏绝缘层。同时还要避免焊接电缆被其他锐器损伤。焊接电缆如破损应立即进行修理或调换。

9）雨天、雪天应避免在露天焊接。

10）遇到焊工触电时，不可赤手去救护触电人员，应先迅速将电源切断，或用木棍等绝缘物将电线从触电人员身上挑开。如果触电者呈昏迷状态，立即进行人工呼吸，尽快送医院抢救。

11）绝对禁止在电焊机开动情况下，接地线，接手把线。

三、预防金属飞溅物和电弧光灼伤

焊接电弧产生的紫外线对人的眼睛和皮肤有较大的刺激性，能引起电光眼炎和皮肤灼伤；炽热的金属飞溅最容易造成灼伤，应切实注意预防。

1）必须使用有电焊防护玻璃的面罩。

2）工作时应穿帆布工作服，工作衣不要束在裤腰里，裤腿不应卷起。

3）操作时，应注意周围人员，以免强烈弧光伤害他人。

4）在室内人多的地方进行焊接时，尽可能地使用屏风板，避免周围人受弧光灼伤。

四、预防爆炸和火灾

1）焊接场地禁止放易燃、易爆物品，场地内应备有消防器材，保证足够照明和良好的通风。

2）焊接场地 10m 内不应有贮存油类或其他易燃、易爆物质的贮存器皿或管线、氧气瓶。

3）对受压容器、密闭容器、各种油桶和管道、沾有可燃物质的工件进行焊接时，必须事先进行检查，并经过冲洗除掉有毒、有害、易燃、易爆物质，解除容器及管道压力，消除容器密闭状态后，再进行焊接。

4）焊接密闭空心工件时，必须留有出气孔，焊接管子时，两端不准堵塞。

5）在存有易燃、易爆物的车间、场所或煤气管、乙炔管（瓶）附近焊接时，必须取得消防部门的同意。操作时采取严密措施，防止火星飞溅引起火灾。

6）焊工不准在木板、木砖地上进行焊接操作。

7）焊工不准在手把或接地线裸露情况下进行焊接，也不准将二次回路线乱接乱搭。

8）气焊气割时，要使用合格的电石、乙炔发生器及回火防止器，压力表（乙炔、氧气），要定期校检，还要应用合格的橡胶软管。

9）离开施焊现场时，应关闭气源、电源，应将火种熄灭。

五、预防中毒

焊接时，熔化金属有时会分解出有毒的金属蒸气，焊条药皮经化学反应也能释放出有毒的烟雾。如氩弧焊时主要产生二氧化氮和一氧化氮，二氧化碳气体保护焊时主要产生一氧化碳和二氧化碳。这些有毒气体均可能侵入人体而使人中毒，应有预防。

1）室内焊接场地，若无良好的自然通风条件，必须配置可靠的通风设备。

2）在狭小的工作场地或容器内施焊时，应装有抽风设备，以便更换新鲜空气，同时考虑轮换作业，保证适当休息。

3）焊接铝、铜、铅及锌时，产生有害气体更多，应配戴口罩。

4）夏天天气炎热，进行焊接时，应注意防暑降温。露天作业应搭临时凉棚，室内作业应有通风，对焊接人员应有降温措施。

六、高空作业安全知识

1）高空作业时，焊工应系安全带，地面应有人监护（或两人轮换作业）。电源开关设在监护人附近，遇有危险情况时，立即拉闸，并组织营救。

2）高空作业时，手把线要绑紧在固定架上，不准缠在焊工身上，或搭在背上进行焊接。

3）高空作业时，辅助工具如钢丝刷、尖头锤、焊条等应放在工具袋里。更换焊条时，应把热焊条头放在固定的筒（盒）内，不准随便往下扔，以防砸伤或烫伤下面的工作人员。

4）焊接作业周围（特别是下方），应清除易燃、易爆物质。

5）在高空接近高压电线或裸导线作业时，必须停电或采取可靠安全措施，经检查确认无触电可能时，方可作业。电源切断后，应在电源开关上挂以“有人工作，严禁合闸”的标牌，并设专人监护。

6）高空作业时，不准使用高频引弧器，以防万一触电，失足摔伤。

7）高空作业或下来时，应抓紧扶手，走路小心。除携带必要的小型器具外，不准背着带电的手把软线或负重过大（一切重物均应单独起吊）。

8）雨天、雪天、雾天或刮大风（六级以上）时，禁止高空作业。

9）高空作业时，要使用符合安全要求的梯子，搭好跳板及脚手架，要站稳把牢，谨防失足摔伤。遇到较高焊接处，而焊工够不到时，一定要重新搭设脚手架，然后进行焊接。

10）在登上天车轨道作业时，应首先与天车司机取得联系，并设防护装置。

11）高空作业前（第一次），焊工应进行身体检查，发现有不利于高空作业的疾病（如心脏病等），不宜进行。患有高血压、心脏病、癫痫、不稳定性肺结核者及酒后的工人不要从事高空作业。

12）下班前必须检查现场，确认无火源才能离开，以免引起火灾。

附　　录

附录 A　中级电焊工技能试卷

试　卷（一）

一、项目

1. 试题名称

1）低合金钢板—板对接立位半自动 CO_2 焊（附图 1）。

2）低碳钢管—管对接垂直固定半自动 CO_2 焊（附图 2）。

2. 试题文字或图表的技术说明

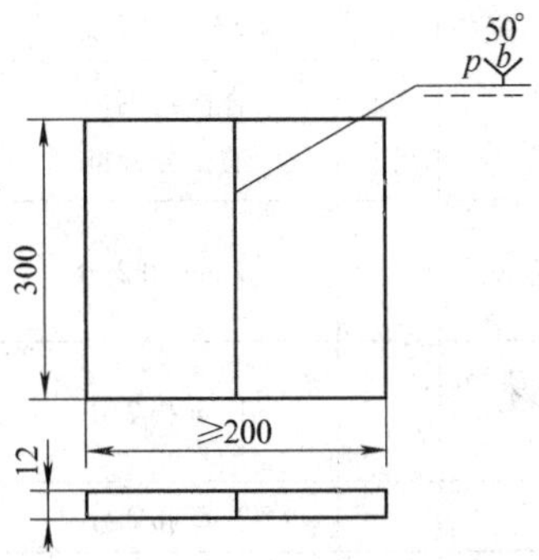

附图 1　板件（数量 1）

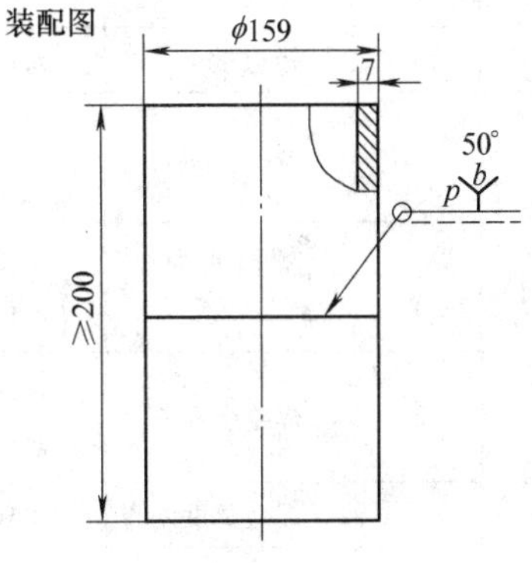

附图 2　管件（数量 1）

技术要求

1. 要求单面焊双面成形。
2. 焊丝直径自定。
3. 钝边、间隙自定，板状试件允许采用反变形。
4. 试件离地面高度自定。

二、考核总时限

1. 准备时间：30min
2. 正式操作时间：120min
3. 总时间：150min

三、板对接试件质量评分表

姓名		考号		得分	
板件材质规格		焊接位置		总扣分	

外观检查		序号	缺陷名称	合格标准	缺陷状况	合格范围内的扣分标准	扣分
外观检查	外观缺陷	1	裂纹、焊瘤、未熔合	不允许			
		2	咬边	深度≤0.5mm，两侧咬边总长度≤45mm		每10mm扣1分	
		3	未焊透	深度≤15%δ，且≤1.5mm，总长度≤30mm（氩弧焊打底不允许未焊透）		每10mm扣1分	
		4	背面凹坑	深度≤20%δ，且≤2mm，总长度≤30mm（仰位不规定）		每10mm扣1分	
		5	表面气孔	允许≤2mm的气孔4个		每个扣1分	
		6	夹渣	深≤0.1δ，长≤0.3δ，允许3个		每个扣1分	
		7	角变形	≤3°		>2°扣2分	
		8	错边量	≤10%δ		>5%δ扣2分	

外观检查		序号	名称	合格标准	实测尺寸	合格范围内的扣分标准	扣分
外观检查	外形尺寸	1	焊缝正面余高	0~3mm（焊条电弧焊、半自动焊其他位置0~4mm）		>2mm扣2分	
		2	焊缝余高差	≤2mm（焊条电弧焊、半自动焊其他位置≤3mm）		>1mm扣2分	
		3	焊缝宽度差	≤3mm		>2mm扣2分	
		4	单面焊焊缝背面余高	≤3mm		>2mm扣3分	

内部质量	合格标准	底片级别	合格范围内的扣分标准	扣分
内部质量	GB/T 3323—2005 Ⅱ级片		Ⅱ级焊缝扣10分	

力学性能试验	合格标准			试验结果	
		钢种	弯曲角度		面弯（一件）
	双面焊	碳素钢、奥氏体钢	180°		
		其他低合金钢、合金钢	100°		背弯（一件）
	单面焊	碳素钢、奥氏体钢	90°		
		其他低合金钢、合金钢	50°		

注：① 外观缺陷均不在评片范围内；② 取样时避开缺陷处；③ 对于碳素钢、奥氏体钢焊件，射线探伤合格后可免做冷弯试验；④ 弯轴直径 $d=3\delta_1$；⑤ 试样弯曲到规定角度后，拉伸面上横向裂纹或缺陷长度<1.5mm，纵向裂纹或缺陷长度≤3mm。

四、管对接试件质量评分表

姓　名				考　号		得　分	
管件材质规格				焊接位置		总扣分	
外观检查	外观缺陷	序号	缺陷名称	合　格　标　准	缺陷状况	合格范围内的扣分标准	扣分
		1	裂纹、焊瘤、未熔合	不允许			
		2	咬边	深度≤0.5mm，两侧咬边总长不超过焊缝长度的20%		按缺陷长度比例扣1~4分	
		3	未焊透	深度≤15%S，且≤1.5mm，总长度不超过焊缝长度的10%（氩弧焊打底不允许未焊透）		按缺陷长度比例扣1~2分	
		4	背面凹坑	深度≤20%S，且≤2mm，总长度不超过焊缝长度的10%		按缺陷长度比例扣1~2分	
		5	表面气孔	允许≤2mm的气孔4个		每个扣1分	
		6	夹渣	深≤0.1S，长≤0.3S，不超过3个		每个扣1分	
		7	错边量	≤10%S		>5%S扣2分	
	外形尺寸	序号	名　称	合　格　标　准	实测尺寸	合格范围内的扣分标准	扣分
		1	焊缝正面余高	平焊位置0~3mm		>2.5mm扣1分	
				其他位置0~4mm		>3mm扣1分	
		2	焊缝余高差	平焊位置≤2mm		>1mm扣1分	
				其他位置≤3mm		>2mm扣1分	
		3	焊缝宽度差	≤3mm		>2mm扣2分	
		4	焊缝背面余高	≤3mm		>2mm扣2分	

内部质量	合　格　标　准	底片级别	合格范围内的扣分标准	扣分
	按GB/T 3323—2005，拍4张片，允许一张为Ⅲ级，其余三张Ⅱ级为合格	Ⅰ级　张 Ⅱ级　张 Ⅲ级　张 Ⅳ级　张	一张Ⅲ级片扣6分，一张Ⅱ级片扣3分	

力学性能试验	合格标准：钢　种	弯曲角度	试验结果		
	碳素钢、奥氏体钢	90°		面弯（一件）	
	其他低合金钢、合金钢	50°		背弯（一件）	

注：① 外观缺陷均不在评片范围内；② 对于碳素钢、奥氏体钢焊件，射线探伤合格后可免做冷弯试验；③ 弯轴直径 $d=3S_1$；④ 试样弯曲到规定角度后，拉伸面上横向裂纹或缺陷长度<1.5mm，纵向裂纹或缺陷长度≤3mm。

五、试件取样位置及试样（附图 3 ~5）

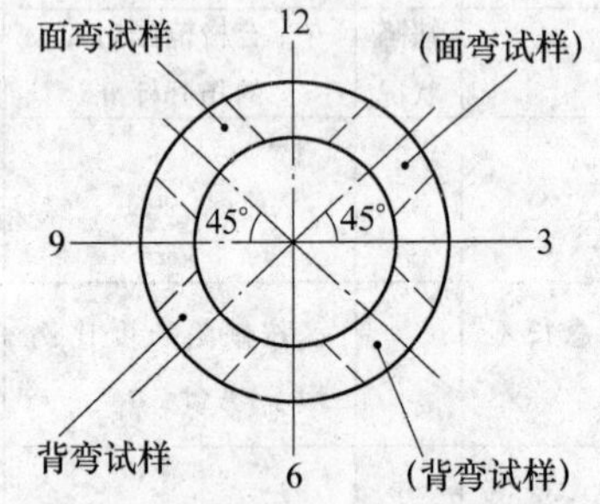

注：上面面弯和背弯二个位置只取
一件，尽量选没有缺陷的位置

附图 3　管状试件弯曲试样截取位置

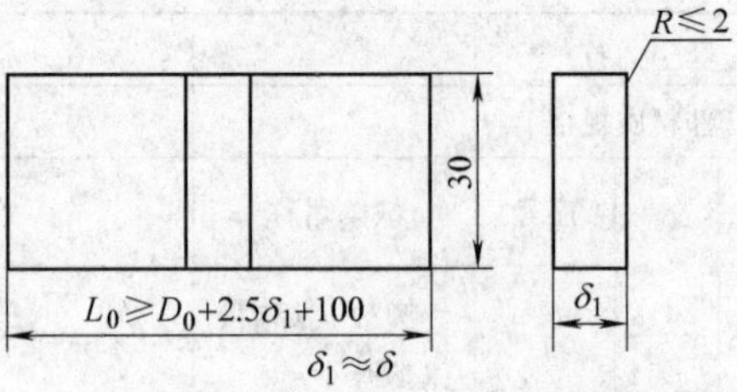

附图 4　板状试件的面弯和背弯试样

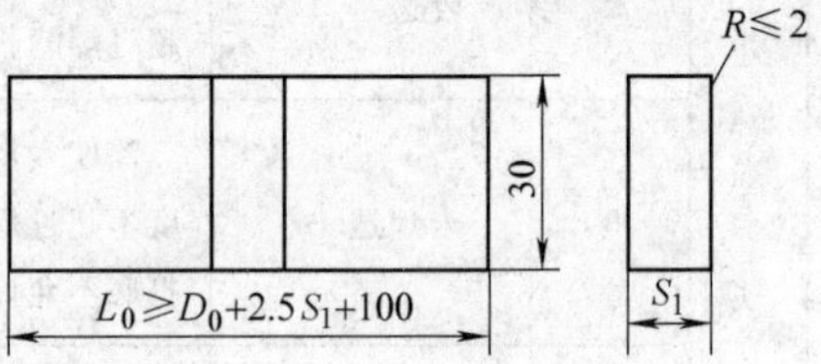

$B=S_1+\frac{D}{20}$，且 10mm≤B≤38mm；$S_1 \approx S$

附图 5　管状试件的面弯和背弯试样

试　卷　（二）

一、项目

1. 试题名称

1）低合金钢板—板对接横位手弧焊（附图 6）。

2）低合金钢管板（骑坐式）水平固定手弧焊（附图 7）。

2. 试题文字或图表的技术说明

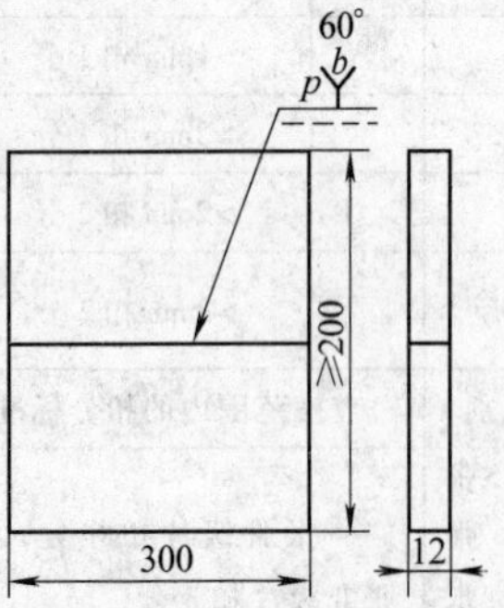

附图 6　板件（数量 1）

装配图

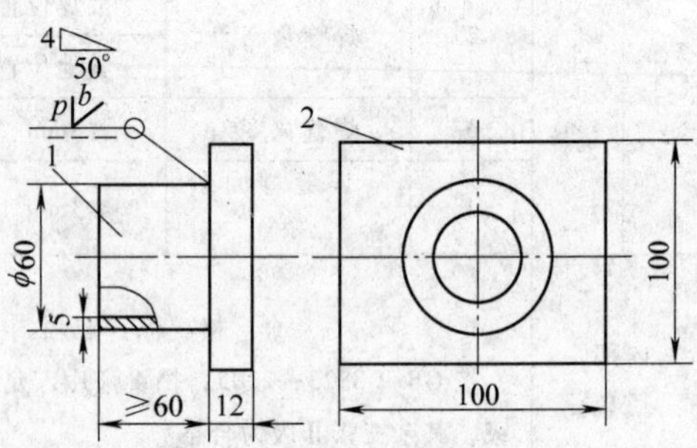

附图 7　管板（数量 1）

技术要求

1. 要求单面焊双面成形。
2. 钝边、间隙自定，板状试件允许反变形。
3. 焊条直径自选。
4. 试件离地面高度自定。

二、考核总时限

1. 准备时间：30min
2. 正式操作时间：120min
3. 总时间：150min

三、板对接试件质量评分表

<table>
<tr><td colspan="3">姓 名</td><td></td><td>考 号</td><td></td><td>得 分</td><td></td></tr>
<tr><td colspan="3">板件材质规格</td><td></td><td>焊接位置</td><td></td><td>总扣分</td><td></td></tr>
<tr><td rowspan="15">外观检查</td><td rowspan="9">外观缺陷</td><td>序号</td><td>缺陷名称</td><td>合 格 标 准</td><td>缺陷状况</td><td>合格范围内的扣分标准</td><td>扣分</td></tr>
<tr><td>1</td><td>裂纹、焊瘤、未熔合</td><td>不允许</td><td></td><td></td><td></td></tr>
<tr><td>2</td><td>咬边</td><td>深度≤0.5mm，两侧咬边总长度≤45mm</td><td></td><td>每10mm扣1分</td><td></td></tr>
<tr><td>3</td><td>未焊透</td><td>深度≤15%δ，且≤1.5mm，总长度≤30mm（氩弧焊打底不允许未焊透）</td><td></td><td>每10mm扣1分</td><td></td></tr>
<tr><td>4</td><td>背面凹坑</td><td>深度≤20%δ，且≤2mm，总长≤30mm（仰位不规定）</td><td></td><td>每10mm扣1分</td><td></td></tr>
<tr><td>5</td><td>表面气孔</td><td>允许≤2mm的气孔4个</td><td></td><td>每个扣1分</td><td></td></tr>
<tr><td>6</td><td>夹渣</td><td>深度≤0.1δ，长度≤0.3δ，允许3个</td><td></td><td>每个扣1分</td><td></td></tr>
<tr><td>7</td><td>角变形</td><td>≤3°</td><td></td><td>>2°扣2分</td><td></td></tr>
<tr><td>8</td><td>错边量</td><td>≤10%δ</td><td></td><td>>5%δ扣2分</td><td></td></tr>
<tr><td rowspan="5">外形尺寸</td><td>序号</td><td>名 称</td><td>合 格 标 准</td><td>实测尺寸</td><td>合格范围内的扣分标准</td><td>扣分</td></tr>
<tr><td>1</td><td>焊缝正面余高</td><td>0~3mm（手弧焊、半自动焊其他位置0~4mm）</td><td></td><td>>2mm扣2分</td><td></td></tr>
<tr><td>2</td><td>焊缝余高差</td><td>≤2mm（手弧焊、半自动焊其他位置≤3mm）</td><td></td><td>>1mm扣2分</td><td></td></tr>
<tr><td>3</td><td>焊缝宽度差</td><td>≤3mm</td><td></td><td>>2mm扣2分</td><td></td></tr>
<tr><td>4</td><td>单面焊焊缝背面余高</td><td>≤3mm</td><td></td><td>>2mm扣3分</td><td></td></tr>
<tr><td colspan="2" rowspan="2">内部质量</td><td colspan="3">合 格 标 准</td><td>底片级别</td><td>合格范围内的扣分标准</td><td>扣分</td></tr>
<tr><td colspan="3">GB/T 3323—2005 Ⅱ级片</td><td></td><td>Ⅱ级焊缝扣10分</td><td></td></tr>
<tr><td colspan="2" rowspan="6">力学性能试验</td><td colspan="3">合 格 标 准</td><td rowspan="6">试验结果</td><td rowspan="3">面弯（一件）</td><td rowspan="3"></td></tr>
<tr><td></td><td>钢 种</td><td>弯曲角度</td></tr>
<tr><td rowspan="2">双面焊</td><td>碳素钢、奥氏体钢</td><td>180°</td></tr>
<tr><td>其他低合金钢、合金钢</td><td>100°</td><td rowspan="3">背弯（一件）</td><td rowspan="3"></td></tr>
<tr><td rowspan="2">单面焊</td><td>碳素钢、奥氏体钢</td><td>90°</td></tr>
<tr><td>其他低合金钢、合金钢</td><td>50°</td></tr>
</table>

注：① 外观缺陷均不在评片范围内；② 取样时避开缺陷处；③ 对于碳素钢、奥氏体钢焊件，射线探伤合格后可免做冷弯试验；④ 弯轴直径 $d=3\delta_1$；⑤ 试样弯曲到规定角度后，拉伸面上横向裂纹或缺陷长度 <1.5mm，纵向裂纹或缺陷长度≤3mm。

四、骑坐式管板试件质量评分表

姓名			考号			得分	
管板件材质规格			焊接位置			总扣分	
外观检查	外观缺陷	序号	缺陷名称	合格标准	缺陷状况	合格范围内的扣分标准	扣分
		1	裂纹、焊瘤、未熔合	不允许			
		2	咬边	深度≤0.5mm，两侧咬边总长不超过焊缝长度的20%		按缺陷长度比例扣1~8分	
		3	未焊透	深度≤15% S，且≤1.5mm，长度不超过焊缝长度的10%（氩弧焊打底不允许未焊透）		按缺陷长度比例扣1~5分	
		4	背面凹坑	深度≤25% S，且≤1mm，长度不超过焊缝长度的10%		按缺陷长度比例扣1~4分	
		5	表面气孔	允许≤0.3S的气孔4个		每个扣2分	
		6	夹渣	深度≤1mm，长度≤1.5mm不超过3个		每个扣2分	
	外形尺寸	序号	名称	合格标准	实测尺寸	合格范围内的扣分标准	扣分
		1	焊脚尺寸	S+（3~6）mm		每超差2mm扣2分	
		2	焊脚凸凹度	≤1.5mm		每超差2mm扣2分	
	通球检验			合格标准		检验结果	
				顺利通过为合格			
宏观金相检验		1	裂纹、未熔合	不允许			
		2	气孔或夹渣尺寸	>1.5mm不允许			
				>0.5mm且≤1.5mm，允许1个		每发现一个符合该缺陷范围的检查面扣3分	
				≤0.5mm，允许3个		每发现一个符合该缺陷范围的检查面扣3分	

注：① 管外径大于或等于32mm时，通球直径为管内径的85%，管外径小于32mm时，通球直径为管内径的75%；

② 宏观金相检验的合格标准栏内指单个检查面所允许的量。

五、试件取样及试样尺寸（附图8、9）

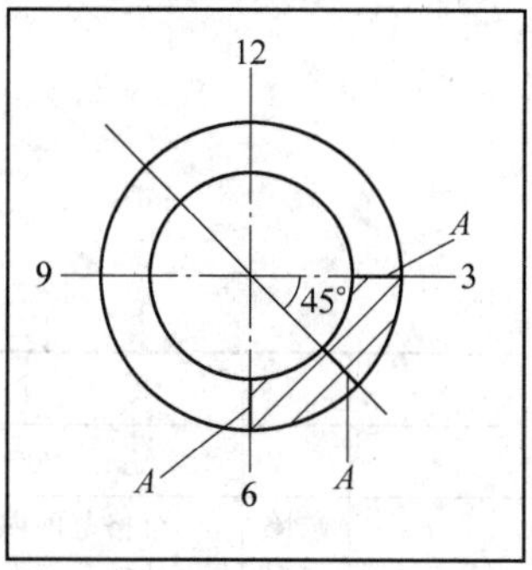

附图8　管板试件金相试样截取位置

注：1. 三个A面为金相宏观检查面

2. 也可取相对称的6点～9点位置的三个面

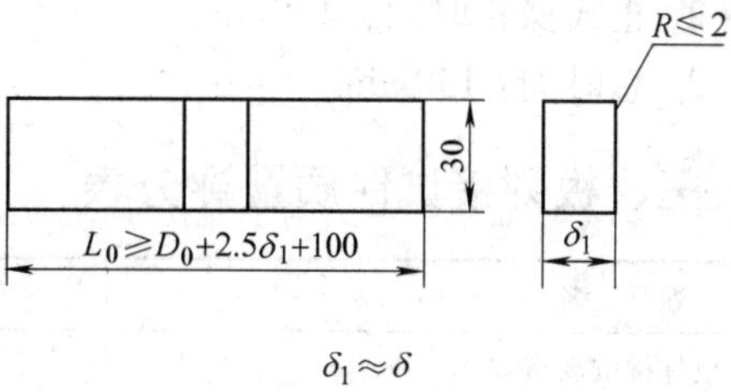

附图9　板状试件的面弯和背弯试样

试　卷（三）

一、项目

1. 试题名称

1）低合金钢板—板对接立位手弧焊（附图10）。

2）低合金钢管板（骑坐式）垂直俯位焊条电弧焊（附图11）。

2. 试题文字或图表的技术说明

装配图

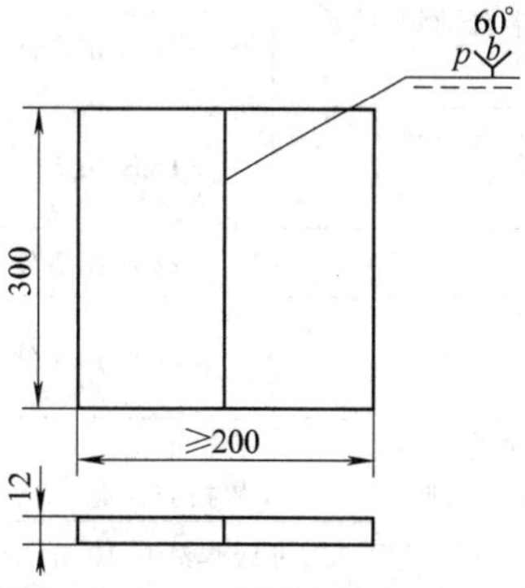

附图10　板件（数量1）

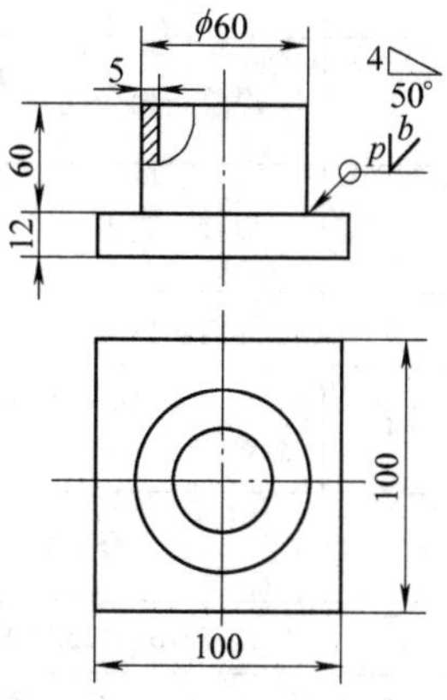

附图11　管板（数量1）

技 术 要 求

1. 要求单面焊双面成形。

2. 钝边、间隙自定，板状试件允许反变形。

3. 焊条直径自选。

4. 试件离地面高度自定。

二、考核总时限

1. 准备时间：30min
2. 正式操作时间：120min
3. 总时间：150min

三、板对接试件质量评分表

姓名		考号		得分	
板件材质规格		焊接位置		总扣分	

外观检查		序号	缺陷名称	合格标准	缺陷状况	合格范围内的扣分标准	扣分
	外观缺陷	1	裂纹、焊瘤、未熔合	不允许			
		2	咬边	深度≤0.5mm，两侧咬边总长≤45mm		每10mm扣1分	
		3	未焊透	深度≤15%δ，且≤1.5mm，总长度≤30mm（氩弧焊打底不允许未焊透）		每10mm扣1分	
		4	背面凹坑	深度≤20%δ，且≤2mm，总长≤30mm（仰位不规定）		每10mm扣1分	
		5	表面气孔	允许≤2mm的气孔4个		每个扣1分	
		6	夹渣	深度≤0.1δ，长度≤0.3δ，允许3个		每个扣1分	
		7	角变形	≤3°		>2°扣2分	
		8	错边量	≤10%δ		>5%δ扣2分	
	外形尺寸	序号	名称	合格标准	实测尺寸	合格范围内的扣分标准	扣分
		1	焊缝正面余高	0~3mm（焊条电弧焊、半自动焊其他位置0~4mm）		>2mm扣2分	
		2	焊缝余高差	≤2mm（焊条电弧焊、半自动焊其他位置≤3mm）		>1mm扣2分	
		3	焊缝宽度差	≤3mm		>2mm扣2分	
		4	单面焊焊缝背面余高	≤3mm		>2mm扣3分	

内部质量	合格标准	底片级别	合格范围内的扣分标准	扣分
	GB/T 3323—2005 Ⅱ级		Ⅱ级焊缝扣10分	

力学性能试验	合格标准			试验结果	
		钢种	弯曲角度		面弯（一件）
	双面焊	碳素钢、奥氏体钢	180°		
		其他低合金钢、合金钢	100°		背弯（一件）
	单面焊	碳素钢、奥氏体钢	90°		
		其他低合金钢、合金钢	50°		

注：① 外观缺陷均不在评片范围内；② 取样时避开缺陷处；③ 对于碳素钢、奥氏体钢焊件，射线探伤合格后可免做冷弯试验；④ 弯轴直径 $d=3\delta_1$；⑤ 试样弯曲到规定角度后，拉伸面上横向裂纹或缺陷长度 <1.5mm，纵向裂纹或缺陷长度≤3mm。

四、骑坐式管板试件质量评分表

姓名				考号		得分	
管板件材质规格				焊接位置		总扣分	
外观检查	外观缺陷	序号	缺陷名称	合格标准	缺陷状况	合格范围内的扣分标准	扣分
		1	裂纹、焊瘤、未熔合	不允许			
		2	咬边	深度≤0.5mm，两侧咬边总长不超过焊缝长度的20%		按缺陷长度比例扣1～8分	
		3	未焊透	深度≤15% S，且≤1.5mm，长度不超过焊缝长度的10%（氩弧焊打底不允许未焊透）		按缺陷长度比例扣1～5分	
		4	背面凹坑	深度≤25% S，且≤1mm，长度不超过焊缝长度的10%		按缺陷长度比例扣1～4分	
		5	表面气孔	允许≤0.3S 的气孔4个		每个扣2分	
		6	夹渣	深度≤1mm，长度≤1.5mm 不超过3个		每个扣2分	
	外形尺寸	序号	名称	合格标准	实测尺寸	合格范围内的扣分标准	扣分
		1	焊脚尺寸	S +（3～6）mm		每超差2mm扣2分	
		2	焊脚凸凹度	≤1.5mm		每超差2mm扣2分	
	通球检验		合格标准		检验结果		
			顺利通过为合格				
宏观金相检验	1	裂纹、未熔合	不允许		出现任何一缺陷，试件为0分		
	2	气孔或夹渣尺寸	>1.5mm 不允许				
			>0.5mm 且≤1.5mm，允许1个		每发现一个符合该缺陷范围的检查面扣3分		
			≤0.5mm，允许3个		每发现一个符合该缺陷范围的检查面扣3分		

注：① 管外径大于或等于32mm时，通球直径为管内径的85%，管外径小于32mm时，通球直径为管内径的75%；

② 宏观金相检验的合格标准栏内指单个检查面所允许的量。

五、试件取样及试样尺寸（附图 12、13）

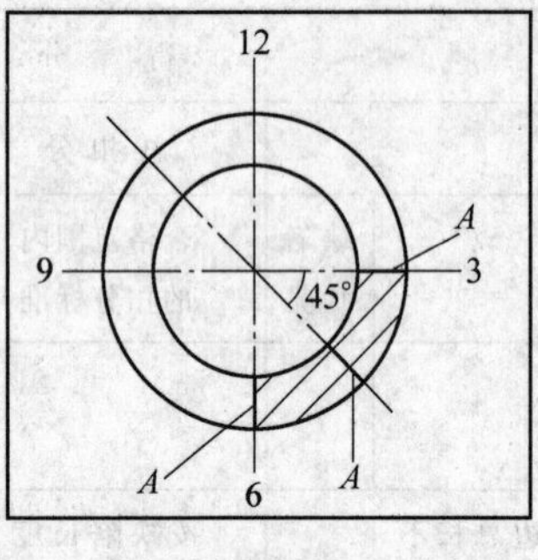

附图 12　管板试件金相试样截取位置

注：1. 三个 A 面为金相宏观检查面

2. 也可取相对称的 6 ~ 9 点位置的三个面

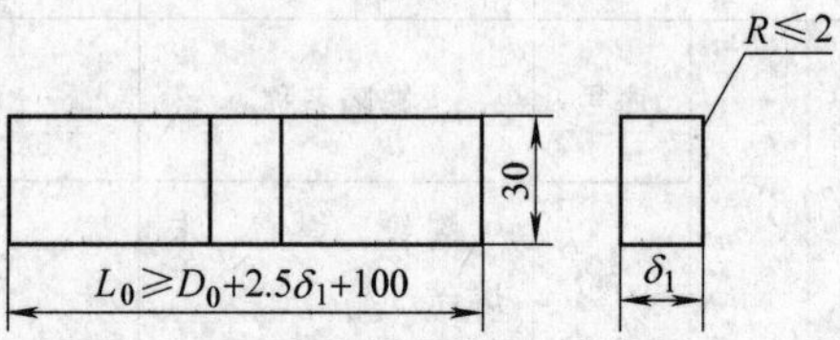

$\delta_1 \approx \delta$

附图 13　板状试件的面弯和背弯试样

附录 B　高级电焊工技能试卷

试　卷　(一)

一、项目

1. 试题名称

1）异种钢管状对接水平固定手工 TIG 焊（附图 14）。

2）板材 T 字形接头仰位半自动 CO_2 焊（附图 15）。

2. 试题文字或图表的技术说明

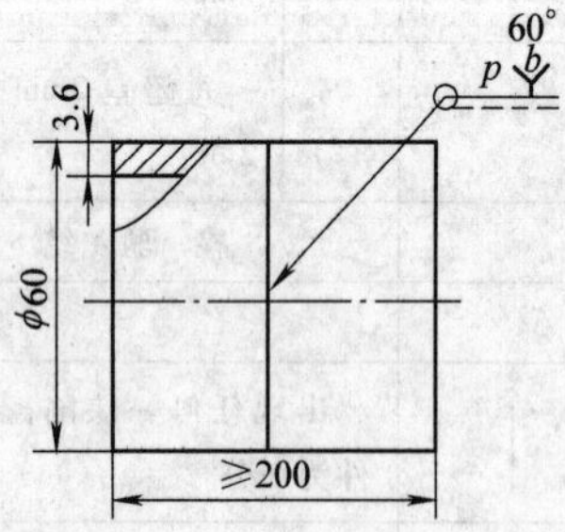

附图 14　管件（数量：2）

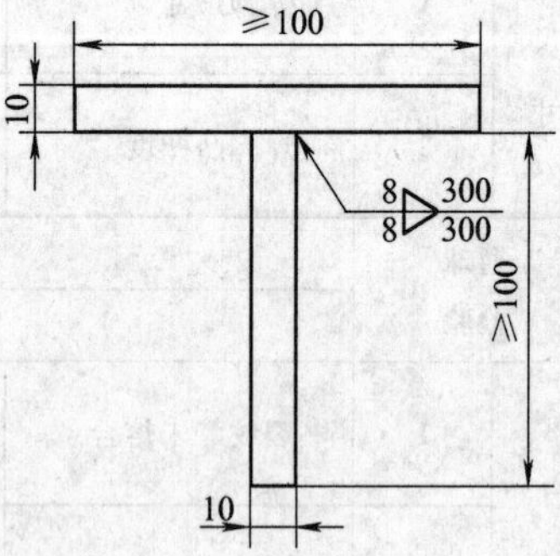

附图 15　板件（数量：1）

技 术 要 求

1. 要求单面焊双面成形。
2. 钝边、间隙自定，板状试件允许反变形。
3. 焊条直径自定。
4. 试件离地面高度自定。
5. 不允许在时钟 6 点钟位置定位焊。

二、考核总时限

1. 准备时间：30min
2. 正式操作时间：120min
3. 总时间：150min

三、异种钢管状对接水平固定手工 TIG 焊质量评分表

姓　名				考　号		得　分	
管件材质规格				焊接位置		总扣分	
外观检查	正面焊缝缺陷	序号	缺陷名称	合　格　标　准	缺陷状况	合格范围内的扣分标准	扣分
		1	裂纹、焊瘤、未熔合	不允许			
		2	咬边	深度≤0.5mm，两侧咬边总长不超过焊缝长度的20%		按缺陷长度比例扣1~4分	
		3	表面气孔	允许≤1.5mm的气孔4个		每个扣1分	
		4	夹渣	深≤0.1S，长≤0.3S，总数不超过3个		每个扣1分	
		5	错边量	≤10%S		>5%S扣2分	
	正面焊缝外形尺寸	序号	名称	合　格　标　准	实测尺寸	合格范围内的扣分标准	扣分
		1	焊缝余高	平焊位置0~3mm		>2.5mm扣2分	
				其他位置0~4mm		>3mm扣2分	
		2	焊缝余高差	平焊位置≤2mm		>1.5mm扣2分	
				其他位置≤3mm		>2mm扣2分	
		3	焊缝宽度差	≤3mm		>2mm扣2分	
通球检验	合　格　标　准					检　验　结　果	
	顺利通过为合格						
断口检验		序号	缺陷名称	合格标准	缺陷状况	合格范围内的扣分标准	扣分
		1	裂纹、未熔合	不允许		出现任何一缺陷，试件为0分	
		2	未焊透	深度≤15%S，且≤1.5mm，总长度不超过焊缝长度的10%（氩弧焊打底不允许未焊透）		按缺陷长度比例扣1~4分	
		3	背面凹坑	深度≤25%S，且≤1mm		按缺陷长度比例扣1~4分	
		4	单个气孔、夹渣尺寸	沿径向≤30%S，且≤1.5mm沿轴向或周向≤2mm		不扣分	
		5	气孔和夹渣数量	每平均10mm焊缝长度允许1个		每个扣1分，最多不超过9分	
		6	沿壁厚方向同一直线上各种缺陷总长	≤30%S，且≤1.5mm		不扣分	
力学性能试验	合格标准				试验结果	面弯（一件）	
	钢　种			弯曲角度			
	碳素钢、奥氏体钢			90°		背弯（一件）	
	其他低合金钢、合金钢			50°			

注：① 管外径大于或等于32mm时，通球直径为管内径的85%，管外径小于32mm时，通球直径为管内径的75%；② 考核数量为2件，一件做断口试验，一件做冷弯试验，必须两件均合格该项才算合格，其分数为两件平均分数；③ 弯轴直径 $d=3S_1$；④ 试样弯曲到规定角度后，拉伸面上横向裂纹或缺陷长度<1.5mm，纵向裂纹或缺陷长度≤3mm。

四、板材 T 字形接头仰位 CO_2 手弧焊质量评分表

姓名			考号		得分		
板件材质规格			焊接位置		总扣分		
		序号	缺陷名称	合格标准	缺陷状况	合格范围内的扣分标准	扣分
外观检查	外观缺陷	1	裂纹、焊瘤、未熔合	不允许			
		2	咬边	深度≤0.5mm，两侧咬边总长不超过焊缝长度的15%		按缺陷长度比例扣1~10分	
		3	表面气孔及夹渣	点状缺陷不超过6个		每个扣1分	
				条状缺陷不允许			
	外形尺寸	1	焊脚尺寸	δ^{+2}_{-1}		$\delta-1\sim\delta$扣3分	
		2	焊脚凸凹度	≤2mm		>1.5mm扣3分	
宏观金相检验		1	裂纹、未熔合	不允许		出现任何一缺陷，试件为0分	
		2	点状缺陷	点数不超过6个		每2个点扣1分	
		3	条状缺陷	最大尺寸为4mm，数量不超过1个		扣3分	
		4	$3<\phi\leq4$的点状缺陷和尺寸为3~4的条状缺陷共存状况	只允许有一种			

注：① 按附图19所示，连续截取3个检查面；② 点数计算方法：$\phi\leq0.5$不计点数但不许超过10个，$\phi\leq1$，为一个点；$1<\phi\leq2$，为二个点；$2<\phi\leq3$，为三个点；$3<\phi\leq4$，为六个点；③ 宏观金相检验的合格标准栏内指单个检查面所允许的量。

五、试件取样位置及试样（附图16~19）

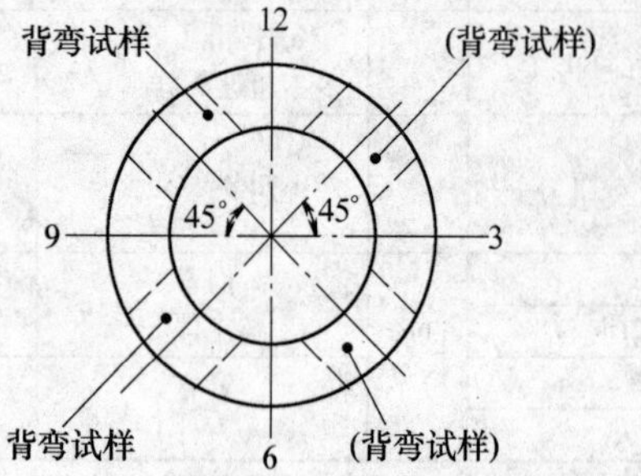

附图16　管状试件弯曲试样截取位置

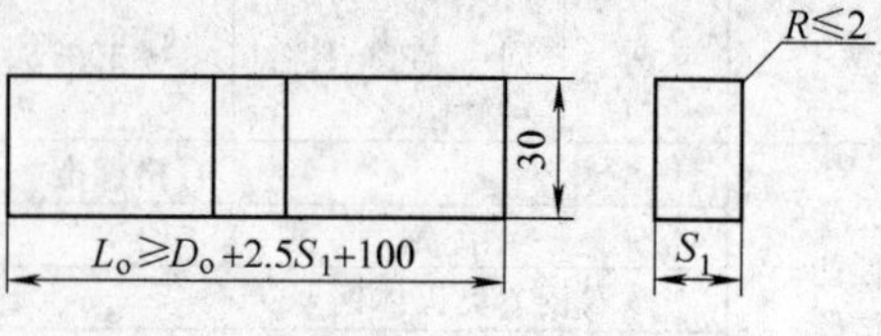

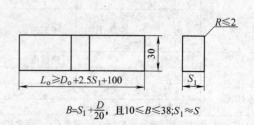

$B=S_1+\frac{D}{20}$，且$10\leq B\leq38$；$S_1\approx S$

附图17　管状试件的面弯和背弯试样

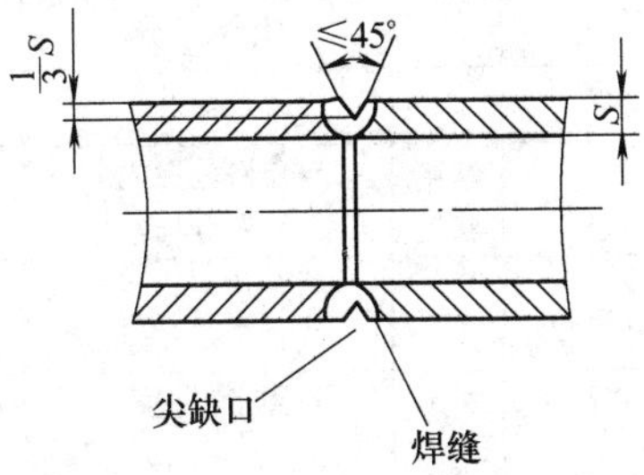

附图 18　断口检验试样沟槽断面的形状和尺寸

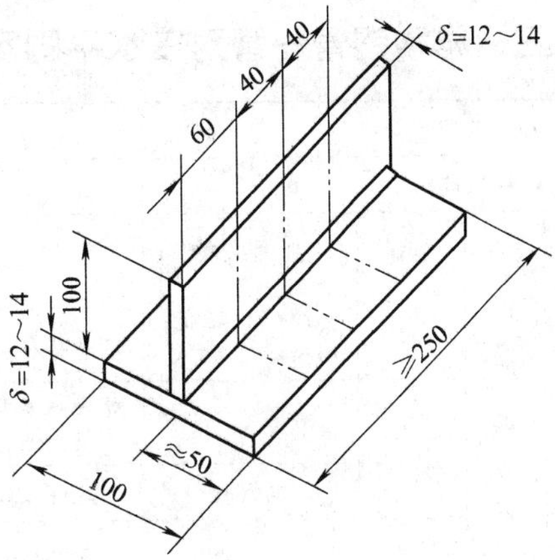

附图 19　角焊缝断面取样图

试　卷（二）

一、项目

1. 试题名称

1）异种钢管—管对接水平固定组合焊（附图 20）。

2）薄板对接横位手工 TIG 焊（附图 21）。

2. 试题文字或图表的技术说明

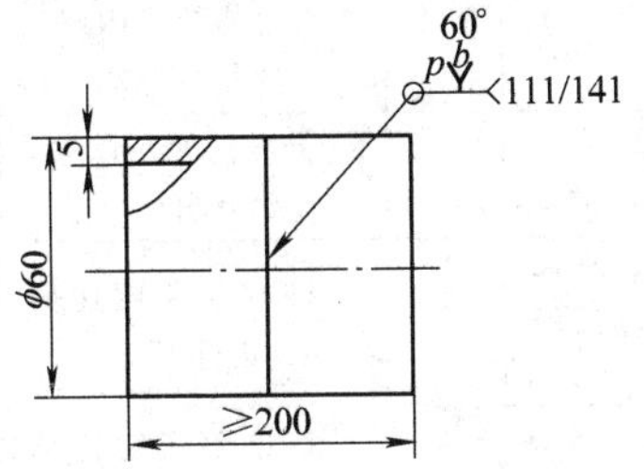

附图 20　管件（数量 2）

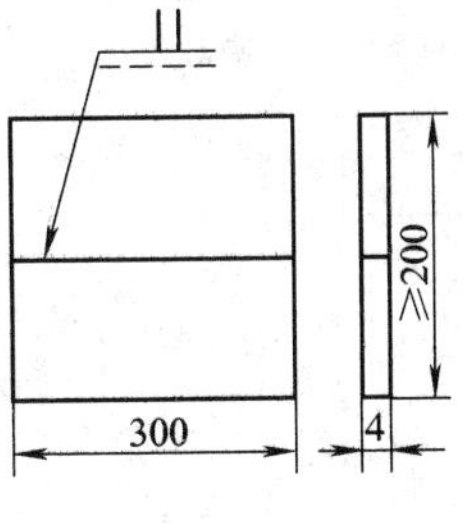

附图 21　板件（数量 1）

技 术 要 求

1. 要求单面焊双面成形。
2. 钝边、间隙自定，板状试件允许反变形。
3. 焊条、焊丝、钨极直径自定。
4. 试件离地面高度自定。
5. 不允许在时钟 6 点钟位置定位焊。

二、考核总时限

1. 准备时间：30min
2. 正式操作时间：120min
3. 总时间：150min

三、异种钢管—管对接水平固定组合焊质量评分表

姓名				考号		得分	
管件材质规格				焊接位置		总扣分	
外观检查		序号	缺陷名称	合格标准	缺陷状况	合格范围内的扣分标准	扣分
外观检查	正面焊缝缺陷	1	裂纹、焊瘤、未熔合	不允许			
外观检查	正面焊缝缺陷	2	咬边	深度≤0.5mm，两侧咬边总长不超过焊缝长度的20%		按缺陷长度比例扣1~4分	
外观检查	正面焊缝缺陷	3	表面气孔	允许≤1.5mm的气孔4个		每个扣1分	
外观检查	正面焊缝缺陷	4	夹渣	深度≤0.1S，长度≤0.3S总数不超过3个		每个扣1分	
外观检查	正面焊缝缺陷	5	错边量	≤10%S		>5%S扣2分	
外观检查	焊缝外形尺寸	1	焊缝余高	平焊位置0~3mm		>2.5mm扣2分	
外观检查	焊缝外形尺寸	1	焊缝余高	其他位置0~4mm		>3mm扣2分	
外观检查	焊缝外形尺寸	2	焊缝余高差	平焊位置≤2mm		>1.5mm扣2分	
外观检查	焊缝外形尺寸	2	焊缝余高差	其他位置≤3mm		>2mm扣2分	
外观检查	焊缝外形尺寸	3	焊缝宽度差	≤3mm		>2mm扣2分	
外观检查	通球检验			合格标准		检验结果	
外观检查	通球检验			顺利通过为合格			
断口检验		序号	缺陷名称	合格标准	缺陷状况	合格范围内的扣分标准	扣分
断口检验		1	裂纹、未熔合	不允许		出现任何一缺陷，试件为0分	
断口检验		2	未焊透	深度≤15%S，且≤1.5mm，总长度不超过焊缝长度的10%（氩弧焊打底不允许未焊透）		按缺陷长度比例扣1~4分	
断口检验		3	背面凹坑	深度≤25%S，且≤1mm		按缺陷长度比例扣1~4分	
断口检验		4	单个气孔、夹渣尺寸	沿径向≤30%S，且≤1.5mm沿轴向或周向≤2mm		不扣分	
断口检验		5	气孔和夹渣数量	每平均10mm焊缝长度允许1个		每个扣1分，最多不超过9分	
断口检验		6	沿壁厚方向同一直线上各种缺陷总长	≤30%S，且≤1.5mm		不扣分	
力学性能试验	合格标准				试验结果	面弯（一件）	
力学性能试验	钢种			弯曲角度	试验结果	面弯（一件）	
力学性能试验	碳素钢、奥氏体钢			90°	试验结果	背弯（一件）	
力学性能试验	其他低合金钢、合金钢			50°	试验结果	背弯（一件）	

注：① 管外径大于或等于32mm时，通球直径为管内径的85%，管外径小于32mm时，通球直径为管内径的75%；② 考核数量为2件，一件做断口试验，一件做冷弯试验，必须两件均合格该项才算合格，其分数为两件平均分数；③ 弯轴直径 $d=3S_1$；④ 试样弯曲到规定角度后，拉伸面上横向裂纹或缺陷长度<1.5mm，纵向裂纹或缺陷长度≤3mm。

四、薄板对接横位手工 TIG 焊质量评分表

<table>
<tr><td>姓 名</td><td></td><td>考 号</td><td></td><td>得 分</td><td></td></tr>
<tr><td>板件材质规格</td><td></td><td>焊接位置</td><td></td><td>总扣分</td><td></td></tr>
</table>

<table>
<tr><td rowspan="14">外观检查</td><td rowspan="9">外观缺陷</td><td>序号</td><td>缺陷名称</td><td>合 格 标 准</td><td>缺陷状况</td><td>合格范围内的扣分标准</td><td>扣分</td></tr>
<tr><td>1</td><td>裂纹、焊瘤、未熔合</td><td>不允许</td><td></td><td>出现任何一缺陷，试件为 0 分</td><td></td></tr>
<tr><td>2</td><td>咬边</td><td>深度≤0.5mm，两侧咬边总长≤45mm</td><td></td><td>每 10mm 扣 1 分</td><td></td></tr>
<tr><td>3</td><td>未焊透</td><td>深度≤15%，δ 且≤1.5mm，总长度≤30mm（氩弧焊打底不允许未焊透）</td><td></td><td>每 10mm 扣 1 分</td><td></td></tr>
<tr><td>4</td><td>背面凹坑</td><td>深度≤20%，δ 且≤2mm，总长≤30mm（仰位不规定）</td><td></td><td>每 10mm 扣 1 分</td><td></td></tr>
<tr><td>5</td><td>表面气孔</td><td>允许≤2mm 的气孔 4 个</td><td></td><td>每个扣 1 分</td><td></td></tr>
<tr><td>6</td><td>夹渣</td><td>深度≤0.1δ，长度≤0.3δ，允许 3 个</td><td></td><td>每个扣 1 分</td><td></td></tr>
<tr><td>7</td><td>角变形</td><td>≤3°</td><td></td><td>>2°扣 2 分</td><td></td></tr>
<tr><td>8</td><td>错边量</td><td>≤10%δ</td><td></td><td>>5%δ 扣 2 分</td><td></td></tr>
<tr><td rowspan="5">外形尺寸</td><td>序号</td><td>名 称</td><td>合 格 标 准</td><td>实测尺寸</td><td>合格范围内的扣分标准</td><td>扣分</td></tr>
<tr><td>1</td><td>焊缝正面余高</td><td>0 ~ 3mm（焊条电弧焊、半自动焊其他位置 0 ~ 4mm）</td><td></td><td>>2mm 扣 2 分</td><td></td></tr>
<tr><td>2</td><td>焊缝余高差</td><td>≤2mm（焊条电弧焊、半自动焊其他位置≤3mm）</td><td></td><td>>1mm 扣 2 分</td><td></td></tr>
<tr><td>3</td><td>焊缝宽度差</td><td>≤3mm</td><td></td><td>>2mm 扣 2 分</td><td></td></tr>
<tr><td>4</td><td>单面焊焊缝背面余高</td><td>≤3mm</td><td></td><td>>2mm 扣 3 分</td><td></td></tr>
</table>

<table>
<tr><td rowspan="2">内部质量</td><td>合 格 标 准</td><td>底片级别</td><td>合格范围内的扣分标准</td><td>扣分</td></tr>
<tr><td>GB/T 3323—2005 Ⅱ级</td><td></td><td>Ⅱ级焊缝扣 10 分</td><td></td></tr>
</table>

<table>
<tr><td rowspan="6">力学性能试验</td><td colspan="3">合 格 标 准</td><td rowspan="6">试验结果</td><td rowspan="2">面弯（一件）</td><td rowspan="2"></td></tr>
<tr><td></td><td>钢 种</td><td>弯曲角度</td></tr>
<tr><td rowspan="2">双面焊</td><td>碳素钢、奥氏体钢</td><td>180°</td><td rowspan="4">背弯（一件）</td><td rowspan="4"></td></tr>
<tr><td>其他低合金钢、合金钢</td><td>100°</td></tr>
<tr><td rowspan="2">单面焊</td><td>碳素钢、奥氏体钢</td><td>90°</td></tr>
<tr><td>其他低合金钢、合金钢</td><td>50°</td></tr>
</table>

注：① 外观缺陷均不在评片范围内；② 取样时避开缺陷处；③ 对于碳素钢、奥氏体钢焊件，射线探伤合格后可免做冷弯试验；④ 弯轴直径 $d=3\delta_1$；⑤ 试样弯曲到规定角度后，拉伸面上横向裂纹或缺陷长度 <1.5mm，纵向裂纹或缺陷长度≤3mm。

五、试件取样位置及试样（附图 22 ~ 25）

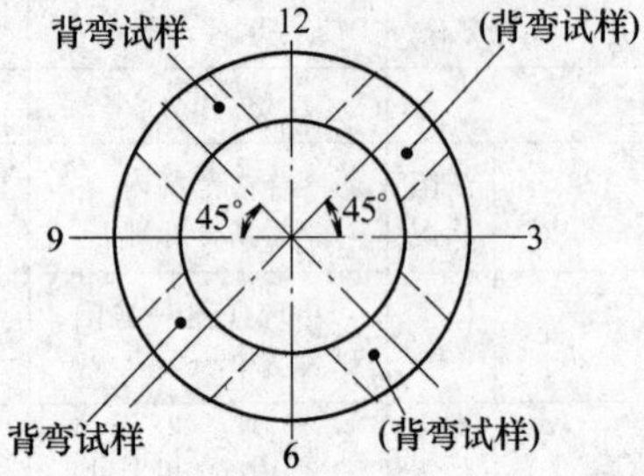

附图 22　管状试件弯曲试样截取位置

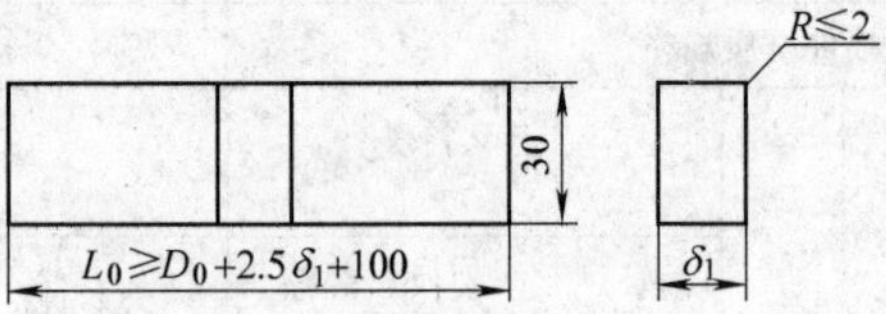

$\delta_1 \approx \delta$

附图 23　板状试件的面弯和背弯试样

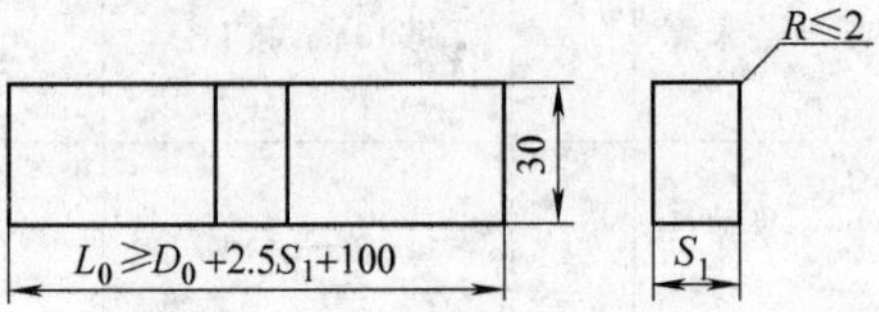

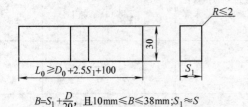

$B=S_1+\dfrac{D}{20}$，且$10\text{mm} \leqslant B \leqslant 38\text{mm}$；$S_1 \approx S$

附图 24　管状试件的面弯和背弯试样

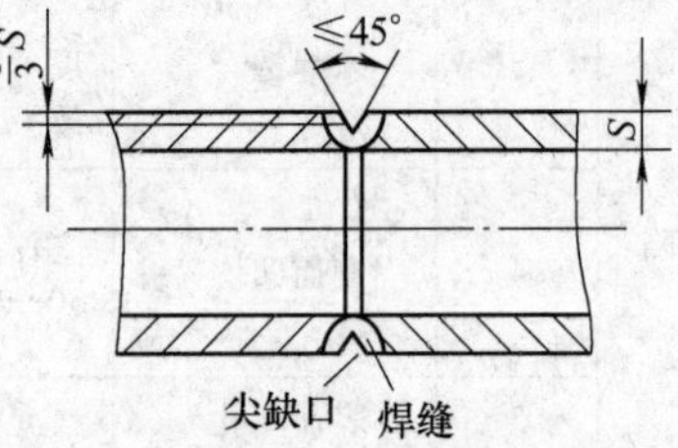

附图 25　断口检验试样沟槽断面的形状和尺寸

试　卷　（三）

一、项目

1. 试题名称

1）薄板对接横位半自动二氧化碳焊（附图 26）。

2）低合金钢管—管对接手工 TIG 焊（附图 27）。

2. 试题文字或图表的技术说明

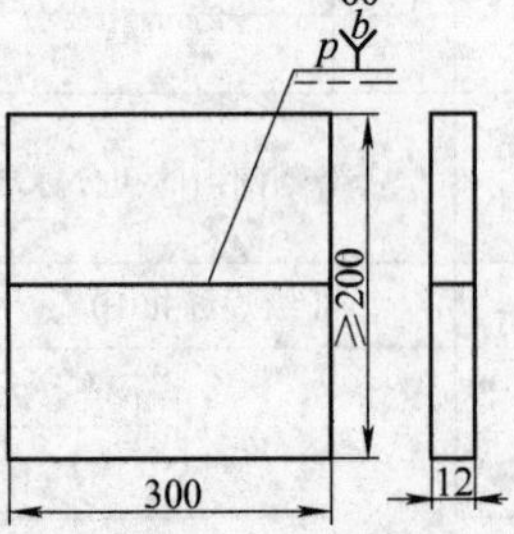

附图 26　板件（数量 1）

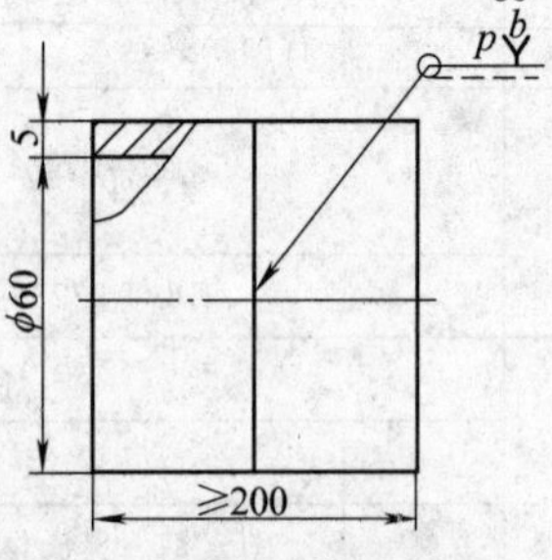

附图 27　管件（数量 2）

技术要求

1. 要求单面焊双面成形。
2. 钝边、间隙自定，板状试件允许反变形。
3. 焊丝、钨极直径自定。
4. 试件离地面高度自定。
5. 不允许在时钟 6 点钟位置定位焊。

二、考核总时限

1. 准备时间：30min
2. 正式操作时间：120min
3. 总时间：150min

三、薄板对接横位 CO_2 焊件质量评分表

姓　名				考　号		得　分	
板件材质规格				焊接位置		总 扣 分	
外观检查	外观缺陷	序号	缺陷名称	合　格　标　准	缺陷状况	合格范围内的扣分标准	扣分
		1	裂纹、焊瘤、未熔合	不允许		出现任何一缺陷，试件为0分	
		2	咬边	深度≤0.5mm，两侧咬边总长≤45mm		每10mm扣1分	
		3	未焊透	深度≤15%δ，且≤1.5mm，总长度≤30mm（氩弧焊打底不允许未焊透）		每10mm扣1分	
		4	背面凹坑	深度≤20%δ，且≤2mm，总长≤30mm（仰位不规定）		每10mm扣1分	
		5	表面气孔	允许≤2mm的气孔4个		每个扣1分	
		6	夹渣	深度≤0.1δ，长度≤0.3δ，允许3个		每个扣1分	
		7	角变形	≤3°		>2°扣2分	
		8	错边量	≤10%δ		>5%δ扣2分	
	外形尺寸	序号	名　称	合　格　标　准	实测尺寸	合格范围内的扣分标准	扣分
		1	焊缝正面余高	0～3mm（焊条电弧焊、半自动焊其他位置0～4mm）		>2mm扣2分	
		2	焊缝余高差	≤2mm（焊条电弧焊、半自动焊其他位置≤3mm）		>1mm扣2分	
		3	焊缝宽度差	≤3mm		>2mm扣2分	
		4	单面焊焊缝背面余高	≤3mm		>2mm扣3分	
内部质量	合　格　标　准				底片级别	合格范围内的扣分标准	扣分
	GB/T 3323—2005　Ⅱ级					Ⅱ级焊缝扣10分	
力学性能试验	合　格　标　准				试验结果	面弯（一件）	
		钢　种		弯曲角度			
	双面焊	碳素钢、奥氏体钢		180°			
		其他低合金钢、合金钢		100°			
	单面焊	碳素钢、奥氏体钢		90°		背弯（一件）	
		其他低合金钢、合金钢		50°			

注：① 外观缺陷均不在评片范围内；② 取样时避开缺陷处；③ 对于碳素钢、奥氏体钢焊件，射线探伤合格后可免做冷弯试验；④ 弯轴直径 $d=3\delta_1$；⑤ 试样弯曲到规定角度后，拉伸面上横向裂纹或缺陷长度<1.5mm，纵向裂纹或缺陷长度≤3mm。

四、低合金钢管—管对接水平固定手工 TIG 焊件质量评分表

姓名				考号		得分	
管件材质规格				焊接位置		总扣分	
外观检查	正面焊缝缺陷	序号	缺陷名称	合格标准	缺陷状况	合格范围内的扣分标准	扣分
		1	裂纹、焊瘤、未熔合	不允许			
		2	咬边	深度≤0.5mm，两侧咬边总长不超过焊缝长度的20%		按缺陷长度比例扣1~4分	
		3	表面气孔	允许≤1.5mm的气孔4个		每个扣1分	
		4	夹渣	深度≤0.1*S*，长度≤0.3*S*总数不超过3个		每个扣1分	
		5	错边量	≤10%*S*		>5%*S*扣2分	
	焊缝外形尺寸	1	焊缝余高	平焊位置0~3mm		>2.5mm扣2分	
				其他位置0~4mm		>3mm扣2分	
		2	焊缝余高差	平焊位置≤2mm		>1.5mm扣2分	
				其他位置≤3mm		>2mm扣2分	
		3	焊缝宽度差	≤3mm		>2mm扣2分	
	通球检验			合格标准		检验结果	
				顺利通过为合格			
断口检验		序号	缺陷名称	合格标准	缺陷状况	合格范围内的扣分标准	扣分
		1	裂纹、未熔合	不允许		出现任何一缺陷，试件为0分	
		2	未焊透	深度≤15%*S*，且≤1.5mm，总长度不超过焊缝长度的10%（氩弧焊打底不允许未焊透）		按缺陷长度比例扣1~4分	
		3	背面凹坑	深度≤25%*S*，且≤1mm		按缺陷长度比例扣1~4分	
		4	单个气孔、夹渣尺寸	沿径向≤30%*S*，且≤1.5mm沿轴向或周向≤2mm		不扣分	
		5	气孔和夹渣数量	每平均10mm焊缝长度允许1个		每个扣1分，最多不超过9分	
		6	沿壁厚方向同一直线上各种缺陷总长	≤30%*S*，且≤1.5mm		不扣分	
力学性能试验	合格标准				试验结果	面弯（一件）	
	钢种			弯曲角度			
	碳素钢、奥氏体钢			90°		背弯（一件）	
	其他低合金钢、合金钢			50°			

注：① 管外径大于或等于32mm时，通球直径为管内径的85%，管外径小于32mm时，通球直径为管内径的75%；② 考核数量为2件，一件做断口试验，一件做冷弯试验，必须两件均合格该项才算合格，其分数为两件平均分数；③ 弯轴直径 $d=3S_1$；④ 试样弯曲到规定角度后，拉伸面上横向裂纹或缺陷长度<1.5mm，纵向裂纹或缺陷长度≤3mm。

五、试件取样位置及试样（附图 28 ~ 31）

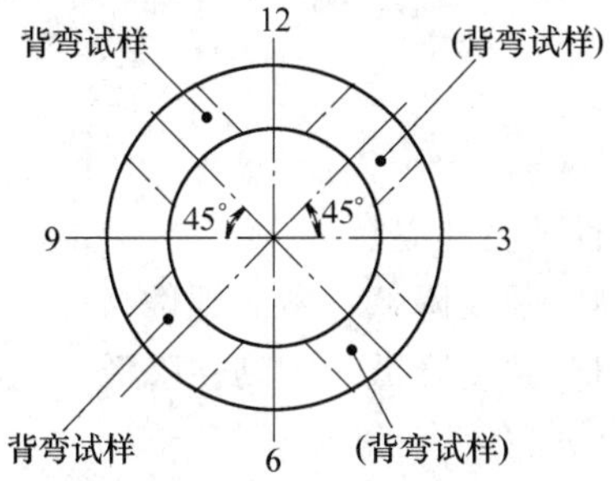

附图 28　管状试件弯曲试样截取位置

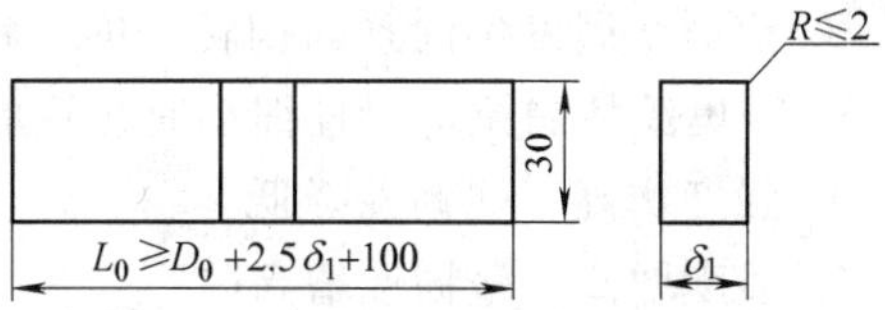

$\delta_1 \approx \delta$

附图 29　板状试件的面弯和背弯试样

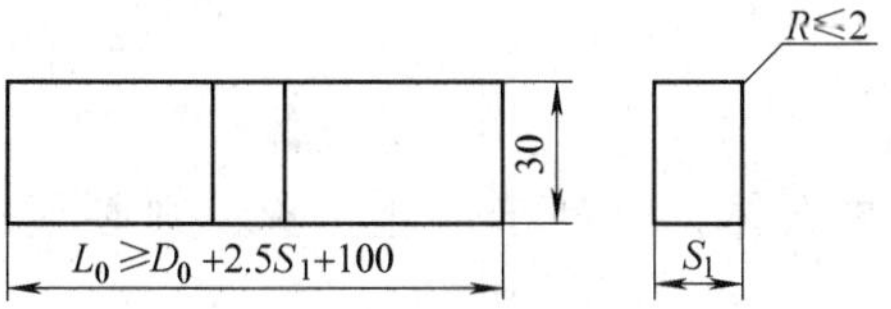

$B=S_1+\frac{D}{20}$，且 $10\text{mm} \leqslant B \leqslant 38\text{mm}$；$S_1 \approx S$

附图 30　管状试件的面弯和背弯试样

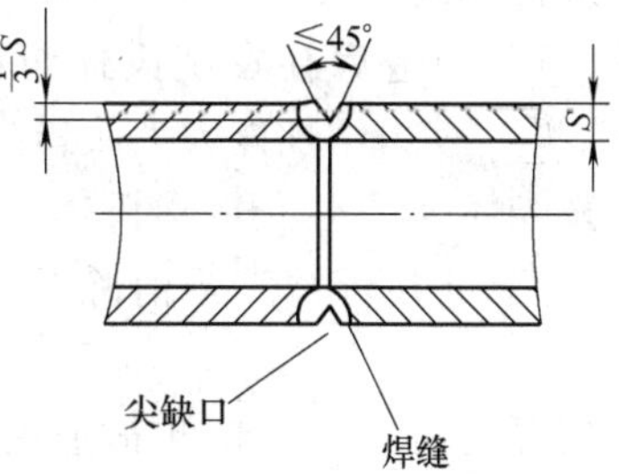

附图 31　断口检验试样沟槽断面的形状和尺寸

附录 C　中级电焊工理论知识试题

一、选择题

1. 在常温下的金属晶体结构中，晶粒越细，晶界越多，金属材料的硬度、强度就会(　　)。

A. 高　　B. 低　　C. 低很多　　D. 不变

2. 一般纯金属的结晶温度都比理论结晶温度(　　)。

A. 高　　B. 低　　C. 相同　　D. 不同

3. (　　)的目的是使晶核长大速度变小。

A. 热处理　　B. 变质处理　　C. 冷处理　　D. 强化处理

4. 金属在固态下随温度的改变，由一种晶格转变为另一种晶格的现象，称为(　　)。

A. 晶格转变　　B. 晶体转变　　C. 同素异构转变　　D. 同素同构转变

5. 合金组织大多数都属于(　　)。

A. 金属化合物　　B. 单一固溶体　　C. 机械混合物　　D. 纯金属

6. 合金钢的性能主要取决于它的(　　)，但可用热处理方法通过改变它的组织来改变它的性能。

A. 工艺性能　　B. 力学性能　　C. 化学成分　　D. 物理成分

7. $Fe\text{-}Fe_3C$ 相图中的 GS 线是冷却时奥氏体析出铁素体的开始线，奥氏体向铁素体的转变是(　　)。

A. 碳在奥氏体中的溶解度达到饱和的结果

B. 溶剂金属发生同素异构转变的结果

C. 奥氏体发生共析转变的结果

D. 溶剂金属发生同素同构转变的过程

8. 当奥氏体晶粒均匀且细小时，钢的强度、塑韧性的变化是(　　)。

A. 强度增高，塑韧性降低　　B. 强度降低，塑韧性增高

C. 强度增高，塑韧性增高　　D. 强度降低，塑韧性降低

9. 工件出现硬度偏高这种退火缺陷时，其补救办法是(　　)。

A. 调整加热和冷却参数，重新进行一次退火　　B. 进行一次正火

C. 进行一次回火　　D. 以上均不行

10. 35 钢铸造后存在魏氏体组织，再经正火处理后，可得到的均匀细小的铁素体与(　　)晶体，使力学性能大大改善。

A. 珠光体　　B. 奥氏体　　C. 渗碳体　　D. 莱氏体

11. 对于过共析钢，要消除严重的网状二次渗碳体，以利于球化退火，则必须进行(　　)。

A. 等温退火　　B. 扩散退火　　C. 正火　　D. 完全退火

12. 中温回火的温度是(　　)。

A. 150～250℃　　B. 350～500℃　　C. 500～650℃　　D. 250～350℃

13. 回火时，决定钢的组织和性能的主要因素是回火温度，回火温度可根据工件要求的(　　)来选择。

A. 力学性能　　B. 物理性能　　C. 化学性能　　D. 工艺性能

14. 化学热处理是指在一定温度下，在含有某种化学元素的活性介质中，向钢件(　　)，从而改变钢件表面化学成分以获得预期组织和性能的一种热处理方法。

A. 表面渗入某种化学元素　　B. 内部渗入某种化学元素

C. 表面感应某种化学元素　　D. 内部感应某种化学元素

15. 化学热处理的基本过程由(　　)组成。

A. 分解、吸收和扩散三部分　　B. 加热、保温和扩散三部分

C. 加热、保温和氮化三部分　　D. 分解、保温和氮化三部分

16. 电路中某点的电位就是该点与电路中(　　)。

A. 零电位点之间的电压　　B. 零电位点之间的电阻

C. 参考点之间的电压　　D. 参考点之间的电阻

17. 电流流过导体产生的热量，除了与导体的电阻及通电时间成正比外，还与(　　)。

A. 电流强度成正比　　B. 电流强度成反比

C. 电流强度的平方成正比　　D. 电流强度的平方成反比

18. 在串联电路中，电压的分配与(　　)，即阻值越大的电阻所分配到的电压越大，反之电压越小。

A. 电阻成正比　　B. 电阻成反比　　C. 电阻平方成正比　　D. 电阻平方成反比

19. 基尔霍夫(　　)内容是：在任意回路中，电动势的代数和恒等于各电阻上电压降的

代数和。

A. 第二定律　B. 第一定律　C. 节点电流定律　D. 第三定律

20. 通电导体在磁场中受到电磁力的大小与(　　)。

A. 导体中的电流成正比，与导体在磁场中的有效长度成反比

B. 导体中的电流及导体在磁场中的有效长度成正比

C. 导体中的电流及导体在磁场中的有效长度成反比

D. 导体中的电流成反比，与导体在磁场中的有效长度成正比

21. BX2—500 型弧焊变压器的结构，它实际上是一种带有(　　)的单相变压器。

A. 电抗器　B. 电磁铁　C. 双绕组　D. 电容器

22. 细丝 CO_2 气体保护焊时，由于电流密度大，所以其(　　)曲线为上升特性。

A. 动特性　B. 静特性　C. 外特性　D. 平特性

23. 仰焊时不利于熔滴过渡的作用力是(　　)。

A. 重力　B. 表面张力　C. 电磁力　D. 气体吹力

24. 当熔渣的碱度为(　　)时，称为碱性渣。

A. 1.2　B. 1.4　C. 1.5　D. >1.5

25. 不易淬火钢焊接热影响区中综合性能最好的区域是(　　)。

A. 过热区　B. 正火区　C. 部分相变区　D. 再结晶区

26. CO_2 气体保护焊的生产率比焊条电弧焊高(　　)。

A. 1 ~ 2 倍　B. 2.5 ~ 4 倍　C. 4 ~ 5 倍　D. 5 ~ 6 倍

27. 粗丝 CO_2 气体保护焊的焊丝直径为(　　)。

A. <1.2mm　B. 1.2mm　C. ≥1.6mm　D. 1.2 ~ 1.5mm

28. 细丝 CO_2 气体保护焊时，熔滴应采用(　　)过渡形式。

A. 短路　B. 颗粒状　C. 喷射　D. 滴状

29. CO_2 气体保护焊时，用得最多的脱氧剂是(　　)。

A. Si、Mn　B. C、Si　C. Fe、Mn　D. C、Fe

30. 细丝 CO_2 气体保护焊焊丝的伸出长度为(　　)mm。

A. <8　B. 8 ~ 15　C. >25　D. 15 ~ 25

31. 细丝 CO_2 气体保护焊时使用的电源特性是(　　)。

A. 平硬外特性　B. 陡降外特性　C. 上升外特性　D. 缓降外特性

32. 用 CO_2 气体保护焊焊接 10mm 厚的板材立焊时，宜选用的焊丝直径是(　　)。

A. 0.5mm　B. 0.6mm　C. 1.0 ~ 1.6mm　D. 3.2mm

33. 惰性气体中氩气在空气中的比例最多，按体积约占空气的(　　)。

A. 2.0%　B. 1.6%　C. 0.93%　D. 0.78%

34. 钨极氩弧焊的代表符号是(　　)。

A. MIG　B. TIG　C. MAG　D. PMIG

35. 等离子弧焊接是利用(　　)产生的高温等离子弧来熔化金属的焊接方法。

A. 钨极氩弧焊焊枪　B. 焊条电弧焊焊钳　C. 等离子焊枪　D. 碳弧气刨枪

36. 等离子弧焊焊枪中，(　　)内缩的原因是为了避免在焊缝中产生夹钨的缺陷。

A. 喷嘴　B. 焊丝　C. 钨极　D. 等离子弧发生器

37. 大电流等离子弧焊的电流使用范围为(　　)。

A. 50～500A　　B. 550～600A　　C. 650～700A　　D. 800～1000A

38. 利用电流通过液体熔渣所产生的电阻热来进行焊接的方法称为(　　)。

A. 电阻焊　　B. 电弧焊　　C. 埋弧焊　　D. 电渣焊

39. 18MnMoNb 焊前预热温度为(　　)。

A. <50℃　　B. 50～100℃　　C. 100～150℃　　D. ≥150℃

40. 对于厚壁容器，加热和冷却速度应控制在(　　)。

A. 10～20℃/h　　B. 20～30℃/h　　C. 50～150℃/h　　D. 150～250℃/h

41. 下列不适合于圆筒形环缝坡口的方法是(　　)。

A. 氧气切割　　B. 碳弧气刨　　C. 刨削　　D. 车削

42. 普通低合金结构钢焊接时最容易出现的焊接裂纹是(　　)。

A. 热裂纹　　B. 冷裂纹　　C. 再热裂纹　　D. 层状撕裂

43. 焊接 18MnMoNb 的钢材时，宜选用的焊条是(　　)。

A. E7015—D2　　B. E4303　　C. E5015　　D. E5016

44. 18MnMoNb 钢焊接装配点焊前应局部预热到(　　)。

A. 50～100℃　　B. 100～150℃　　C. 150～200℃　　D. 200～250℃

45. 焊接下列(　　)钢具有再热裂纹的问题。

A. 20　　B. Q345 (16Mn)　　C. Q235　　D. 15CrMo

46. 奥氏体不锈钢中主要元素是(　　)。

A. 锰和碳　　B. 铬和镍　　C. 铝和钛　　D. 铝和硅

47. 电渣焊不宜焊接下列(　　)材料。

A. 1Cr18Ni9Ti　　B. 16Mn　　C. Q235　　D. 15CrMo

48. 同样直径的奥氏体不锈钢焊条焊接电流值应比低碳钢焊条降低(　　)。

A. 5%左右　　B. 10%左右　　C. 20%左右　　D. 40%左右

49. 防止焊缝出现白口的具体措施(　　)。

A. 增大冷却速度　　B. 减少石墨化元素

C. 降低冷却速度和增加石墨化元素　　D. 增大冷却速度和增加石墨化元素

50. 球墨铸铁焊接时，产生裂纹的可能性比灰铸铁(　　)。

A. 大得多　　B. 小得多　　C. 一样　　D. 以上均有可能

51. 铜及铜合金焊接时在焊缝及熔合区易产生(　　)。

A. 冷裂纹　　B. 热裂纹　　C. 层状撕裂　　D. 针形气孔

52. 焊后残留在焊接结构内部的焊接应力，就叫做焊接(　　)。

A. 温度应力　　B. 组织应力　　C. 残余应力　　D. 凝缩应力

53. (　　)对结构影响较小，同时也易于矫正。

A. 弯曲变形　　B. 整体变形　　C. 局部变形　　D. 波浪变形

54. 对于长焊缝的焊接，采用分段退焊的目的是(　　)。

A. 提高生产率　　B. 减少变形　　C. 减少应力　　D. 为了减少焊缝内部缺陷

55. 在焊接生产中常用选择合理的(　　)减少焊接变形的方法。

A. 收缩量　　B. 先焊顺序　　C. 后焊顺序　　D. 装配焊顺序

56. 碾压主要用来矫正(   )工件的变形。

A. 厚板　B. 工字梁　C. 薄板　D. 十字型工件

57. 焊后为消除焊接应力，应采用(   )方法。

A. 消氢处理　B. 淬火　C. 退火　D. 正火

58. 在下列焊接缺陷中，焊接接头脆性断裂影响最大的是(   )。

A. 咬边　B. 内部圆形夹渣　C. 圆形气孔　D. 弧坑冷缩

59. 焊接时常见的焊缝内部缺陷有(   )等。

A. 弧坑、夹渣、夹钨、裂纹、未熔合和未焊透

B. 气孔、咬边、夹钨、裂纹、未熔合和未焊透

C. 气孔、夹渣、焊瘤、裂纹、未熔合和未焊透

D. 气孔、夹渣、夹钨、裂纹、未熔合和未焊透

60. 产生焊缝尺寸不符合要求的主要原因是焊件坡口开得不当或装配间隙不均匀及(   )选择不当。

A. 焊接参数　B. 焊接方法　C. 焊接电弧　D. 焊接热输入量

61. 严格控制熔池温度(   )是防止产生焊瘤的关键。

A. 不能太高　B. 不能太低　C. 可以高些　D. 可以低些

62. 焊接过程中，熔化金属自坡口背面流出，形成穿孔的缺陷称为(   )。

A. 烧穿　B. 焊瘤　C. 咬边　D. 凹坑

63. 造成凹坑的主要原因是(   )，在收弧时未填满弧坑。

A. 电弧过长及角度不当　B. 电弧过短及角度不当

C. 电弧过短及角度太小　D. 电弧过长及角度太大

64. 焊丝表面镀铜是为了防止焊缝中产生(   )。

A. 气孔　B. 夹渣　C. 裂纹　D. 未熔合

65. 焊接电流太小，层间清渣不干净易引起的缺陷是(   )。

A. 未熔合　B. 裂纹　C. 烧穿　D. 焊瘤

66. 焊接时，焊缝坡口钝边过大，坡口角度太小，焊根未清理干净，间隙太小会造成(   )缺陷。

A. 气孔　B. 焊瘤　C. 未焊透　D. 凹坑

67. 补焊铸铁裂纹时应在裂纹前端延长线上(   )范围钻止裂孔为宜。

A. 10 ~ 20mm　B. 20 ~ 30mm　C. 30 ~ 40mm　D. 40 ~ 50mm

68. 水压试验压力应为受压容器工作压力的(   )。

A. 1.0 ~ 1.25 倍　B. 1.25 ~ 1.5 倍　C. 1.5 ~ 1.75 倍　D. 1.75 ~ 2.0 倍

69. 布氏硬度试验时，其压痕中心与试样边缘的距离应不小于压痕直径的(   )。

A. 2.5 倍　B. 4 倍　C. 5 倍　D. 20 倍

70. X 射线检查焊缝厚度小于 30mm 时，显示缺陷的灵敏度(   )。

A. 低　B. 高　C. 一般　D. 很差

71. 焊缝质量等级中焊缝质量最好的是(   )。

A. Ⅰ　B. Ⅱ　C. Ⅲ　D. Ⅳ

72. (   )焊件焊缝内部缺陷常用超声波检验用来探测。

A. 大厚度　　B. 中厚度　　C. 薄　　D. 各种

73. 疲劳试验是用来测定焊接接头在交变载荷作用下的(　　)。

A. 强度　　B. 硬度　　C. 塑性　　D. 韧性

74. 车床比其他机床应用得更加普通，约占总数的(　　)。

A. 20%　　B. 30%　　C. 40%　　D. 50%

75. 白刚玉磨料可以磨下列(　　)材料。

A. 高速钢　　B. 铝　　C. 硬质合金　　D. 宝石

76. 工件或刀具运动的一个循环内，刀具与工件之间沿进给运动方向的相对位移叫(　　)。

A. 热输入量　　B. 进给量　　C. 位移量　　D. 切削量

77. 氧气压力表装上以后，要用扳手把丝扣拧紧，至少要拧(　　)。

A. 3 扣　　B. 4 扣　　C. 5 扣　　D. 6 扣

78. 等离子弧焊法穿透能力很强，不锈钢板材不开坡口也可焊透的最大板材尺寸是(　　)。

A. 12mm　　B. 14mm　　C. 16mm　　D. 18mm

79. 起重 5 ~ 300 吨的 YQ 型手动液压千斤顶起重高度为(　　)。

A. 120 ~ 160mm　　B. 140 ~ 180mm　　C. 160 ~ 180mm　　D. 180 ~ 220mm

80. 为了提高焊接生产的综合经济效益，除掌握材料和能源消耗之外，还应掌握(　　)。

A. 市场动态信息　　B. 质量反馈信息

C. 焊接生产人员情况信息　　D. 新材料、新工艺、新设备应用信息

81. 在物质内部，凡是原子呈无序堆积状况的称为(　　)。

A. 晶体　　B. 位错　　C. 亚晶界　　D. 非晶体

82. 在常温下的金属晶体结构中，晶粒越细，晶界越多，金属材料的硬度、强度就会(　　)。

A. 高　　B. 低　　C. 低很多　　D. 不变

83. 一般纯金属的结晶温度都比(　　)结晶温度低。

A. 理论　　B. 现场　　C. 试验　　D. 实践

84. 碳溶于面心立方晶格的 γ-Fe 中所形成的固溶体称为(　　)。

A. 铁素体　　B. 奥氏体　　C. 渗碳体　　D. 莱氏体

85. 热处理方法虽然很多，但任何一种热处理工艺都是由(　　)所组成的。

A. 加热、保温和冷却三个阶段　　B. 加热、冷却和转变三个阶段

C. 正火、淬火和退火三个阶段　　D. 回火、淬火和退火三个阶段

86. 共析钢在冷却转变时，过冷度越大，珠光体型组织的层片间距越小，强度、硬度(　　)。

A. 越高　　B. 越低　　C. 不变　　D. 与冷却度无关

87. 钢的组织不发生变化，只消除内应力的是(　　)。

A. 完全退火　　B. 球化退火　　C. 去应力退火　　D. 扩散退火

88. 35 钢铸造后存在魏氏组织，再经(　　)后，可得到的均匀细小的铁素体与珠光体

晶体，使力学性能大大改善。

A. 退火处理 B. 回火处理 C. 正火处理 D. 淬火处理

89. 对于过共析钢，要消除严重的网状二次( )，以利于球化退火，则必须进行正火。

A. 铁素体 B. 渗碳体 C. 珠光体 D. 奥氏体

90. 电磁铁是利用通电的铁心线圈吸引衔铁从而产生( )的一种电器。

A. 拘束力 B. 电磁力 C. 磁力线 D. 牵引力

91. 在焊接电弧中，阴极发射的电子向( )区移动。

A. 阴极 B. 阳极 C. 焊件 D. 焊条端头

92. 电弧焊在焊接方法中之所以占主要地位是因为电弧能有效而简单地把电能转换成熔化焊接过程所需要的( )。

A. 光能 B. 化学能 C. 热能和机械能 D. 光能和机械能

93. 焊条电弧焊正常施焊时，电弧的( )曲线在U形曲线的水平段。

A. 静特性 B. 外特性 C. 动特性 D. 内特性

94. 焊条电弧焊时与电流在焊条上产生的电阻热大小有关的因素是( )。

A. 焊件厚度 B. 药皮类型 C. 焊接种类 D. 电流密度

95. 低碳钢由于( )，所以显微偏析不严重。

A. 结晶区间很大 B. 结晶区间不大 C. 结晶区间极大 D. 结晶区间不小

96. 焊接时跟踪回火的加热温度应控制在( )范围。

A. 900～1000℃ B. 700～800℃ C. 1200～1400℃ D. 1500～1800℃

97. 在( )中，由熔化的母材和填充金属组成的部分叫焊缝。

A. 熔合区 B. 热影响区 C. 焊接接头 D. 正火区

98. 从强度角度来看，比较理想的接头形式是( )。

A. 对接接头 B. 角接接头 C. 搭接接头 D. 丁字接头

99. 焊接热影响区中，且有过热组织或大晶粒的区域是( )。

A. 焊缝区 B. 熔合区 C. 过热区 D. 正火区

100. 当 CO_2 气体保护焊采用( )焊时，所出现的熔滴过渡形式是短路过渡。

A. 细焊丝，小电流、低电弧电压施 B. 细焊丝，大电流、低电弧电压施

C. 细焊丝，大电流、低电弧电压施 D. 细焊丝，小电流、高电弧电压施

101. CO_2 气体保护焊时，若选用焊丝直径小于或等于1.2mm，则气体流量一般为( )。

A. 8～12L/min B. 15～25L/min C. 6～10L/min D. 25～35L/min

102. 贮存 CO_2 气体的气瓶容量为( )L。

A. 10 B. 25 C. 40 D. 45

103. CO_2 气体保护焊( )的作用是给二氧化碳气体保护焊供气、送丝和供电系统实行控制。

A. 电源系统 B. 自动系统 C. 控制系统 D. 微机系统

104. 焊接用二氧化碳气体的含水量和含氮量均不应超过( )。

A. 0.05% B. 0.1% C. 0.2% D. 0.3%

105. 用 CO_2 气体保护焊焊接 10mm 厚的板材立焊时，宜选用的焊丝直径是(　　)。

A. 0.8mm　　B. 1.0～1.6mm　　C. 0.6mm～1.6mm　　D. 1.8mm

106. 氩弧焊的特点是(　　)。

A. 完成的焊缝性能较差　　B. 可焊的材料不多

C. 焊后焊件应力大　　D. 易于实现机械化

107. 同等条件下，氦弧焊的焊接速度几乎可(　　)于氩弧焊。

A. 2 倍　　B. 3 倍　　C. 4 倍　　D. 5 倍

108. (　　)比普通电弧的导电截面小。

A. 等离子体　　B. 自由电弧　　C. 等离子弧　　D. 直流电弧

109. 焊接 0.01mm 厚的超薄件时，应选用的焊接方法是(　　)。

A. 焊条电弧焊　　B. 窄间隙焊　　C. 微束等离子弧焊　　D. 细丝 CO_2 气体保护焊

110. 能够焊接断面厚焊件的焊接方法是(　　)。

A. 脉冲氩弧焊　　B. 微束等离子弧焊　　C. 熔嘴电渣焊　　D. 板极电渣焊

111. 有关压焊概念正确的是(　　)。

A. 对焊件施加压力但不能加热　　B. 对焊件施加压力且加热

C. 对焊件施加压力，加热或不加热　　D. 以上都对

112. 从防止(　　)考虑，应减少焊接电流。

A. 晶粒细化提高生产率的角度　　B. 过热组织提高经济效益角度

C. 过热组织和细化晶粒的角度　　D. 组织粗大保护电极的角度

113. 后热是焊后立即将焊件加热到 250～350℃，保温(　　)后空冷。

A. 1～2h　　B. 2～8h　　C. 1～3h　　D. 10～15h

114. 钢的碳当量 $C_E < 0.4\%$ 时，其焊接性(　　)。

A. 优良　　B. 较差　　C. 很差　　D. 一般

115. Q345 (16Mn) 钢在(　　)焊接应进行适当的预热。

A. 小厚度结构　　B. 常温条件下　　C. 低温条件下　　D. 小刚性结构

116. 强度等级不同的普通低合金钢进行焊接时，应根据(　　)选用预热温度。

A. 焊接性好的材料　　B. 焊接性差的材料

C. 其焊接性中部值　　D. 焊接性好的差的都可以

117. 采用(　　)焊接珠光体耐热钢时，焊前不需预热。

A. 气焊　　B. 氩弧焊　　C. 埋弧焊　　D. CO_2 焊

118. 灰铸铁焊接时，产生裂纹的可能性比球墨铸铁(　　)。

A. 大得多　　B. 小得多　　C. 一样　　D. 以上均有可能

119. 球墨铸铁冷焊时选用的焊条是(　　)。

A. EZNiFe—1　　B. EZC　　C. EZV　　D. EZCQ

120. 目前，焊接铝及铝合金较完善的焊接方法是(　　)。

A. 焊条电弧焊　　B. 氩弧焊　　C. 埋弧焊　　D. 电渣焊

121. 纯铜手弧焊时，电源应采用(　　)。

A. 直流反接　　B. 直流正接　　C. 交流电　　D. 交流或直流反接

122. 焊后残留在焊接结构内部的(　　)，就叫做焊接残余应力。

A. 焊接应力　B. 焊接变形　C. 组织应力　D. 凝缩应力

123. 焊后由于焊缝的横向收缩使得两连接件间相对角度发生变化的变形叫做(　　)。

A. 弯曲变形　B. 波浪变形　C. 横向变形　D. 角变形

124. 由于焊接时温度分布(　　)而引起的应力是热应力。

A. 不均匀　B. 均匀　C. 不对称　D. 对称

125. 焊接容器进行水压试验时，同时具有(　　)焊接残余应力的作用。

A. 加强　B. 保持　C. 升高　D. 降低

126. 严格控制熔池温度(　　)是防止产生焊瘤的关键。

A. 可以高些　B. 不能太低　C. 不能太高　D. 可以低些

127. 带垫板的对接接头的主要缺点是容易形成(　　)。

A. 未焊透　B. 夹渣　C. 内气孔　D. 咬边

128. 非破坏性检验是指在(　　)、完整性的条件下进行检测缺陷的方法。

A. 焊接质量或成品的性能　B. 焊接过程中的缺陷形成的检验

C. 不损坏被检查材料或成品的性能　D. 损坏被检查材料或成品的性能

129. 测定焊缝外形尺寸的检验方法是(　　)。

A. 外观检验　B. 破坏性检验　C. 致密检验　D. 探伤检验

130. 泄漏试验主要是检查结构密封性和(　　)。

A. 焊缝致密性　B. 受压元件的强度　C. 密封元件的紧密性　D. 焊缝的强度

131. 照相底片上呈不同形状的点式长条的缺陷是(　　)。

A. 裂纹　B. 未焊透　C. 夹渣　D. 气孔

132. (　　)级焊缝内不准有裂纹、未熔合、未焊透和条状夹渣。

A. IV　B. Ⅰ　C. Ⅱ　D. Ⅲ

133. 超声波检验用来探测大厚度焊件焊缝(　　)。

A. 外部缺陷　B. 内部缺陷　C. 表面缺陷　D. 近表面缺陷

134. 车床上所用的刀具，除了车刀之外，还有多种，(　　)板牙在内。

A. 包括　B. 不包括　C. 能　D. 应该

135. 铣床应用(　　)，例如万能铣床甚至可以铣螺旋槽，但必须借助的辅助办法是通过挂轮。

A. 很广泛　B. 一般　C. 单一　D. 很窄

136. 金刚石磨料可以磨下列(　　)材料。

A. 硬青铜　B. 淬火钢　C. 硬质合金　D. 高速钢

137. 高速钢是含 Cr 元素较多的(　　)。

A. 合金结构钢　B. 合金工具钢　C. 低合金结构钢　D. 特殊性能钢

138. 车刀刀头有(　　)个组成面。

A. 3 个　B. 4 个　C. 5 个　D. 6 个

139. 不能把瓶内的氧气全部用完，至少要留的表压是(　　)。

A. 0.2 ~ 1.5MPa　B. 0.2 ~ 2.0MPa　C. 0.1 ~ 0.2MPa　D. 0.01 ~ 0.02MPa

140. 热焊法气焊铸铁是分段进行的，每小段应在(　　)。

A. 15 ~ 30mm　B. 25 ~ 50mm　C. 35 ~ 70mm　D. 45 ~ 90mm

141. 轻便直线切割机不适于完成的工作是(　　)。

A. 直线　B. 圆周　C. 直线坡口切割　D. 三角形

142. (　　)水路，气路系统需要更换的管子是老化的。

A. 等离子弧切割机　B. 弧焊变压器　C. 弧焊整流器　D. 弧焊发电机

143. 光电跟踪气割机指令机构的跟踪台离气割机合适的距离为(　　)。

A. 90mm　B. 100mm　C. 110mm　D. 120mm

144. 回转式台虎钳转盘座上的螺栓孔有(　　)。

A. 1 个　B. 2 个　C. 3 个　D. 4 个

145. 任何物体在空间不受任何限制时，有(　　)自由度。

A. 6 个　B. 7 个　C. 8 个　D. 9 个

146. 能够完整地反映晶格特征的最小几何单元称为(　　)。

A. 晶粒　B. 晶胞　C. 晶面　D. 晶体

147. (　　)的目的是使晶核长大速度变小。

A. 热处理　B. 变质处理　C. 冷处理　D. 强化处理

148. 为了消除合金铸锭及铸件在结晶过程中形成的枝晶偏析，采用的退火方法为(　　)。

A. 完全退火　B. 等温退火　C. 球化退火　D. 扩散退火

149. 为消除铸件，焊接件及机加工件中残余内应力，应在精加工或淬火前进行的退火方式是(　　)。

A. 扩散退火　B. 去应力退火　C. 球化退火　D. 完全退火

150. 淬火钢在回火时，随着回火温度的升高，其力学性能变化趋势是(　　)。

A. 强硬度降低，塑韧性提高　B. 强硬度降低，塑韧性降低

C. 强硬度提高，塑韧性降低　D. 强硬度提高，塑韧性提高

151. 渗碳的目的是使零件表面具有高的硬度、耐磨性及疲劳强度，而心部具有(　　)。

A. 较高的韧性　B. 较高的塑性　C. 较低的韧性　D. 较低的塑性

152. 电动势是衡量电源将(　　)本领的物理量。

A. 非电能转换成电能　B. 电能转换成非电能

C. 热能转换成电能　D. 电能转换成热能

153. 磁通是描述磁场在(　　)的物理量。

A. 空间分布　B. 各点性质　C. 具体情况　D. 空间曲线

154. 磁阻大小与磁路(　　)。

A. 长度成正比，与铁心截面面积成反比

B. 长度成反比，与铁心截面面积成正比

C. 长度成正比，与铁心截面面积平方成反比

D. 长度平方成反比，与铁心截面面积成正比

155. 埋弧焊在正常电流密度下焊接时其静特性为(　　)。

A. 平特性区　B. 上升特性区　C. 陡降特性区　D. 缓降特性区

156. 在焊接薄板时，一般采用的熔滴过渡形式是(　　)。

A. 粗滴过渡　B. 细滴过渡　C. 喷射过渡　D. 短路过渡

157. 用碱性焊条焊接时，焊接区内的气体主要是(　　)。

A. CO_2 和 CO　B. N_2 和 O_2　C. O_2 和水蒸气　D. N_2 和 H_2

158. 焊接化学冶金过程中焊接电弧的温度很高，一般可达(　　)。

A. 600～800℃　B. 1000～2000℃　C. 6000～8000℃　D. 9000～9500℃

159. 焊缝中的偏析、夹杂、气孔等缺陷是在焊接熔池的(　　)产生的。

A. 一次结晶过程　B. 二次结晶过程　C. 三次结晶过程　D. 一次结晶和二次结晶过程

160. 低碳钢由于结晶区间不大，所以(　　)不严重。

A. 层状偏析　B. 区域偏析　C. 显微偏析　D. 火口偏析

161. 低碳钢焊缝二次结晶后的组织是(　　)。

A. 奥氏体＋铁素体　B. 铁素体＋珠光体　C. 渗碳体＋奥氏体　D. 渗碳体＋珠光体

162. 在焊接热源作用下，焊件上某点的温度随时间变化的过程称(　　)。

A. 焊接线能量　B. 焊接热影响区　C. 焊接热循环　D. 焊接温度场

163. CO_2 气体保护焊时应(　　)。

A. 先通气后引弧　B. 先引弧后通气　C. 先停气后熄弧　D. 先停电后停送丝

164. CO_2 气体保护焊焊接回路中串联电感的原因是防止产生(　　)。

A. 电弧燃烧不稳定，飞溅大　B. 气孔　C. 夹渣　D. 凹坑

165. CO_2 气体保护焊时，所用 CO_2 气体的纯度不得低于(　　)。

A. 80%　B. 99%　C. 99.5%　D. 95%

166. 熔化极氩弧焊焊接电流增加时，熔滴尺寸(　　)。

A. 增大　B. 减小　C. 不变　D. 增大或不变

167. 微束等离子弧焊的优点之一是，可以焊接(　　)的金属构件。

A. 极薄件　B. 薄板　C. 中厚板　D. 大厚板

168. 电渣焊可焊的最大焊件厚度可达(　　)。

A. 1m　B. 2m　C. 3m　D. 4m

169. 当采用(　　)电渣焊时，为适应厚板焊接，焊丝可作横向摆动。

A. 丝极　B. 板极　C. 熔嘴　D. 管状

170. 手工钨极氩弧焊焊接铝镁合金时，应采用(　　)。

A. HS331　B. HS321　C. HS311　D. HS301

171. 物体在力的作用下变形，力的作用卸除后，变形即消失，恢复到原来形状和尺寸，这种变形是(　　)。

A. 塑性变形　B. 弹性变形　C. 残余变形　D. 应力变形

172. 平板对接焊产生残余应力的根本原因是焊接时(　　)。

A. 中间加热部分产生塑性变形　B. 中间加热部分产生弹性变形

C. 两则金属产生弹性变形　D. 焊缝区成份变化

173. 焊接热过程是一个不均匀加热的过程，以致在焊接过程中出现应力和变形，焊后便导致焊接结构产生(　　)。

A. 整体变形　B. 局部变形　C. 残余应力和残余变形　D. 残余变形

174. 为了减少焊件变形，应该选择(　　)。

A. V 形坡口　B. X 形坡口　C. U 形坡口　D. Y 形坡口

175. 由于焊接时温度分布不均匀而引起的应力是(　　)。

A. 组织应力　　B. 热应力　　C. 凝缩应力　　D. 以上均不对

176. 焊后为消除焊接应力，应采用(　　)方法。

A. 消氢处理　　B. 淬火　　C. 退火　　D. 正火

177. 在焊接应力及其他致脆因素共同作用下，金属材料的原子结合遭到破坏，形成新界面而产生的缝隙称为(　　)。

A. 裂纹　　B. 凹坑　　C. 夹渣　　D. 未焊透

178. 预防和减少焊接缺陷的可能性的检验是(　　)。

A. 焊前检验　　B. 焊后检验　　C. 设备检验　　D. 材料检验

179. 下列不属于焊缝的致密性试验的是(　　)。

A. 水压试验　　B. 气压试验　　C. 煤油试验　　D. 力学性能试验

180. 下列试验方法不属于非破坏性检验的方法是(　　)。

A. 煤油试验　　B. 水压试验　　C. 氨气试验　　D. 疲劳试验

181. 外观检验不能发现的焊缝缺陷是(　　)。

A. 咬肉　　B. 焊瘤　　C. 弧坑裂纹　　D. 内部夹渣

182. 磁粉探伤用直流或脉冲来磁化工件，可探测到缺陷深度为(　　)。

A. 3 ~ 4mm　　B. 4 ~ 5mm　　C. 5 ~ 6mm　　D. 6 ~ 7mm

183. 破坏性检验是从焊件或试件上切取试样，或以产品的(　　)做试验，以检查其各种力学性能、耐腐蚀性能等的检验方法。

A. 整体破坏　　B. 局部破坏　　C. 整体疲劳　　D. 局部疲劳

184. 大型龙门刨床（例如 B236）最大刨削长度可达(　　)。

A. 16m　　B. 18m　　C. 20m　　D. 22m

185. 塑性金属切屑能形成(　　)种形式。

A. 1　　B. 2　　C. 3　　D. 4

186. 对施工单位或人员来说绝对不允许不按图样施工，同时也绝对不允许擅自更改(　　)。

A. 交工日期　　B. 施工预算　　C. 施工要求　　D. 施工概算

二、判断题

(　　) 1. 去应力退火过程中只有应力的减小或消除，而没有组织的变化。

(　　) 2. 高碳钢在小于 100℃ 回火时，硬度不仅没有下降，反而略有升高。

(　　) 3. 渗碳零件必须用中、高碳钢或中、高碳合金钢来制造。

(　　) 4. 全电路欧姆定律的内容是：全电路中的电流强度与电源的电动势成正比，与整个电路的电阻成反比。

(　　) 5. 由于焊条电弧焊设备的额定电流值不大于 500A，所以焊条电弧焊时的静特性曲线为上升特性区。

(　　) 6. 在弧长和电极材料一定的情况下，埋弧自动焊在采用大电流密度焊接时，其电弧电压随电流的增加而升高。

(　　) 7. 碳能提高钢的强度和硬度，所以焊芯中应该具有较高的含碳量。

(　　) 8. CO_2 气瓶内盛装的是液态二氧化碳。

(　　) 9. CO_2 气体保护焊时，应先引弧再通气，才能使电弧稳定燃烧。

(　　) 10. 氩弧焊比焊条电弧焊引燃电弧容易。

(　　) 11. 等离子弧都是压缩电弧。

(　　) 12. 在电极与焊件之间建立的等离子弧，叫转移弧。

(　　) 13. 熔嘴电渣焊目前可焊焊件厚度达 2m，焊缝长度可达 40m 以上。

(　　) 14. 奥氏体不锈钢具有很大的电阻，所以不锈钢焊条焊接时药皮容易发红。

(　　) 15. 在焊接时由于温度变化而引起组织变化所产生的应力是组织应力。

(　　) 16. 造成咬边的主要原因是由于焊接时选用了小的焊接电流，电弧过长及角度不当。

(　　) 17. 在焊接结构中，夹渣是不允许存在的。

(　　) 18. 非破坏性检验是指检验全过程中对焊接接头不作任何破坏。

(　　) 19. 气焊主要适宜于厚板结构的焊接。

(　　) 20. 气焊铝时应该选用中性火焰。

(　　) 21. 在常温下的金属，其晶粒越细，金属的强度、硬度越高。

(　　) 22. 铁碳合金相图反映的是平衡相的概念，而不是组织的概念。

(　　) 23. 钢的热处理类别分为淬火、回火、退火和正火。

(　　) 24. 球化珠光体硬度、强度较低，塑性较高，一般作为最终热处理组织。

(　　) 25. 在电路中，有功功率与视在功率之比称为功率因数。

(　　) 26. 钨极氩弧焊在大电流区间焊接时，其静特性为下降特性区。

(　　) 27. 焊缝中的夹杂物主要是氧化物和硫化物。

(　　) 28. 药芯焊丝 CO_2 气体保护焊属于气-渣联合保护。

(　　) 29. 熔化极氩弧焊的熔滴过渡主要采用：喷射过渡和短路过渡。

(　　) 30. 等离子弧焊接是利用特殊构造的等离子焊枪所产生的高温等离子弧来熔化金属的焊接方法。

(　　) 31. 等离子弧焊时，利用“小孔效应”可以有效地获得单面焊双面成形的效果。

(　　) 32. 奥氏体不锈钢的焊接接头中不会形成延迟裂纹。

(　　) 33. 奥氏体不锈钢具有很大的电阻，所以不锈钢焊条焊接时药皮容易发红。

(　　) 34. 焊接灰铸铁时形成的裂纹主要是热裂纹。

(　　) 35. 当没有外力存在时，物体内部所存在的应力叫做内应力。

(　　) 36. 碾压法可以消除薄板变形。

(　　) 37. 为了减少应力，应该先焊结构中收缩量最小的焊缝。

(　　) 38. 未焊透是一种缺陷，它能降低焊缝的强度，但不会引起应力集中。

(　　) 39. 焊接接头质量检验分为破坏性和非破坏性检验两大类。

(　　) 40. 同一加工方法在不同的条件下，所能达到的精度是不同的。

(　　) 41. 体心立方晶格的间隙中能容纳的杂质原子或溶质原子往往比面心立方晶格要多。

(　　) 42. 对于金属晶体来说，增加位错密度或降低位错密度都能增加金属的强度。

(　　) 43. 金属的结晶过程，是晶核的形成和长大过程。

(　　) 44. 金属发生同素异构转变时与金属结晶一样，是在恒温下进行的。

(　　) 45. 合金组织大多数都是由两相或多相构成的机械混合物。

(　　) 46. 在一定温度下，从均匀的固溶体中同时析出两种（或多种）不同晶体的组织转变过程叫共晶转变。

(　　) 47. 热处理的加热、保温、冷却这三道工序中，加热是最关键的，它决定着钢的热处理后的组织与性能。

(　　) 48. 全电路欧姆定律的内容是：全电路中的电流强度与电源的电动势成正比，与整个电路的电阻成反比。

(　　) 49. 漏磁通是指在一次绕组中产生的交变磁通中，一部分通过周围空气的磁通。

(　　) 50. 某元素的逸出功越小，则其产生电子发射越容易。

(　　) 51. 减少焊缝含氧量最有效的措施是加强对电弧区的保护。

(　　) 52. 药芯焊丝 CO_2 气体保护焊属于气-渣联合保护。

(　　) 53. NBC—250 型焊机属于埋弧自动焊机。

(　　) 54. 氩弧焊焊接的工件比焊条电弧焊焊接的工件变形大。

(　　) 55. 在电极与焊件之间建立的等离子弧，叫转移弧。

(　　) 56. 利用电流通过液体熔渣所产生的电阻热来进行焊接的方法称为电阻焊。

(　　) 57. 焊接接头热影响区组织主要取决于焊接线能量，过大的焊接线能量则造成晶粒粗大和脆化，降低焊接接头的韧性。

(　　) 58. 珠光体耐热钢焊接用焊条的药皮类型都是属于碱性低氢钠型。

(　　) 59. 造成凹坑的主要原因是电弧过长及角度不当，在收弧时未填满弧坑。

(　　) 60. 切削层的几何参数不是切削要素。

附录D　高级电焊工理论知识试题

一、选择题

1. 在焊接性试验中，用得最多的是(　　)。

A. 接头腐蚀试验　　B. 接头力学性能试验

C. 焊接裂纹试验　　D. 硬度试验

2. 刚性固定对接裂纹试验虽然主要用于测定(　　)，但也可以测定影响区的冷裂纹敏感性。

A. 焊缝的热裂纹敏感性　　B. 焊缝的应力腐蚀性

C. 焊缝的消除应力裂纹　　D. 焊缝的抗拉强度

3. 用可变拘束试验方法(　　)时，可以采用不加填充焊丝的钨极氩弧焊熔敷焊道。

A. 测定母材的冷裂纹敏感性　　B. 测定母材的热裂纹敏感性

C. 测定材料焊接敏感性　　D. 测定材料疲劳敏感性

4. 经验指出，当碳当量 C_E 为(　　)时，钢材在焊接时就容易产生冷裂纹。

A. 0.1%　　B. 0.3%　　C. 0.4%　　D. >0.45%~0.55%

5. 拉伸试验时，试样拉断前能承受的最大应力称为材料的(　　)。

A. 弹性极限　B. 塑性极限　C. 屈服极限　D. 抗拉强度

6. 焊接接头弯曲试样的厚度是这样的确定的：当板厚不大于 20mm 时，试样的厚度为板厚；板厚大于 20mm 时，试样厚度(　　)。

A. 20mm　B. 板厚　C. 板厚的一半　D. <20mm

7. 测定材料脆性转变温度的常规试验方法是(　　)。

A. 疲劳试验　B. 弯曲试验　C. 拉伸试验　D. 冲击试验

8. 冲击试验的标准试样的厚度为(　　)。

A. 10mm　B. 20mm　C. 25mm　D. 30mm

9. 冲击试验将待测的金属材料加工成标准试样，然后放在(　　)，放置时，试样缺口应背向摆锤的冲击方向。

A. 操作机的支座上　B. 变位机的支座上　C. 升降机的支座上　D. 试验机的支座上

10. 低温容器用钢的(　　)须等于或低于容器或其受压元件的最低设计温度。

A. 致密试验温度　B. 破坏试验温度　C. 耐磨试验温度　D. 冲击试验温度

11. 硬度试验的目的是测量焊缝和热影响区金属材料的硬度，并可间接判断材料的(　　)。

A. 冲击性　B. 焊接性　C. 疲劳性　D. 屈服性

12. 经射线探伤后胶片上出现的缺陷影像不包括(　　)。

A. 连续的黑色直线　B. 深色条纹　C. 一条淡色影像　D. 断续黑线

13. 在一定条件下，当高速的自由电子打击在金属表面上时，就在金属表面上产生了(　　)。

A. X 射线　B. 正离子　C. 分子　D. 原子

14. (　　)级焊缝内不准有裂纹，未熔合、未焊透和条状夹渣。

A. Ⅰ级　B. Ⅱ级　C. Ⅲ级　D. Ⅳ级

15. 超声波在同一均匀介质中按(　　)传播。

A. 直线　B. 曲线　C. 有时直线有时曲线　D. 能量大时曲线

16. 当超声波从零件表面由探头射入金属内部，遇到缺陷和零件底面时，就分别发生(　　)，并在荧光屏上形成脉冲波形。

A. 超声波　B. 电磁波　C. 反射波　D. 折射波

17. 磁粉探伤显示焊缝(　　)缺陷时，使磁力线与焊缝的方向垂直为佳。

A. 倾斜　B. 对称　C. 纵向　D. 平行

18. 荧光检验是用于探测某些(　　)材料。

A. 半塑性　B. 非磁性　C. 渗透体　D. 流动体

19. 为测定焊条药皮或原材料的含水量，需将样品加热的正确温度是(　　)。

A. 100 ~ 200℃　B. 200 ~ 400℃　C. 400 ~ 800℃　D. 900 ~ 1000℃

20. 耐酸不锈钢耐晶间腐蚀倾向的试验方法(　　)共五种。

A. Y 法、T 法、L 法、F 法和 X 法　B. C 法、T 法、L 法、F 法和 X 法

C. C 法、Z 法、L 法、F 法和 X 法　D. C 法、T 法、D 法、F 法和 X 法

21. 偏心度过大的焊条，焊接时产生是(　　)。

A. 焊接过程不稳定 B. 焊瘤 C. 气孔 D. 夹渣

22. 耐压试验目的不包括的检测项目是(　　)。

A. 耐压 B. 泄漏 C. 疲劳 D. 破坏

23. 在进行液压试验时碳素钢和16MnR钢制容器，液体介质的温度应为(　　)。

A. 不低于6℃ B. 不低于5℃ C. 不低于4℃ D. 不低于3℃

24. 气压试验时气体温度不得低于(　　)。

A. 5℃ B. 15℃ C. 20℃ D. 35℃

25. 气密检验使用不正确的气体是(　　)。

A. 压缩空气 B. 氨气 C. 氟利昂 D. 氧气

26. 弧焊变压器的动铁心响声大的原因是动铁心的(　　)。

A. 制动螺钉太松 B. 电源电压过低 C. 空载电压过低 D. 变压器绕组短路

27. 埋弧焊焊接导电嘴与焊丝的接触情况必须经常检查发现接触不良时，则首先应(　　)。

A. 修补 B. 更换新件 C. 夹紧焊丝 D. 消除磨损

28. 埋弧自动焊机已按下启动按钮却引不起电弧的原因应该是(　　)。

A. 电源接触器触点接触良好 B. 电源已接通

C. 焊丝与工作间存在焊剂 D. 网路电压波动太大

29. (　　)检修时，水路系统检修应对水质干净情况，是否漏水，是否畅通等检查。

A. 焊条电弧焊机 B. 手工钨极氩弧焊机

C. CO_2 气体保护焊机 D. 埋弧焊机

30. 电渣焊机的检修，要经常检查成形(　　)滑块的磨损情况。

A. 冷却 B. 预热 C. 加热 D. 保温

31. 在调试电渣焊机时，要调试机头送丝机的(　　)和机械动作的准确性、可调性。

A. 电抗器 B. 电阻 C. 电网 D. 电器

32. 为了防止工作时未通冷却水而(　　)的事故，等离子弧切割时必须通冷却水，通常需要安装一个水流开关。

A. 烧坏割据 B. 烧坏电阻 C. 烧坏喷嘴 D. 烧坏工件

33. 焊条电弧焊电源的外特性曲线越陡降，其短路电流则(　　)。

A. 稳定 B. 不变 C. 越大 D. 越小

34. 点焊机采用(　　)外特性。

A. 陡降 B. 缓降 C. 微升 D. 平硬

35. 闪光对焊机采用(　　)外特性。

A. 缓降 B. 陡降 C. 平硬 D. 上升

36. 焊接结构生产过程中，决定(　　)的主要依据是生产性质。

A. 工艺规程 B. 焊接工艺 C. 工艺水平 D. 技术条件

37. 焊接工艺评定的对象是(　　)。

A. 焊缝 B. 热影响区 C. 焊缝及熔合区 D. 焊接接头

38. 承受支撑载荷时，(　　)角焊缝的承载能力最高。

A. 凹面 B. 正面 C. 斜面 D. 凸面

39. 焊缝中心的杂质往往比周围多，这种现象叫( )。

A. 区域偏析 B. 显微偏析 C. 层状偏析 D. 焊缝偏析

40. 埋弧自动焊在其他焊接参数不变的情况下，焊接速度( )则焊接热输入量增大。

A. 增大 B. 减小 C. 不变 D. 不能确定

41. 受拉、压的搭接接头的静载强度计算，由于焊缝和受力方向相对位置的不同，可分成正面搭接受拉或压、( )和联合搭接受拉或压三种焊缝。

A. 多面搭接受拉或压 B. 斜面搭接受拉或压

C. 竖面搭接受拉或压 D. 侧面搭接受拉或压

42. 12Cr1MoV 钢和 20 钢焊条电弧焊时，应该选用( )焊条。

A. E5015 B. E4313 C. E5003 D. E5027

43. 奥氏体不锈钢与低碳钢进行焊接是由于稀释作用，在焊缝中如果出现( )组织、则会恶化接头质量。

A. 马氏体 B. 魏氏体 C. 铁素体 D. 渗碳体

44. 奥氏体不锈钢与珠光体耐热钢焊接时，在( )的珠光体母材的珠光体母材上会形成脱碳区。

A. 不完全重结晶区 B. 过热区 C. 熔合区 D. 正火区

45. 不锈复合钢板焊接时( )不当易产生裂纹。

A. 焊接速度 B. 焊接工艺 C. 焊接角度 D. 焊接位置

46. 珠光体耐热钢与低碳钢焊接时，采用低碳钢焊接材料，焊后在相同的热处理条件下焊接接头具有较高的( )。

A. 冲击韧性 B. 强度 C. 硬度 D. 耐腐蚀性

47. 珠光体耐热钢与低合金结构钢焊接接头的性能，焊接时采用较小的焊接热输入量时的主要问题是( )。

A. 焊缝中产生气孔 B. 热影响区容易产生冷裂纹

C. 产生夹渣 D. 焊缝区易产生热裂纹

48. 马氏体耐热钢与珠光体耐热钢焊接时易出现的问题是( )。

A. 再热裂纹 B. 冷裂纹 C. 热裂纹 D. 层状撕裂

49. 钢与铜焊接时，( )形成的裂纹为渗透裂纹。

A. 热影响区 B. 焊缝区 C. 熔合区 D. 加热区

50. 奥氏体不锈钢与铜及其合金焊接时，用纯镍做填充金属材料可有效地防止( )。

A. 渗透裂纹 B. 气孔 C. 夹渣 D. 焊缝咬边

51. 不锈钢与纯铜对接接头力学性能试验时抗拉强度应高于( )MPa。

A. 140 B. 160 C. 180 D. 200

52. 钢与铝及其合金焊接时所产生的金属间化合物( )铝合金的塑性。

A. 不影响 B. 会影响 C. 打乱 D. 不一定影响

53. 钢与铝共晶以上温度楔焊法施焊时唯一的温度范围是( )。

A. 454 ~ 460℃ B. 554 ~ 560℃ C. 654 ~ 660℃ D. 754 ~ 760℃

54. 在黑色金属上在面积堆焊耐酸不锈钢时，填充金属材料( )的形式是带极。

A. 最优 B. 最差 C. 一般 D. 可以

55. 某容器的设计压力为$1.6\leq P<10$MPa应属于( )容器。

A. 低压容器 B. 中压容器 C. 高压容器 D. 超高压容器

56. 压力容器制成后按规定一定要进行( )。

A. 水压试验 B. 力学性能试验 C. 腐蚀试验 D. 焊接性试验

57. 制造压力容器选材范围不包括下述( )。

A. 低碳钢 B. 普通低合金高强度钢

C. 钛和钛合金 D. 铝及铝合金

58. 单层压力容器筒体的壁厚最大数值可达( )mm。

A. 300 B. 310 C. 350 D. 360

59. 制作封头时如果料块尺寸不够，允许小块（指三块以上）对接拼制的范围是( )。

A. 左右对称的三块板 B. 左右对称的四块板

C. 左右对称的五块板 D. 左右对称的六块板

60. 在压力容器产品焊接工艺评定试板上，所截取的焊缝金属区的冲击试样数量是( )。

A. 1 B. 2 C. 3 D. 4

61. 现场组装焊接的容器壳体、封头和高强度材料的焊接容器，耐压试验后，应对焊缝总长的百分之( )作表面探伤。

A. 10 B. 20 C. 30 D. 40

62. 受压件厚度>32mm，焊前预热100℃，( )材料需要焊后热处理。

A. 16MnR B. 奥氏体钢 C. 12CrMo D. 碳素钢

63. 煤油试验常用于( )容器的对接焊缝的致密性检验。

A. 不受压 B. 低压 C. 中压 D. 高压

64. 压力容器焊补处遇到( )情况不能采用强度等级稍低的焊条进行打底焊。

A. 结构复杂 B. 单面焊双面成形 C. 刚性大 D. 材料强度高

65. 梁与梁连接时为了使焊缝避开应力集中区，使焊缝不过密，焊缝相互应错开( )距离。

A. 100mm B. 150mm C. 200mm D. 250mm

66. 连接肋板的最小焊脚（肋板厚31～50mm）尺寸是( )。

A. 4mm B. 6mm C. 8mm D. 10mm

67. 焊接小型I字梁可采用楔口夹具对称组合装焊，夹具合理间隔尺寸是( )。

A. 200～300mm B. 300～400mm C. 400～500mm D. 500～600mm

68. 肋板是厚度51～100mm低碳钢板其( )焊脚尺寸是10mm。

A. 最大 B. 最小 C. 中等 D. 一般

69. 可选取实腹柱使用的钢材断面形状有( )种。

A. 2 B. 3 C. 4 D. 5

70. 柱的外形可分为( )种。

A. 5 B. 4 C. 3 D. 2

71. 梁柱上往往都有较长的直角焊缝，所以给( )创造了条件。

A. 焊条电弧焊　B. 气焊　C. 自动焊　D. 锻焊

72. 壳体的开孔补强常选用的补强结构有整体补强和(　　)。

A. 局部补强　B. 部分补强　C. 补强圈补强　D. 加板补强

73. 下列不属于装配一焊接胎、夹具的是(　　)。

A. 定位器　B. 压夹器　C. 角向砂轮机　D. 拉紧和推撑夹具

74. 关于后热的作用，下列说法不正确的是(　　)。

A. 加速扩散氢的逸出　B. 减缓扩散氢的逸出

C. 有利于降低预热温度　D. 防止产生延迟裂纹

75. 焊接构件在共振频率下振动一段时间，减少构件内的残余应力，同时又保持构件尺寸稳定的这种方法称为(　　)。

A. 机械时效　B. 振动时效　C. 化学时效　D. 自然时效

76. 下列属于气压压夹器用途的是(　　)。

A. 提高焊件精度　B. 防止焊接裂纹　C. 防止焊接变形　D. 零件定位

77. 焊接变位机工作台可带动工件绕工作台的旋转轴作(　　)的旋转。

A. 倾斜 90°　B. 倾斜 120°　C. 倾斜 180°　D. 正反 360°

78. 焊接机器人抗干扰能力差，(　　)。

A. 能采用 MIG 焊接方法　B. 不能采用 MIG 焊接方法

C. 可以采用 MIG 焊接方法　D. 必须采用 MIG 焊接方法

79. 焊剂垫的作用是防止焊缝烧穿并(　　)良好。

A. 冷却　B. 保温　C. 使背面成形　D. 使背面减少应力

80. (　　)是指用时间表示的劳动定额。

A. 计划定额　B. 生产定额　C. 工时定额　D. 施工定额

81. 刚性固定对接裂纹试验时，焊完实验焊缝后经(　　)后，才能截取试样，做磨片检查。

A. 12h　B. 2h　C. 36h　D. 48h

82. 国际焊接学会推荐的碳当量计算公式为(　　)。

A. $C_E = C + Mn/6 + (Ni + Cu)/15 + (Cr + Mo + V)/5$

B. $C_E = C + Mn/15 + (Ni + Cu)/6 + (Cr + Mo + O)/5$

C. $C_E = C + Mn/5 + (Ni + Cu)/6 + (Cr + Mo + V)/15$

D. $C_E = C + Mn/15 + (Ni + Cu)/5 + (Cr + Mo + V)/6$

83. 通过焊接接头拉伸试验，可以测定焊缝金属及焊接接头的(　　)、屈服强度、伸长率和断面收缩率。

A. 抗拉弹性　B. 抗拉塑性　C. 抗拉强度　D. 抗拉变形

84. 弯曲试验的目的是用来测定焊缝金属或焊接接头的(　　)。

A. 韧性　B. 致密性　C. 塑性　D. 疲劳性

85. 弯曲试验时，侧弯能考核(　　)。

A. 焊缝的塑性　B. 正面焊缝和母材交界处熔合区的结合质量

C. 单面焊缝的根部质量　D. 多层焊时的层间缺陷

86. 当板厚(　　)时，平板弯曲试样的厚度应等于板厚。

A. >20mm　B. <30mm　C. ≤20mm　D. ≤30mm

87. 试样弯曲到规定角度后，其拉伸面上有长度为(　　)的横面裂纹或缺陷时为不合格。

A. >1.5mm　B. 1.3mm　C. 1.0mm　D. 0.5mm

88. 焊接接头冲击试样在同一块试板上应取的个数是(　　)。

A. 1　B. 2　C. 3　D. 5

89. 冲击试验时，试验机将具有一定重力 G 的摆锤举至一定的高度 H_1，使其获得一定的势能（GH_1），然后使摆锤自由落下，将(　　)。

A. 试样拉断　B. 试样冲断　C. 试样压扁　D. 试样冲圆

90. 低温容器用钢的冲击试验温度须等于或低于容器或其受压元件的(　　)。

A. 最高设计温度　B. 最低设计温度　C. 最高使用温度　D. 最低使用温度

91. 常用的硬度测试方法是(　　)等方法。

A. 剪切、挤压、疲劳　B. 拉伸、压缩、拉压

C. 布氏、维氏、洛氏　D. 变形、弹变、塑变

92. 将管子接头外壁距离压至所需值后，试样拉伸部位的裂纹长度为(　　)时，则认为压扁试验合格。

A. 6mm　B. 5mm　C. 4mm　D. 不超过 3mm

93. X 射线是(　　)能程度不同地透过不透明物体，并能使胶片感光。

A. 电磁波　B. 超声波　C. 反射波　D. 折射波

94. 超声波在同一均匀介质中按(　　)传播。

A. 直线　B. 曲线　C. 有时直线有时曲线　D. 能量大时曲线

95. 超声波是依靠(　　)传播的。

A. 介质　B. 中心　C. 反射　D. 折射

96. 电极触点法中，两个电极触点间距离正确的是(　　)。

A. 40～80mm　B. 50～100mm　C. 60～150mm　D. 80～200mm

97. 在工件表面涂上显像剂，进行观察检验的正确时间是(　　)。

A. 15～20min　B. 10～40min　C. 15～30min　D. 1～10min

98. 使用最广的是(　　)来测定扩散氢。

A. 渗透法　B. 水银法　C. 甘油法　D. 气相色谱法

99. 角变形超过 5°的试板的处理方法是(　　)。

A. 线状加热矫正　B. 予以作废　C. 点状加热矫正　D. 机械矫正

100. 焊接试块应在水中浸泡的时间是(　　)。

A. 25min　B. 20min　C. 30min　D. 35h

101. 焊接设备检查的主要内容是，焊接设备的基本参数和焊接设备(　　)。

A. 设计理论　B. 技术条件　C. 网路电压　D. 磁场强度

102. CO_2 气体保护焊，如送丝电机转速提不高，应检查(　　)。

A. 电缆接头连接是否牢靠　B. 焊枪的导电嘴与导电杆接触是否良好

C. 电缆与工件接触是否良好　D. 电机及供电系统是否正常

103. 手工钨极氩弧焊机检修时，(　　)应对水质干净情况，是否漏水，是否畅通等

检查。

A. 水路系统检修　B. 气路系统检修　C. 电路系统检修　D. 机械系统检修

104. 电气原理图中的粗实线表示(　　)。

A. 控制线路　B. 照明线路　C. 焊接电路　D. 以上三种都对

105. 点焊机的(　　)主要是加压机构。

A. 通风机　B. 电容器　C. 变压器　D. 机械装置

106. 缝焊机的滚轮电极为主动时，用于(　　)。

A. 圆形焊缝　B. 不规则焊缝　C. 横向焊缝　D. 纵向焊缝

107. 复杂结构件的焊缝要处于(　　)位置进行焊接。

A. 平焊位　B. 立焊位　C. 横焊　D. 焊工方便操作的位置

108. 多层压力容器在坡口面上进行堆焊的目的是预防(　　)。

A. 咬边　B. 焊穿　C. 夹渣和裂纹　D. 焊穿和未熔合

109. 焊接工艺规程的支柱和基础是(　　)。

A. 工厂经济条件　B. 焊接工艺评定　C. 工厂生产条件　D. 工人技术水平

110. 有的产品的(　　)并且是无法修复的或虽然可以修复，但代价太大，不经济，这种产品只能报废。

A. 缺陷不影响到设备的安全使用，或其他性能指标

B. 缺陷已影响到设备的安全使用，或其他性能指标

C. 使用性能不好

D. 影响到使用性能

111. 国家有关标准规定，承受(　　)的焊接接头，其焊缝的余高值应为趋于零值。

A. 塑性　B. 弹性　C. 静载荷　D. 动载荷

112. 焊接热输入增大时，热影响区宽度(　　)。

A. 增大　B. 减小　C. 一样　D. 以上都可能存在

113. 丁字接头根据载荷的形式和相对于焊缝的位置，分成载荷(　　)于焊缝的丁字接头和弯矩垂直于板面的丁字接头。

A. 平行　B. 垂直　C. 交叉　D. 相错

114. 计算对接接头的强度时，焊缝计算长度取实际长度，计算厚度取两板中(　　)者。

A. 中等　B. 较厚　C. 较薄　D. 平均

115. 受拉、压的搭接接头的静载强度计算，由于焊缝和受力方向相对位置的不同，可分成正面搭接受拉或压、侧面搭接受拉或压和(　　)三种焊缝。

A. 单面搭接受拉或压　B. 平面搭接受拉或压

C. 联合搭接受拉或压　D. 立面搭接受拉或压

116. 使异种金属的一种金属(　　)，而另一种金属却处在固态下，这种焊接方法是熔焊一钎焊。

A. 受冷凝固　B. 压缩变形　C. 塑性变形　D. 受热熔化

117. 珠光体钢与17%铬钢焊接时，选用(　　)焊条。

A. 珠光体钢　B. 铁素体钢　C. 奥氏体钢　D. 马氏体钢

118. 低碳钢与普低钢焊接时的焊接性决定于(　　)。

A. 普低钢本身的焊接性　　B. 低碳钢本身的焊接性
C. 两种钢的焊接性　　D. 焊接性较好的钢

119. 奥氏体不锈钢与珠光体耐热钢焊接时，在(　　)上会形成脱碳区。
A. 熔合区的珠光体母材　　B. 熔合区的奥区体母材
C. 焊缝中心　　D. 回火区

120. 下列不属于奥氏体不锈钢与铁素体钢焊接接头区带的是(　　)。
A. 脱碳带　　B. 增碳带　　C. 合金浓度缓降带　　D. 铁素体带

121. 奥氏体不锈钢与铁素体钢焊接时，应选用的焊条是(　　)。
A. E8518　　B. E5015　　C. E00-19-12Mo2-16　　D. E2-26-21-16

122. 焊接不锈复合钢板的过渡层时，一般采用的焊接方法是(　　)。
A. 焊条电弧焊　　B. 埋弧自动焊
C. CO_2 气体保护焊　　D. 手工钨极氩弧焊

123. 马氏体耐热钢具有明显的空气淬硬倾向，焊后易得到(　　)。
A. 马氏体组织　　B. 珠光体组织　　C. 莱氏体组织　　D. 奥氏体组织

124. 其他钢铁材料与铁素体耐热钢焊接时，焊后热处理目的是(　　)。
A. 提高塑性　　B. 提高硬度　　C. 使焊接接头均匀化　　D. 提高耐腐蚀性能

125. 在纯铜与钢的焊接中，若采用焊条电弧焊板厚应为(　　)时。
A. >3mm　　B. >4mm　　C. >10mm　　D. >1.5mm

126. 不锈钢与紫铜(　　)时抗拉强度应高于200MPa。
A. 静载荷　　B. 热膨胀　　C. 对接接头力学性能试验　　D. 疲劳试验

127. 焊条电弧焊、埋弧焊和气体保护焊等焊接方法(　　)用来焊接钢与镍及其合金。
A. 只有一种　　B. 决不能　　C. 不可以　　D. 都可以

128. 钢与铝共晶以上温度楔焊法施焊时唯一的温度范围是(　　)。
A. 454～460℃　　B. 554～560℃　　C. 654～660℃　　D. 754～760℃

129. 某容器的设计压力为 $P \geqslant 100$MPa 应属于(　　)容器。
A. 低压容器　　B. 中压容器　　C. 高压容器　　D. 超高压容器

130. 低温容器用钢的工作温度是指不高于(　　)℃。
A. －10℃　　B. －20℃　　C. －30℃　　D. －40℃

131. 受压部件厚度>32mm，焊前预热100℃，(　　)材料需焊后热处理。
A. 碳素钢　　B. 1Cr18Ni9Ti　　C. 15MnVR　　D. 12CrMo

132. 对于低合金钢制容器（不包括低温容器），用于液压试验用的液体温度，应不低于摄氏(　　)。
A. 12℃　　B. 13℃　　C. 14℃　　D. 15℃

133. 对密闭容器进行气密性试验时应通入(　　)的压缩空气。
A. 小于工作压力　　B. 等于工作压力　　C. 大于工作压力　　D. 不必考虑压力

134. 压力容器焊补处遇到单面焊双面成形情况应该采用强度等级(　　)的焊条进行打底焊。
A. 高　　B. 很高　　C. 相等　　D. 较高

135. 反变形法可以克服梁焊接时的变形种类是(　　)。

A. 扭曲变形　B. 弯曲变形　C. 波浪变形　D. 弹性变形

136. 肋板是厚度 19 ~ 30mm 低碳钢板其(　　)焊脚尺寸是 6mm。

A. 中等　B. 最大　C. 最小　D. 一般

137. 火焰矫正时，当钢板加热到呈现褐红色至樱红色之间，此时对应的温度在(　　)范围。

A. 200 ~ 400℃　B. 400 ~ 600℃　C. 600 ~ 800℃　D. 800 ~ 1000℃

138. 梁、柱上长的直角焊缝有(　　)种焊接位置。

A. 1　B. 2　C. 3　D. 4

139. 多层容器的制造方法很多，常见的有层板包扎法、绕板法、热套法、(　　)。

A. 绕柱法　B. 绕带法　C. 热带法　D. 热板法

140. 钢制压力容器焊接工艺中，以下哪种焊缝不必进行焊接工艺评定(　　)。

A. 受压元件焊缝　B. 与受压元件相焊的焊缝

C. 受压元件母材表面堆焊、补焊　D. 压力容器上支座、产品铭牌的焊缝

141. 整体、分段出厂的容器包装、运输一般采用(　　)。

A. 裸装　B. 框架　C. 暗箱　D. 空格箱

142. 法兰按其整体性程度分为：松式法兰、(　　)法兰和任意式法兰。

A. 整体式　B. 局部式　C. 固定式　D. 颈式

143. 焊接构件在共振频率下振动一段时间，减少构件内的残余应力，同时又保持构件尺寸稳定的这种方法称为(　　)。

A. 机械时效　B. 振动时效　C. 化学时效　D. 自然时效

144. 焊接生产中，焊接铝及铝合金对质量要求高时焊接方法选择(　　)。

A. 焊条电弧弧焊　B. CO_2 气体保护焊　C. 氩弧焊　D. 埋弧焊

145. 下列不属于气压压夹器用途的是(　　)。

A. 拉紧对接板　B. 压平对接板　C. 防止焊接变形　D. 零件定位

146. 下列属于焊接用工艺装备的是(　　)。

A. 吊车　B. 滚轮架　C. 千斤顶　D. 电焊机

147. (　　)抗干扰能力差，不能采用 MIG 接方法。

A. 质量较高构件　B. 大厚度焊件　C. 超强度板　D. 焊接机器人

148. 为了完成一定的(　　)而规定的必要劳动量称为劳动定额。

A. 工作技术　B. 工作效率　C. 生产工作　D. 生产成本

149. (　　)包括工艺性能和使用性能两方面的内容。

A. 焊接性　B. 敏感性　C. 机械性　D. 适应性

150. 焊接冷裂纹的直接试验方法有(　　)。

A. 自拘束试验和外拘束试验两大类　B. 非破坏试验和破坏试验两大类

C. 外观试验和致密性试验两大类法　D. 裂纹试验和磁粉试验两大类

151. 斜 Y 形坡口焊接裂纹试验的试件在两侧焊接拘束焊缝处开(　　)坡口。

A. X 形　B. Y 形　C. 斜 Y 形　D. U 形

152. 可作为评定钢材焊接性的一个考核指标的是(　　)。

A. 含碳量　B. 碳当量　C. 含锰量　D. 含铬量

153. 弯曲试验的试样可分为(　　)两种形式。

A. 管子和T型板　B. 平板和管子　C. 平板和T板　D. V型板和管子

154. 碳素钢单面焊焊接接头弯曲试验的弯曲角度为(　　)。

A. 270°　B. 60°　C. 90°　D. 180°

155. 同样厚度的材料，多层焊比单层焊的弯曲(　　)。

A. 合格率一样　B. 合格率低的多　C. 合格率低　D. 合格率高

156. 冲击试验的非标准试样的试样厚度为(　　)。

A. 20mm　B. 15mm　C. 10mm　D. 5mm

157. 压扁试验的目的是为了测定管子焊接对接接头的(　　)的。

A. 塑性　B. 弹性　C. 强度　D. 硬度

158. 利用X射线探伤的方法中，应用最广的是(　　)。

A. 荧光法　B. 电离法　C. 照相法　D. 都一样

159. 未焊透在底片上常为一条断续或连续的(　　)。

A. 黑直线　B. 黑色细条纹　C. 粗线条状　D. 黑色粗条纹

160. 下列级别中，焊缝内缺陷最少，质量最高的是(　　)。

A. Ⅰ级　B. Ⅱ级　C. Ⅲ级　D. Ⅳ级

161. 超声波是利用(　　)产生的。

A. 机械效应　B. 压电效应　C. 弹性效应　D. 塑性效应

162. 超声波检验辨别缺陷性质的能力(　　)。

A. 较差　B. 较强　C. 一般　D. 容易

163. 交流电磁轭提升力正确的是(　　)。

A. ≥20N　B. ≥40N　C. ≥50N　D. ≥60N

164. 正确的常用的显现粉是(　　)。

A. 氧化铝　B. 氧化锌　C. 氧化镁　D. 二氧化钛

165. 基本除去焊条药皮吸附水的烘干温度是(　　)。

A. 100℃以上　B. 200℃以上　C. 300℃以上　D. 400℃以上

166. 偏心度过大的焊条，焊接时不产生(　　)。

A. 电弧偏吹　B. 焊接过程不稳定　C. 熔池保护不好　D. 烧穿

167. 熔敷金属化学分析的焊接试块应在水中浸泡的时间是(　　)。

A. 15min　B. 20min　C. 30min　D. 1h

168. 耐压试验检测项目的目的包括(　　)。

A. 耐热　B. 泄漏　C. 疲劳　D. 金相

169. 气压试验，压力升到规定试验压力5%时，其后每次升压的级差为试验压力的百分之(　　)。

A. 试验压力5%　B. 试验压力10%　C. 试验压力15%　D. 试验压力20%

170. 密封性检验不能检查缺陷是(　　)。

A. 漏水　B. 渗油　C. 内部气孔　D. 漏气

171. 焊接设备检查的主要内容是，焊接设备的(　　)和焊接设备技术条件。

A. 基本参数　B. 技术理论　C. 网路电流　D. 额定电压

172. MZ1—1000型埋弧自动焊机无机械故障，但焊丝经常与焊件粘住，这是因网路电压突然(　　)很多造成的。

A. 下降　B. 上升　C. 不变　D. 相等

173. CO_2气体保护焊，当焊枪导电嘴(　　)时，焊机可出现焊接电流小的故障。

A. 无间隙　B. 间隙过小　C. 间隙过大　D. 间隙不变

174. 在调试电渣焊机时，在启动前应注意焊丝与工件(　　)是否盖上熔剂。

A. 接触处　B. 断路处　C. 开路处　D. 滑块处

175. 焊接电气原理图中，电动机与被其传动的发动机之间应用(　　)。

A. 虚线连接　B. 细实线连接　C. 粗实线连接　D. 波浪线连接

176. 点焊机的机械装置主要(　　)。

A. 整流器　B. 加压机构　C. 变压器　D. 电抗器

177. 复杂结构件不合理的装配和焊接顺序是(　　)。

A. 先焊收缩量大的焊缝　B. 先焊能增加结构刚度的部件

C. 尽可能考虑焊缝能自由收缩　D. 先焊收缩量小的焊缝

178. 焊接残余变形的产生主要是因为焊接过程中产生的焊接应力大于材料的(　　)。

A. 抗拉强度　B. 屈服强度　C. 疲劳强度　D. 以上均对

179. 正面角焊缝中，减小角焊缝的斜边与水平边的夹角，可以(　　)。

A. 提高强度　B. 减小应力集中　C. 增大应大集中　D. 以上均不对

180. 不易淬火钢焊接热影响区中综合性能最好的区域是(　　)。

A. 过热区　B. 正火区　C. 部分相变区　D. 熔合区

181. 丁字接头静载强度计算弯矩垂直于板面的，如开坡口并焊透，其强度按(　　)计算。

A. 搭接接头　B. 角接接头　C. 对接接头　D. 塞焊缝

182. 计算对接接头的强度时，可不考虑焊缝余高，所以计算基本金属强度的公式(　　)于计算这种接头。

A. 不适用　B. 完全适用　C. 部分适用　D. 少量适用

183. 奥氏体不锈钢与低碳钢进行焊接是由于(　　)，在焊缝中如果出现马氏体组织、则会恶化接头质量。

A. 处理作用　B. 稀释作用　C. 脱氧作用　D. 凝固作用

184. 珠光体耐热钢中铁素体形成元素增加时，能减弱(　　)不锈钢与珠光体耐热钢焊接接头扩散层的发展。

A. 铁素体　B. 奥氏体　C. 碳化物　D. 硫化物

185. 奥氏体钢与珠光体钢焊接时，应严格控制(　　)的扩散，以提高接头的高温持久强度。

A. 镍　B. 铬　C. 碳　D. 锰

186. 珠光体耐热钢与低碳钢焊接时，采用低碳钢焊接材料，焊后在相同的热处理条件下焊接接头具有较高的(　　)。

A. 冲击韧性　B. 强度　C. 硬度　D. 耐腐蚀性

187. 铁素体耐热钢与其他钢铁金属焊接时，焊后热处理目的不是(　　)。

A. 使焊接接头均匀化　B. 提高塑性　C. 提高硬度　D. 提高耐腐蚀性能

188. 焊接铝青铜与低碳钢时(　　)是比较合适的填充材料。

A. 黄铜　B. 纯铜　C. 低碳钢　D. 铝青铜

189. 奥氏体不锈钢与铜及其合金焊接时，用(　　)做填充金属材料可有效地防止渗透裂纹。

A. 纯铁　B. 纯镍　C. 碳钢　D. 铸铁

190. 铁镍焊接接头的(　　)与填充金属材料成分及焊接参数有关。

A. 化学性能　B. 物理性能　C. 工艺性能　D. 力学性能

191. 压力容器制成后按规定(　　)进行水压试验。

A. 不要求　B. 可以　C. 一定要　D. 不一定

192. 压力容器的封头不能采用的形状是(　　)。

A. 碟形　B. 橄榄形　C. 椭圆形　D. 球形

193. 压力容器的封头制造方法有(　　)种。

A. 1　B. 2　C. 3　D. 4

194. 对焊接容器能进行强度检验的方法是(　　)。

A. 气密性试验　B. 射线检验　C. 氨气试验　D. 水压试验

195. 压夹器的夹紧力方向与主要定位基面的关系(　　)。

A. 相错　B. 平行　C. 垂直　D. 交叉

196. (　　)是指用时间表示的劳动定额。

A. 计划定额　B. 生产定额　C. 工时定额　D. 施工定额

197. 刚性固定对接裂纹试验时，沿焊缝(　　)更容易检查出细小的内在裂纹。

A. 横断面方向截取横向试样，比沿焊中心线缝截取试样

B. 横断面方向截取横向试样，比沿焊断裂面截取试样

C. 中心线截取纵向试样，比沿焊缝断裂面方向截取试样

D. 中心线截取纵向试样，比沿焊缝横断面方向截取试样

198. 用可变拘束试验方法测定母材的热裂纹敏感性时，可以采用不加填充焊丝的(　　)。

A. 钨极氩弧焊熔敷焊道　B. 手弧焊熔敷焊道

C. CO_2 焊熔敷焊道　D. 埋弧焊熔敷焊道

199. 弯曲试验的目的是用来测定焊缝金属或焊接接头的(　　)。

A. 弹性　B. 塑性　C. 强度　D. 硬度

200. 试样弯曲后，其背面成为弯曲的拉伸面的弯曲试验叫(　　)。

A. 背弯　B. 面弯　C. 侧弯　D. 正弯

二、判断题

(　　) 1. 焊条电弧焊焊接斜 Y 形坡口焊接裂纹试验的试验焊缝时，必须在坡口外引弧，在坡口内收。

(　　) 2. 插销式试验方法主要是用来评定氢致延迟裂纹中的焊根裂纹的。

(　　) 3. 弯曲试验的目的是用来测定焊缝金属或焊接接头的强度和硬度。

(　　) 4. 试样弯曲后，其背面成为弯曲的拉伸面的弯曲试验叫面弯。

(　　) 5. 试样弯曲到规定角度后，计算拉伸面上的裂纹或缺陷的长度时，其长度不得叠加计算。

(　　) 6. 同样厚度的材料，多层焊比单层焊的弯曲合格率高。

(　　) 7. 焊机的工作原理图和安装电路图是焊工和焊接设备修理工人经常应用的两种电气线路图。

(　　) 8. 缝焊机可对工件施加间歇或连续的电流。

(　　) 9. 选用热源能量比较分散的焊接方法，有利于控制复杂构件的焊接变形。

(　　) 10. 多层压力容器管与筒体及封头的连接角焊缝目前大都采用氩弧焊。

(　　) 11. 采取热处理方法控制复杂结构件的焊接变形，是通过消除其焊接应力来达到目的的。

(　　) 12. 对接焊缝的余高过小，在焊趾处会产生较大的应力集中。

(　　) 13. 丁字接头根据载荷的形式和相对于焊缝的位置，分成载荷平行于焊缝的丁字接头和弯矩平行于板面的丁字接头。

(　　) 14. 纯镍与低碳钢复合板焊接时，镍如果渗入碳钢基层会使强度增加，韧性降低，严重时甚至可能产生裂纹。

(　　) 15. 焊接铸铁与低碳钢异种材料接头时，为防止裂纹应选择硫、磷含量低的焊条，适当加入脱硫能力强的物质，减少熔合比，改善焊缝形状，采用小电流、窄焊道不摆动等措施。

(　　) 16. 压力容器筒体组焊时，不应采用十字焊缝。

(　　) 17. 钢制压力容器上的受压元件焊缝必须进行焊接工艺评定。

(　　) 18. 碳弧气刨清除缺陷后，可直接进行焊补工作。

(　　) 19. 焊接结构生产中，埋弧自动焊，CO_2 气体保护焊仍然是优先选择的焊接方法，但在许多场合仍然要选择手工电弧焊作为重要的补充有时甚至处于主要地位。

(　　) 20. 制订工时定额的方法有经验估计法，经验统计法和分析计算法。

(　　) 21. 斜 Y 形坡口焊接裂纹试验方法所产生的裂纹，多出现于焊根尖角处的热影响区。

(　　) 22. X 射线的波长越短，其穿透能力越弱。

(　　) 23. 超声波在固体介质中，除以纵波传播外，还会以横波传播。

(　　) 24. 磁粉探伤时，缺陷和磁力线平行则显示不出来。

(　　) 25. 着色检验所用的原料是荧光粉和显现粉。

(　　) 26. 焊条直径在 3.2 ~4mm 之间，偏心度限制要求在≤5%。

(　　) 27. O_2 也可以作气密性检验的气体。

(　　) 28. 按下埋弧焊焊机起动按钮后熔断器立即熔断的原因之一可能是控制线路断路。

(　　) 29. MZ1—1000 型埋弧自动焊机无机械故障，但焊丝经常与焊件粘住，这是因网路电压突然下降很多造成的。

(　　) 30. ZXG—300 型弧焊整流器主要由三相降压变压器、饱和电抗器、硅整流器、输出电抗器、通风机组、控制系统等几部分组成。

(　　) 31. 选用热源能量比较集中的焊接方法，有利于控制复杂构件的焊接变形。

(　　) 32. 采取热处理方法控制复杂结构件的焊接变形，是通过消除其焊接应力来达到目的的。

(　　) 33. 焊接熔池结晶最先是从熔池中心开始的。

(　　) 34. 18-8 不锈钢与低碳钢焊接接头，焊后一般不进行热处理。

(　　) 35. 为了改善珠光体耐热钢与低合金结构钢焊接接头的性能，焊接时应选用较小的焊接热输入量。

(　　) 36. 铰接柱脚其支承柱和柱子连接处应焊补强板以提高局部强度及刚性。

(　　) 37. 焊接结构生产准备的主要内容包括审查与熟悉施工图样，了解技术要求，进行工艺分析。

(　　) 38. 金属材料入库前应经过化学成分，外观检查，力学性能及其他工艺试验。

(　　) 39. 焊接结构成品在涂油漆前应清除表面的铁锈，氧化皮、飞溅等污物。

(　　) 40. 缺陷的显露和缺陷与磁场线的相对位置无关。

(　　) 41. 荧光检验是用于探测某些铁磁性材料内部缺陷。

(　　) 42. 着色检验可发现焊件的内部缺陷。

(　　) 43. 埋弧焊设备要定期检查，并更换小车和焊丝输送机构的减速箱内的润滑油。

(　　) 44. 焊后进行消氢处理是控制复杂结构件焊接变形的热处理方法。

(　　) 45. 角焊缝的计算高度为焊缝内接三角形的高。

(　　) 46. 12Cr1MoV 钢和 20 钢焊条电弧焊时，应该选用 E5015 焊条。

(　　) 47. 强度等级不同的普通低合金异种钢进行焊接时，应根据其中焊接性较好的材料选用预热温度。

(　　) 48. 钢与镍及其合金焊接时产生气孔的主要因素是氧和镍。

(　　) 49. 试板就是从构件切取的用于试验的焊接接头一部分。

(　　) 50. 压力容器的耐压试验有液压试验、气压试验两种。

(　　) 51. 在一般情况下，翼板与腹板对接缝不必错开。

(　　) 52. 由于焊缝大部分集中在梁的上部，焊后会引起上挠的弯曲变形。

(　　) 53. 钢制压力容器上的受压元件焊缝必须进行焊接工艺评定。

(　　) 54. 容器壳体的内表面和随容器整体出厂的内件一般不涂漆。

(　　) 55. 金属材料入库前只需要外观检查。

(　　) 56. 冲击试验可用来测定焊接接头的冲击韧性和疲劳极限。

(　　) 57. X 射线透过较厚的物体时，射线衰减小。

(　　) 58. 焊接设备检查的主要内容是，焊接设备的基本参数和焊接设备技术条件。

(　　) 59. CO_2 气体保护焊，当焊枪导电嘴间隙过小时焊机可出现焊接电流小。

(　　) 60. 多层压力容器管与筒体及封头的连接角焊缝目前大都采用焊条电弧焊。

(　　) 61. 如果焊件在焊接过程中产生的压应力大于材料的屈服点，则焊后不会产生焊接残余应力和残余变形。

(　　) 62. 晶核长大的方向与散热方向一致。

(　　) 63. 奥氏体不锈钢和珠光体耐热钢焊接时，焊缝的成分和组织决定于母材的熔合比。

(　　) 64. 奥氏体不锈钢与珠光体耐热钢焊接时，在珠光体耐热钢一侧焊接过渡层的目的是防止产生热裂纹。

(　　) 65. 奥氏体不锈钢与铁素体钢焊接时，一般选用 E00-18-12Mo2-16 焊条。

(　　) 66. 珠光体耐热的与马氏体耐热钢焊接时，最好选用奥氏体不锈钢焊条。

(　　) 67. 奥氏体不锈钢与铜及其合金焊接时，用纯镍做填充金属材料可有效地防止渗透裂纹。

(　　) 68. 高压容器的焊缝不应在带压力的情况下进行补焊。

(　　) 69. 焊接结构的预热温度可以用碳当量来确定。

(　　) 70. 焊接操作机械主要用于支承焊接件，并使它完成一定的运动，以便使焊接处于有利的焊接位置。

附录E　中级电焊工理论知识试题答案

一、选择题

1. A	2. B	3. B	4. C	5. C	6. C	7. B	8. C	9. A	10. A
11. C	12. B	13. A	14. A	15. A	16. A	17. C	18. A	19. A	20. B
21. A	22. B	23. A	24. D	25. B	26. B	27. C	28. A	29. A	30. B
31. A	32. C	33. C	34. B	35. C	36. C	37. A	38. D	39. D	40. C
41. C	42. B	43. A	44. C	45. D	46. B	47. A	48. C	49. C	50. B
51. B	52. C	53. C	54. B	55. D	56. C	57. C	58. A	59. B	60. A
61. A	62. A	63. A	64. A	65. A	66. C	67. B	68. B	69. A	70. B
71. A	72. A	73. A	74. C	75. A	76. B	77. C	78. A	79. C	80. C
81. D	82. A	83. A	84. B	85. A	86. A	87. C	88. C	89. B	90. D
91. B	92. C	93. A	94. D	95. B	96. A	97. C	98. A	99. C	100. A
101. B	102. C	103. C	104. B	105. D	106. A	107. C	108. C	109. C	110. C
111. C	112. B	113. A	114. C	115. B	116. B	117. A	118. A	119. B	120. A
121. A	122. D	123. A	124. D	125. C	126. B	127. C	128. A	129. A	130. C
131. B	132. B	133. B	134. A	135. C	136. B	137. A	138. C	139. B	140. D
141. A	142. B	143. C	144. A	145. B	146. B	147. D	148. B	149. A	150. A
151. A	152. A	153. A	154. A	155. A	156. D	157. A	158. C	159. A	160. C
161. B	162. C	163. A	164. A	165. C	166. B	167. A	168. B	169. A	170. A
171. B	172. A	173. C	174. B	175. C	176. A	177. A	178. D	179. A	180. D
181. C	182. A	183. C	184. C	185. B	186. C				

二、判断题

1. ✓	2. ✓	3. ×	4. ✓	5. ×	6. ✓	7. ×	8. ✓	9. ×	10. ×
11. ✓	12. ✓	13. ×	14. ✓	15. ✓	16. ×	17. ×	18. ✓	19. ×	20. ✓
21. ✓	22. ✓	23. ✓	24. ×	25. ✓	26. ×	27. ✓	28. ✓	29. ✓	30. ✓

31. ✓	32. ✓	33. ✓	34. ×	35. ✓	36. ✓	37. ×	38. ×	39. ✓	40. ✓
41. ×	42. ✓	43. ✓	44. ✓	45. ×	46. ×	47. ×	48. ✓	49. ✓	50. ✓
51. ×	52. ✓	53. ×	54. ×	55. ✓	56. ×	57. ✓	58. ×	59. ✓	60. ×

附录F 高级电焊工理论知识试题答案

一、选择题

1. C	2. A	3. B	4. D	5. D	6. A	7. D	8. A	9. D	10. D
11. B	12. C	13. A	14. A	15. A	16. C	17. C	18. B	19. D	20. B
21. A	22. C	23. B	24. B	25. D	26. A	27. C	28. C	29. B	30. A
31. D	32. C	33. D	34. A	35. A	36. C	37. D	38. A	39. A	40. B
41. D	42. A	43. A	44. C	45. B	46. A	47. B	48. B	49. A	50. A
51. D	52. B	53. C	54. A	55. B	56. A	57. C	58. D	59. A	60. C
61. B	62. A	63. A	64. B	65. C	66. C	67. D	68. B	69. A	70. D
71. C	72. C	73. C	74. B	75. B	76. C	77. D	78. B	79. C	80. C
81. B	82. A	83. C	84. C	85. D	86. C	87. A	88. C	89. B	90. B
91. C	92. D	93. A	94. A	95. A	96. D	97. C	98. C	99. B	100. C
101. B	102. D	103. A	104. C	105. D	106. D	107. D	108. C	109. B	110. B
111. D	112. A	113. A	114. C	115. C	116. D	117. C	118. A	119. A	120. D
121. C	122. A	123. A	124. B	125. A	126. C	127. D	128. C	129. D	130. B
131. C	132. D	133. A	134. C	135. B	136. C	137. C	138. B	139. B	140. D
141. A	142. A	143. B	144. C	145. D	146. B	147. D	148. C	149. A	150. A
151. A	152. A	153. A	154. B	155. B	156. C	157. D	158. D	159. A	160. C
161. A	162. A	163. B	164. A	165. C	166. C	167. A	168. D	169. C	170. B
171. B	172. C	173. A	174. A	175. C	176. A	177. A	178. B	179. D	180. A
181. B	182. B	183. B	184. C	185. B	186. B	187. B	188. C	189. A	190. C
191. C	192. B	193. B	194. D	195. C	196. B	197. B	198. D	199. D	200. C

二、判断题

1. ×	2. ✓	3. ×	4. ×	5. ✓	6. ✓	7. ✓	8. ✓	9. ×	10. ×
11. ✓	12. ×	13. ×	14. ×	15. ✓	16. ✓	17. ✓	18. ×	19. ✓	20. ✓
21. ✓	22. ×	23. ✓	24. ✓	25. ×	26. ✓	27. ×	28. ×	29. ✓	30. ✓
31. ✓	32. ✓	33. ×	34. ✓	35. ×	36. ✓	37. ✓	38. ✓	39. ✓	40. ×
41. ×	42. ×	43. ✓	44. ×	45. ✓	46. ✓	47. ×	48. ✓	49. ×	50. ✓
51. ×	52. ×	53. ✓	54. ✓	55. ×	56. ×	57. ×	58. ✓	59. ×	60. ✓
61. ×	62. ×	63. ✓	64. ×	65. ✓	66. ×	67. ✓	68. ✓	69. ✓	70. ✓

参考文献

[1] 中华人民共和国职业技能鉴定辅导丛书编审委员会. 气焊工职业技能鉴定 [M]. 北京: 机械工业出版社, 1998.

[2] 职业技能培训MES系列教材编委会. 焊工技能 [M]. 北京: 航空工业出版社, 中国劳动出版社, 1999.

[3] 机械工业职业教育研究中心. 电焊工技能实战训练（入门版）[M]. 北京: 机械工业出版社, 2004.

[4] 机械工业职业教育研究中心. 气焊工技能实战训练（提高版）[M]. 北京: 机械工业出版社, 2004.

[5] 王新民. 焊接技能实训 [M]. 北京: 机械工业出版社, 2004.

[6] 许志安. 焊接技能强化训练 [M]. 2版. 北京: 机械工业出版社, 2007.

信 息 反 馈 表

尊敬的老师：

您好！为了进一步提高我社教材的出版质量，更好地为我国职业教育发展服务，欢迎您对我社的教材多提宝贵意见和建议。如贵校有相关教材的出版意向，请及时与我们联系。感谢您对我社教材出版工作的支持！

<table>
<tr><td colspan="9">您的个人情况</td></tr>
<tr><td>姓名</td><td></td><td>性别</td><td>男□女□</td><td>年龄</td><td></td><td rowspan="3">联系电话</td><td>O</td><td></td></tr>
<tr><td>职称</td><td></td><td>职务</td><td></td><td>学历</td><td></td><td>H</td><td></td></tr>
<tr><td colspan="2">工作单位及部门</td><td colspan="4"></td><td>M</td><td></td></tr>
<tr><td colspan="2">从事专业</td><td colspan="4"></td><td colspan="2">E-mail</td><td></td></tr>
<tr><td colspan="2">详细通信地址</td><td colspan="4"></td><td colspan="2">邮政编码</td><td></td></tr>
</table>

您讲授的课程情况				
序号	课程名	学生层次、人数/年	现使用教材	出版社
1				
2				
3				

贵校在本专业领域内的相关情况（可另附纸）
1. 在哪些方面有优势、特色？精品课程、特色课程有哪些？
2. 有哪些新的专业方向？新开设了哪些课程？是否缺乏相应的教材？
3. 您觉得贵校在本专业开设的这些课程中是否存在教材短缺或不适用的情况？都有哪些？
4. 贵校老师在此领域或相关领域是否有独创性的教材希望出版？如何联系？
对我社教材出版工作的其他意见和建议（可另附纸）

请用以下任何一种方式返回此表（此表复印有效）：

联系人：齐编辑

通信地址：100037 北京市西城区百万庄大街 22 号　机械工业出版社中职教育分社

联系电话：010-88379201　传真：010-88379181

E-mail：cnbook@ 163. com